AF830315

Lars Donath **Detaillösungen an Dach und Wand**

Detaillösungen an Dach und Wand

Einbauteile – Ornamente – Entwässerung

mit 298 Abbildungen

Lars Donath

ist Dachdeckermeister, stellvertretender Vorsitzender und aktives Mitglied im Berufsbildungsausschuss der Dachdeckerinnung Cottbus und lehrt an einer Berufsschule. Vormals war er als Lehrmeister für die berufliche Erstausbildung, die Ausbildung von Handwerksmeistern sowie für verschiedenste Weiterbildungen im Dachdeckerhandwerk an der Handwerkskammer Cottbus tätig.

RM Rudolf Müller

Bibliografische Information der Deutschen Nationalbibliothek

Die Deutsche Nationalbibliothek verzeichnet diese Publikation in der Deutschen Nationalbibliografie; detaillierte bibliografische Daten sind im Internet über https://portal.dnb.de abrufbar.

Maßgebend für das Anwenden von Regelwerken, Richtlinien, Merkblättern, Hinweisen, Verordnungen usw. ist deren Fassung mit dem neuesten Ausgabedatum, die bei der jeweiligen herausgebenden Institution erhältlich ist. Zitate aus Normen, Merkblättern usw. wurden, unabhängig von ihrem Ausgabedatum, in neuer deutscher Rechtschreibung abgedruckt.

Aus Gründen der besseren Lesbarkeit wird bei Personenbezeichnungen und personenbezogenen Hauptwörtern die männliche Form verwendet. Entsprechende Begriffe gelten im Sinne der Gleichbehandlung grundsätzlich für alle Geschlechter. Die verkürzte Sprachform hat nur redaktionelle Gründe und beinhaltet keine Wertung.

Das vorliegende Werk wurde mit größter Sorgfalt erstellt. Verlag und Autor können dennoch für die inhaltliche und technische Fehlerfreiheit, Aktualität und Vollständigkeit des Werkes und seiner Bestandteile keine Haftung übernehmen.

Wir freuen uns, Ihre Meinung über dieses Fachbuch zu erfahren. Bitte teilen Sie uns Ihre Anregungen, Hinweise oder Fragen per E-Mail: rudolf-mueller@vuservice.de oder telefonisch unter: 06123 9238-258 mit.

Lektorat: Thomas Volmert, Köln
Covergestaltung: Inga Lämmlein Grafikdesign, Rodgau
Satz und Umschlagerstellung: WMTP Wendt-Media Text-Processing GmbH, Birkenau
Druck und Bindearbeiten: Westermann Druck Zwickau GmbH, Crimmitschauer Str. 43, 08058 Zwickau

Printed in Germany

ISBN 978-3-481-05000-9 (Buch-Ausgabe), Produktionscharge *001
ISBN 978-3-481-05001-6 (E-Book als PDF)
ISBN 978-3-481-05002-3 (Buch-Ausgabe + E-Book als PDF), Produktionscharge *001

Vorwort

„Der Mensch gerät in große Gefahr, wenn er seine einseitig gewonnene Erfahrung zum allgemeinen Maßstab seines Urteils und zum Prinzip seines Handelns macht." (Friedrich Hebbel)

Meiner Meinung nach sind diese Worte für das Handwerk prägend.

So habe ich in den letzten Jahren immer wieder Situationen erlebt, in denen Berufskollegen in ihrem Denken und Handeln so in ihrer eigenen Welt gefangen schienen, dass sie für neue Ansätze weder offen waren noch diese akzeptierten. Aussagen wie: „Haben wir schon immer so gemacht…" oder: „Ich mach das richtig und nicht wie du…" waren oftmals irritierend für mich, denn sowohl das Regelwerk des Deutschen Dachdeckerhandwerks als auch der gesunde Menschenverstand ließen andere Schlüsse zu.

In diesem Buch möchte ich Lösungsansätze vorstellen und erläutern, die mit einfachen Mitteln und/oder Anwendungstechniken sehr wohl zielführend sein können.

Ich hoffe mit diesem Buch junge Dachdecker ebenso wie gestandene Gesellen zu erreichen, um so die bestehende und weltweit einzigartige Dach- und Fassadenlandschaft Deutschlands aus der Vergangenheit in eine junge, moderne Zukunft zu überführen.

Dresden, im Januar 2026 Lars Donath

Inhalt

1 Geschwungene Dachflächen – Gauben

1.1 Allgemeines

Gerundete oder stark geschwungene Dachaufbauten, werden auch als Gauben bezeichnet. und unterscheiden sich im Verhältnis von Gaubenbreite zu Gaubenhöhe.

Gerundete Gauben mit großen Abmessungen stammen ursprünglich aus dem französischen Barock und fanden mit den vor ihrer Verfolgung aus Frankreich geflüchteten Hugenotten, die in Preußen Schutz suchten, ihren Weg nach Deutschland. Die Hugenotten bauten in den vom preußischen Staat zur Verfügung gestellten Regionen in der Mode ihrer Heimat, was schnell bei der einheimischen Bevölkerung Gefallen fand, da zu dieser Zeit alles, was aus Frankreich kam, „topmodern" war. Der Baustil, vor allem der Dächer, breitete sich schnell in vielen Regionen Deutschlands aus und wurde, je nach Geschmack und Geldbeutel zwar sehr oft abgewandelt, recht schnell ein fester Bestandteil der Dachlandschaften in Deutschland und den angrenzenden Regionen.

Infolge gesellschaftlicher und historischer Veränderungen der letzten Jahrzehnte ging viel Wissen über ihre Herstellung und ihre Eindeckung verloren, das lange als selbstverständlich betrachtet worden war. Gerundete Dachflächen können viele Dachdecker gar nicht mehr eindecken; sie gelten aus diesem Grunde als schwierig. Daher werden geschwungene oder gerundete Flächen heute aus den Bestandsdächern immer öfter entfernt und verschwinden allmählich aus dem Bild unserer Dachlandschaften.

1.2 Formen geschwungener oder gerundeter Gauben

Klassische geschwungene Gauben haben in den Regionen Deutschlands recht viele unterschiedliche Namen und Bezeichnungen und oft auch ebenso viele verschiedene Verhältnisse von Breite zu Höhe.

1.2.1 Schwalbenschwanzgaube

Bei ihr kann kaum von einer Gaube gesprochen werden; es handelt sich im wahrsten Sinne des Wortes um eine geschwungene Dachfläche. Oft werden diese Formen als „komische" Schießscharten bezeichnet.

Schwalbenschwanzgauben finden sich vor allem in süddeutschen und südwestdeutschen ländlichen Regionen.

Abb. 1.1: Hier beträgt das Verhältnis von Breite zu Höhe des Stirnbogens etwa 10:1.

1.2.2 Fledermausgaube

Diese geschwungene Dachfläche kann man guten Gewissens als Gaube bezeichnen. Sie ist wohl die bekannteste aller geschwungenen Gauben. Fälschlicherweise wird der Begriff Fledermausgaube benutzt, wenn die Rede von einer anderen Art Gaube wie zum Beispiel einer Hechtgaube oder einer ähnlichen ist.

Echte Fledermausgauben findet man hauptsächlich im mitteldeutschen Raum, dort tatsächlich von den Mittelgebirgen bis an die Küste.

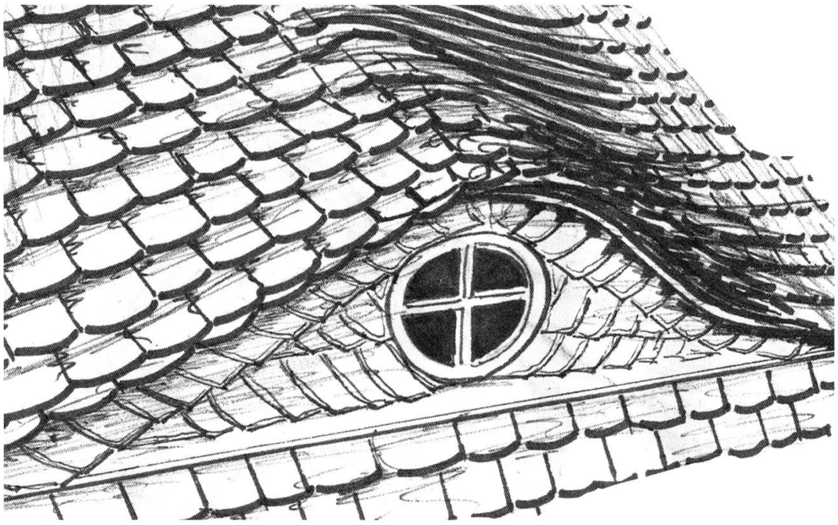

Abb. 1.2: Bei echten Fledermausgauben beträgt das Verhältnis von Breite zu Höhe des Stirnbogens etwa 8:1.

1.2.3 Ochsenaugen

So werden geschwungene Dachflächen und Gauben genannt, die vom Verhältnis her deutlich größer als Fledermausgauben sind. Oft laufen eine oder mehrere Schichten der Dachziegel aus und verschwinden gekonnt in der Fläche. Das Eindecken eines Ochsenauges ist sehr speziell; da ist ein geschickter Dachdecker gefragt. Ochsenaugen findet man hauptsächlich im norddeutschen Raum, vereinzelt auch in Mitteldeutschland.

Abb. 1.3: Ochsenauge mit auslaufenden Ziegelschichten in Kronendeckung (oben), Verhältnis von Breite zu Höhe des Stirnbogens beträgt etwas 4:1 (unten)

1.2.4 Schleppdachgaube mit geschweiften Wangen

So werden geschwungene Gauben (z. B. Fledermausgauben oder Ochsenaugen) genannt, die im Bereich des Gaubenscheitels durch eine Gerade ergänzt werden.

1.3 Herstellung von geschwungenen Gauben

Im Allgemeinen sollten weder beim Einlatten noch beim Eindecken dieser Art von Gauben Schwierigkeiten entstehen, da sowohl die Traglattung als auch die Ziegeleindeckung in einem Arbeitsgang mit der Flächendeckung durch- oder besser ausgeführt werden sollte.

Abb. 1.4: Das Verhältnis von Breite zu Höhe des Stirnbogens ist wie oben beschrieben.

Bereits bei der Planung zur Ausführung von geschwungenen Gauben ist auf ein angemessenes Verhältnis von Breite zu Höhe zu achten. Dieses angemessene Verhältnis gewährleistet ein optisch ansprechendes Gesamtbild des Dachs.

Werden geschwungene Gauben von einem anderen Gewerk erstellt, zum Beispiel einer Zimmerei, ist auf eine gute Kommunikation und Zusammenarbeit zwischen Planer, Zimmerleuten und Dachdecker zwingend zu achten. Unvorhergesehene Schwierigkeiten können im Bereich der Aufteilung durch falsch angenommene Verhältnisse des Stirnbogens oder Standorts der Gauben entstehen.

1.3.1 Unterkonstruktion der Gaube

Bei der Herstellung der Unterkonstruktion gibt es einige nicht unwichtige Punkte, die es bei der Dacheindeckung mit Dachziegeln dringend zu beachten gilt. Speziell bei einer hinterlüfteten Dachkonstruktion, die in Deutschland mittlerweile selbst in der Denkmalpflege Standard ist, müssen die folgenden Hinweise unbedingt beachtet werden.

Allgemeine Grundsätze

Zwischen dem Tragwerk der Gaube und ihrer Unterkonstruktion, also der Konterlattung, wird immer eine Vordeckung (mindestens eine diffusionsoffene Unterspann-/Unterdeckbahn) nach den allgemein anerkannten Regeln der Technik, also dem Regelwerk des ZVDH, verlegt.

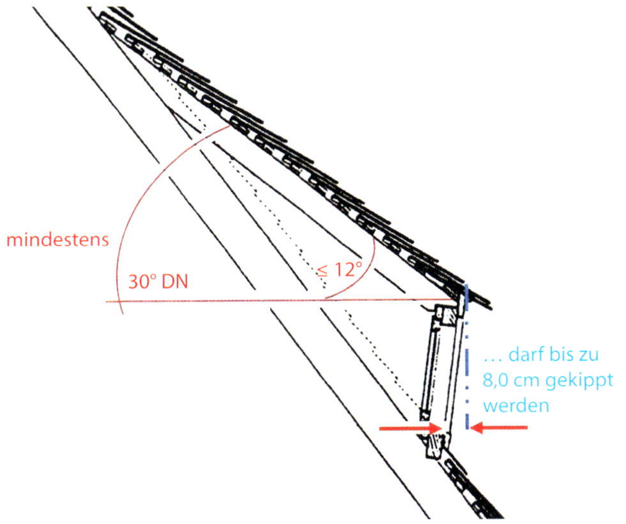

Abb. 1.5: Darstellung einer mit Biberschwanzziegeln eingedeckten geschwungenen Gaube im Schnitt

Konstruktion von geschwungenen Gauben

Der höchste Punkt des Gaubenstirnbogens ist gleichzeitig der flachste Punkt der Gaube (von der Dachneigung aus gesehen). Dieser Gaubenscheitelpunkt darf die Regeldachneigung des Eindeckmaterials z. B. für die Biberschwanzziegel von 30° nicht unterschreiten.

Der Winkel, welcher den Gaubenscheitelpunkt mit der Sparrenlage der Hauptdachfläche verbindet, also der Dachneigungsunterschied zwischen der Hauptdachfläche und der Gaubenfläche sollte nicht größer als 12° sein. Wenn diese Regel eingehalten wird, ergibt sich bei der fertig eingedeckten Dachfläche ein sauberer und knickfreier Übergang.

Bei einer Hauptdachneigung von 45° sollte die Gaube somit eine Mindestdachneigung von 33° aufweisen.

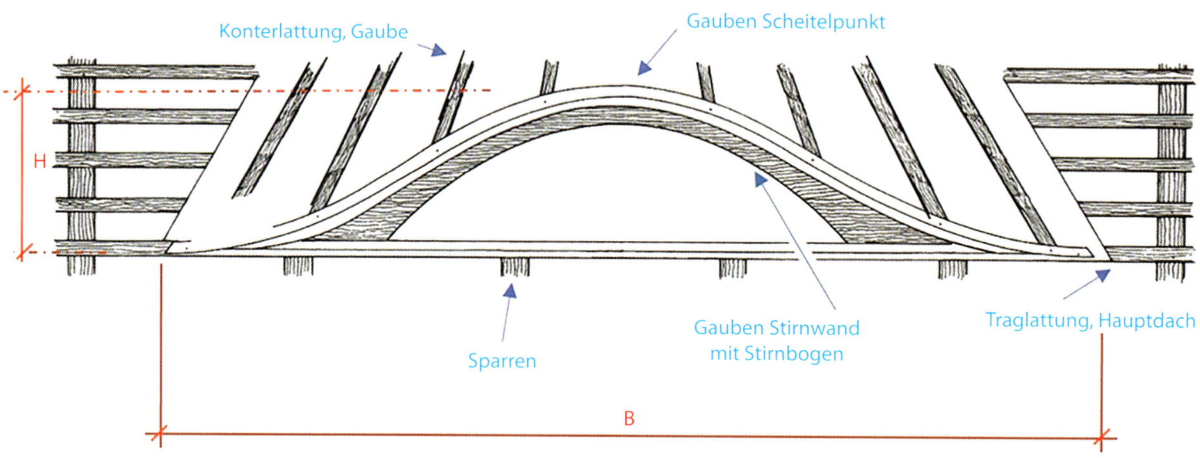

H = Höhe der Gaubenstirn, des Stirnbogens
B = Breite der Gaube, Gauben Stirnwand

Abb. 1.6: Darstellung der Konstruktion des Stirnbogens einer Fledermausgaube

Es ist bei der Konstruktion des Stirnbogens einer Fledermausgaube stets auf das Größenverhältnis der entsprechenden Gaubenhöhe (H) zur Gaubenbreite (B) zu achten.

Die beschriebene sauber konstruierte Gaubenstirnwand (mit Stirnbogen) sollte bzw. darf beim Aufstellen bis zu 8 Zentimeter nach vorne, weg von der Senkrechten, geneigt sein. Dieser Neigungswinkel ist später beim Eindecken der Dachfläche auf der Gaube ein deutlicher Vorteil. Außerdem erhält sie dadurch eine besondere Optik, die gerade bei großen Gauben besonders hervorsticht und natürlich gewollt ist. Sie macht Fledermausgauben oder Ochsenaugen zu etwas ganz Besonderem. Ein weiterer nicht zu unterschätzender Vorteil ist die Verringerung/Minimierung des traufseitigen Überstands der Dachziegel, was die Gefahr von Sturmschäden deutlich reduziert.

Die für Wohnräume geforderten Fensterhöhen, um den Mindestlichtanteil im Verhältnis zur Raumgrundfläche nach der jeweiligen Landesbauordnung (LBO) sowie nach der europäischen Tageslichtnorm DIN EN 17037 einzuhalten, sind bei geschwungenen Gauben, insbesondere Fledermausgauben, die mit Biberschwanzziegeln eingedeckt wurden, nur schwer zu erreichen, es sei denn, die Dachflächen besitzen sehr steile Dachneigungen und große Sparren- sowie Trauflängen!

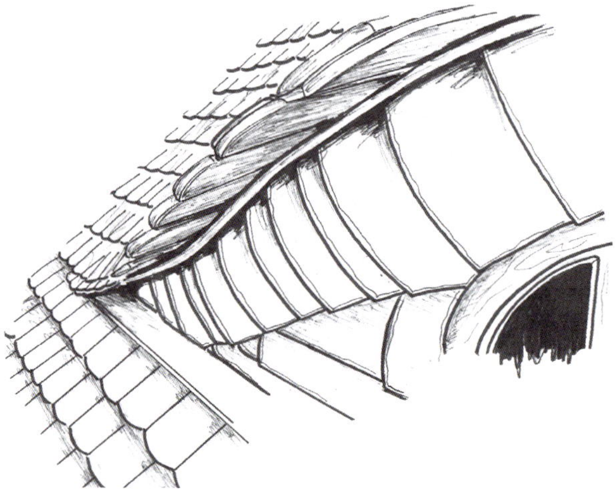

Abb. 1.7: Detaildarstellung, traufseitiger Überstand der Biberschwanzziegel

Konstruktion des Stirnbogens

Bevor der Stirnbogen einer geschwungenen Gaube, zum Beispiel einer Fledermausgaube, konstruiert wird, empfiehlt es sich, aus einer Traglattung im Bereich der neu erstehenden geschwungenen Gaube die Höhe sowie die Breite zu konstruieren und so das Tragwerk (je nach Größe und Nutzen, z. B. aus Konterlattung) festzulegen. So entstehen später weit weniger Probleme, den erforderlichen Ziegelsturz im Bereich der Gaubentraufe herzustellen.

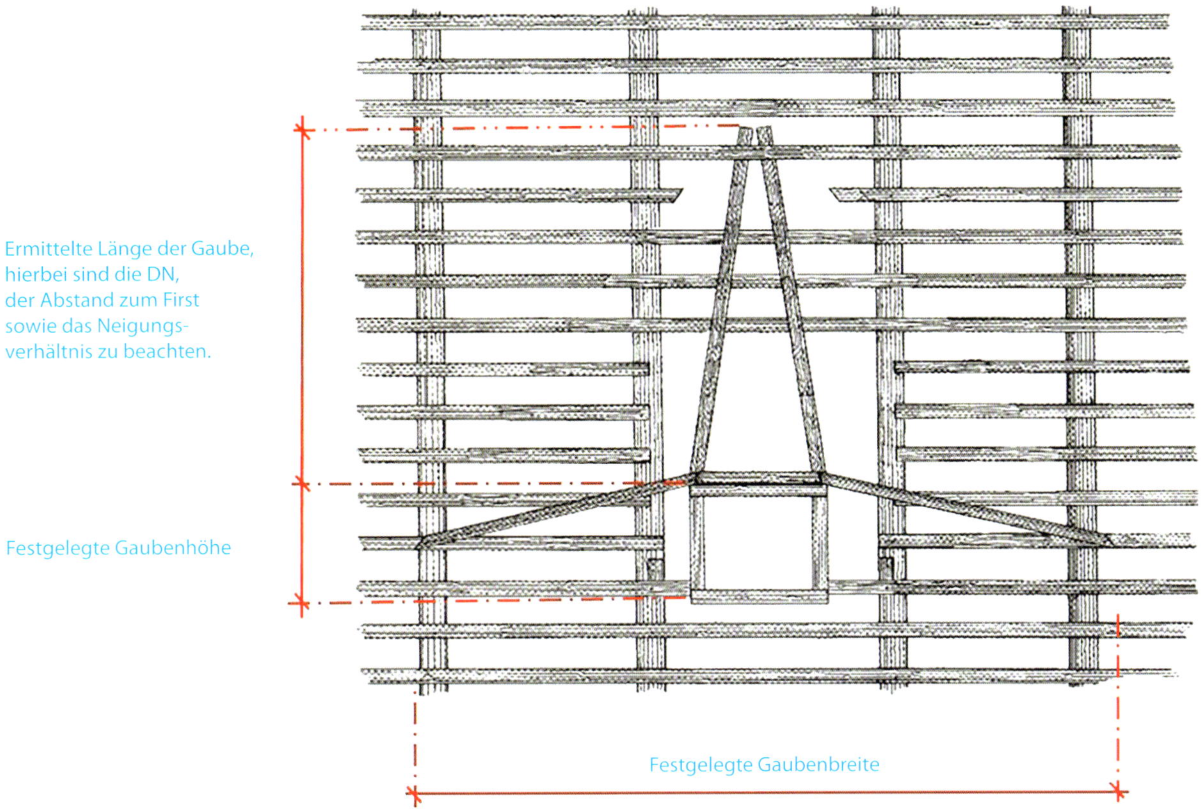

Abb. 1.8: Detaildarstellung der aus Traglatten konstruierten Gaube

Zeichnerische Ermittlung des geschwungenen Stirnbogens der Gaubenfront

Die dargestellte zeichnerische Konstruktion ist dem ZVDH-Regelwerk entnommen und recht einfach.

Es ist zu beachten:

H = Höhe der Gauben, L = Länge des Stirnbogens oder Breite der Gaube

Für die Konstruktion der Gaube muss als Erstes das Verhältnis festgelegt werden, zum Beispiel Verhältnis 1/5.

Höhe der Gaube (festgelegt durch die Fensterhöhe):	58,0 cm
× (Verhältniszahl):	5
= Länge des Stirnbogens/Breite der Gaube:	290,0 cm

Als Nächstes werden die Gaubenmitte sowie die seitlichen Abschlüsse der Gaubenfront festgelegt. Auf der Achse der Gaubenmitte wird dann die Gauben-/Stirnhöhe (L/5) abgetragen.

Es darf der Kreisbogen-Konstruktionspunkt unterhalb der Gaube nicht vergessen werden. Dieser hat die Bemaßung L/40 und wird auf der Gaubenmittellinie unterhalb der Gaube abgetragen. Dieser Punkt ist auch der Mittelpunkt des Hauptkreises.

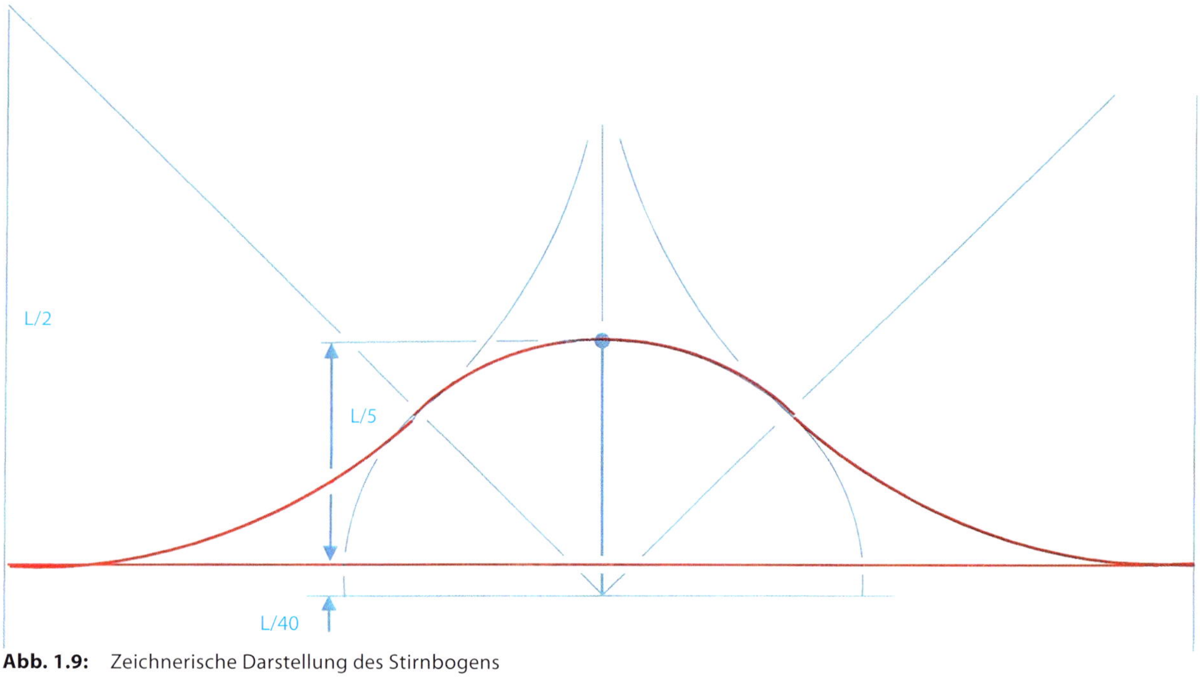

Abb. 1.9: Zeichnerische Darstellung des Stirnbogens

Auf den beiden seitlichen Begrenzungslinien (seitlichen Abschlüssen) wird dann die halbe Gaubenbreite (L/2) aufgetragen. Diese Linie wird mit dem Mittelpunkt des Hauptkreises verbunden und ergibt vom Schnittpunkt des Hauptkreises den Kehlschwungkreis.

Grundsätze der Konterlattung

Die Konterlattung beginnt an der Unterkante der ersten durchlaufenden Traglatte. Der Montageort der Konterlattung ist am Traufpunkt (stirnseitig) von der Gaubenmitte jeweils um 20,0 cm nach links und rechts (maximaler lichter Gesamtabstand 40,0 cm) anzulegen.

Am oberen Abschluss der Gaube, also am Übergang zur Hauptdachfläche, wird die Konterlatte etwa 10,0 cm links und rechts vom Gaubenscheitelpunkt (Gesamtlichte 20,0 cm) montiert. Das gewährleistet ein sauberes Liegen der Dachziegel ohne auffälliges Sperren.

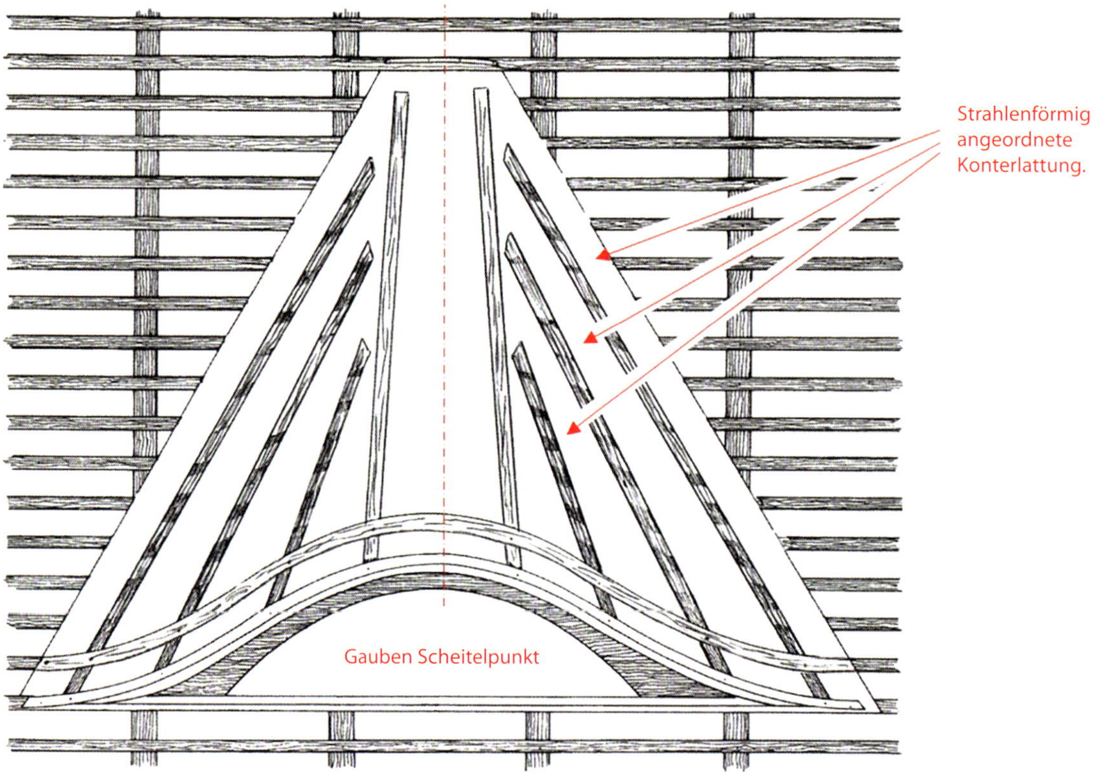

Abb. 1.10: Beispielhafte Anordnung von Konterlatten auf einer Gaube

Alle weiteren Konterlatten (auch Strecklatten) werden vom Gaubenscheitelpunkt strahlenförmig angeordnet. Der Abstand zur davor liegenden Konterlatte sollte, ähnlich den Konterlatten im Kehl- oder Gratbereich, etwa 15,0 bis 20,0 cm betragen.

Herstellung einer Traglattung (Traglattenabstand auf der Gaube)

Als Grundsatz für das Einlatten einer Fledermausgaube gilt: „Jede Lattenreihe der Traglattung des Hauptdachs verläuft auch über die Gaube."

Eine Ausnahme von dieser Regel ergibt sich immer dann, wenn die Hauptdachneigung sehr steil ist und/oder ein Ochsenauge, also eine geschwungene Gaube mit einem Verhältnis von etwa 4:1, eingelattet werden soll. In diesen Fällen können, abweichend zu den Empfehlungen im Regelwerk des ZVDH, einzelne Lattenreihen auslaufend hergestellt werden.

Die erste vollständig durchlaufende Traglatte im Traufbereich der Gaube wird ordentlich montiert, und danach wird das Maß zwischen dieser und der ersten sauber durchlaufenden Traglatte auf dem Hauptdach oberhalb der Gaube ermittelt (dieser Zwischenraum kann auch als einzuteilende Sparrenlänge bezeichnet werden).

Dieses (Zwischen-)Maß wird dann durch die Anzahl der bestehende Lattenreihen, der Dachfläche im Bereich der Gaube, mathematisch geteilt. Das so ermittelte Maß ist der Lattabstand der Traglattung, also das Lattmaß auf dem Gaubenscheitelpunkt.

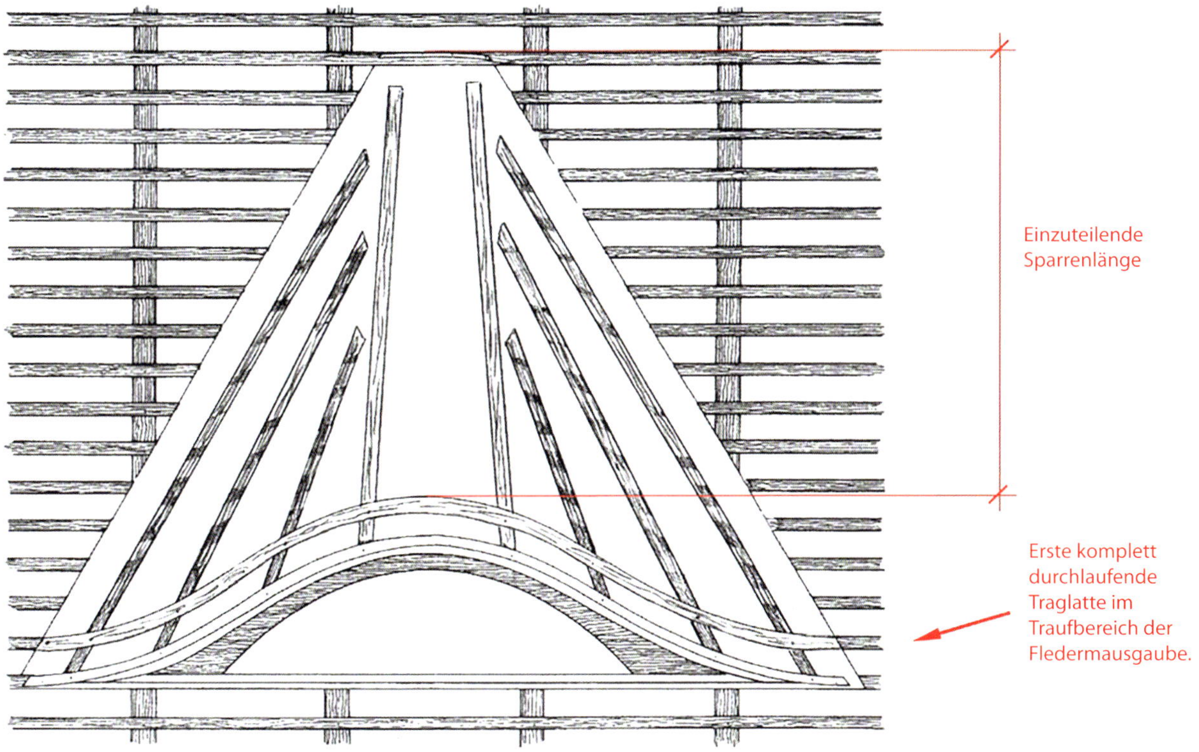

Abb. 1.11: Darstellung der einzuteilenden Sparrenlänge auf einer Fledermausgaube

Die Flanken der Gaube werden nicht eingeteilt. Bei der Montage auf der Gaube wird diese Traglattung an die Lattung der Hauptdachfläche aufgelegt und kontinuierlich zum ermittelten Riss des Gaubenscheitelpunkts geführt.

Das Lattmaß an den Flanken der geschwungenen Dachfläche oder Gaube ergibt sich also aus dem Lattmaß der Hauptdachfläche und dem rechnerisch ermittelten Lattmaß des Gaubenscheitelpunkts; geringe Abweichungen im Lattabstand sind für das Auge nicht wahrnehmbar. Wichtig ist jedoch, dass die Mindesthöhenüberdeckung der Dachziegel in jedem Fall überall auf der Gaube eingehalten wird.

- Die Traglattung auf einer geschwungenen Dachfläche oder geschwungenen Gaube wird traditionell mit mittig aufgetrennten Traglatten hergestellt.
- Die Arbeitsschritte des Einlattens sind recht einfach: Über dem Gaubenmittel-/Gaubenscheitelpunkt wird die zu montierende halbe Traglatte in einem Gesamtabstand von etwa 90,0 bis 100,0 cm vorsichtig so weit gebogen, dass eine harmonische Rundung entsteht.

Das Einlatten der Traglattung auf einer geschwungenen Dachfläche/Gaube sollte anders als bei einer „normalen" Dachfläche stets von oben nach unten erfolgen. Die zu verwendende Lattung ist, wie bereits erwähnt, der untere Teil der mittig aufgetrennten Traglatte. Wenn die komplette 1. Hälfte (der untere Teil) der Lattung montiert ist, folgt der 2. (obere) Teil der Traglattung. Dabei muss unbedingt auf den Stoßversatz geachtet werden sowie darauf, dass etwa alle 20 bis 30 cm eine mechanische Fixierung durch Anschrauben/Annageln erfolgt.

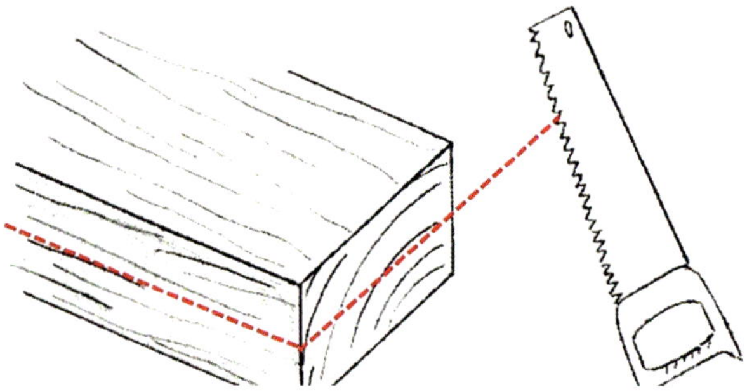

Abb. 1.12: Stilisierte Darstellung des Auftrennens einer Dach-/Traglatte

An der Traufe werden auf das Stirnbrett kurze (etwa 20,0 cm lange) Konterlattenstücke dem Bogen folgend mit leichten Abständen untereinander montiert. Nach der Montage werden die Lattenstöße mit dem Putzeisen (einem sehr breiten Stechbeitel/Stemmeisen) oder einem Lattbeil sauber verputzt.

So erhält man den erforderlichen Ziegelsturz für das saubere Herstellen der Traufeindeckung.

Achtung: Beim Einlatten einer geschwungenen Dachfläche oder Gaube gilt der uralte Grundsatz: „Holz spricht bevor es bricht", was im Klartext bedeutet, dass das Holz nicht in eine Richtung gezwungen werden sollte, die einen Bruch provoziert.

Alternative Traglattung

In den letzten 35 Jahren ist es in Mode gekommen, die Traglattung an geschwungenen Gauben aus alternativen Werkstoffen herzustellen. Zum Beispiel wird die Traglattung der Fledermausgauben oder der Ochsenaugen aus wasserfest verleimtem Sperrholz, diversen Kunststoffen, aus Werkstoffverbundstoffen oder gar aus Metallprofilen oder Metallrohren hergestellt. Bei der Verwendung von Sperrhölzern sollte auf eine maximale Breite von 25,0 mm und eine maximale Dicke von 10,0 bis 12,0 mm geachtet werden. Die Sperrholzleisten sollten stets über Nacht gewässert werden.

Prinzipiell kann mit diesen alternativen Werkstoffen ein deutlich engerer Biegeradius im Bereich der Gaubenflanken und im Bereich der Gaubenscheitelpunkte erreicht werden als mit Nadelschnittholz, was auf den ersten Blick sehr gut zu sein scheint. Doch man sollte beim Herstellen von solchen Traglattungsdetails immer darüber nachdenken, dass der Deckwerkstoff (also die Dachziegel) auch eine gewisse Breite hat, was wiederum ein deutliches Sperren der Ziegel zur Folge haben kann. Dieses Sperren der Dachziegel potenziert sich unter Umständen derart, dass die Dacheindeckung nicht nur verheerend aussieht, sondern auch wegen mangelhafter Lagestabilität sowie einer mangelhaften Auflage der Dachziegel nicht funktionstüchtig ist.

1.4 Eindecken einer geschwungenen Gaube

Im ersten Arbeitsschritt sollte es vor dem Eindecken zum Beispiel einer Fledermausgaube selbstverständlich sein, die komplette Hauptdachfläche mit einer vorher ermittelten Deckbreite einzuteilen. Wenn möglich, sollte die Mindestdeckbreite angewendet werden.

Im 2. Arbeitsschritt sollte dann die komplette Länge der ersten durchgehenden Trag-/Dachlatte ermittelt werden, also die Länge von der Hauptdachfläche über den Gaubenscheitelpunkt wieder zur Hauptdachfläche. Das Maß dieser kompletten ersten Traglatte wird dann mit der maximal ermittelten Deckbreite eingeteilt.

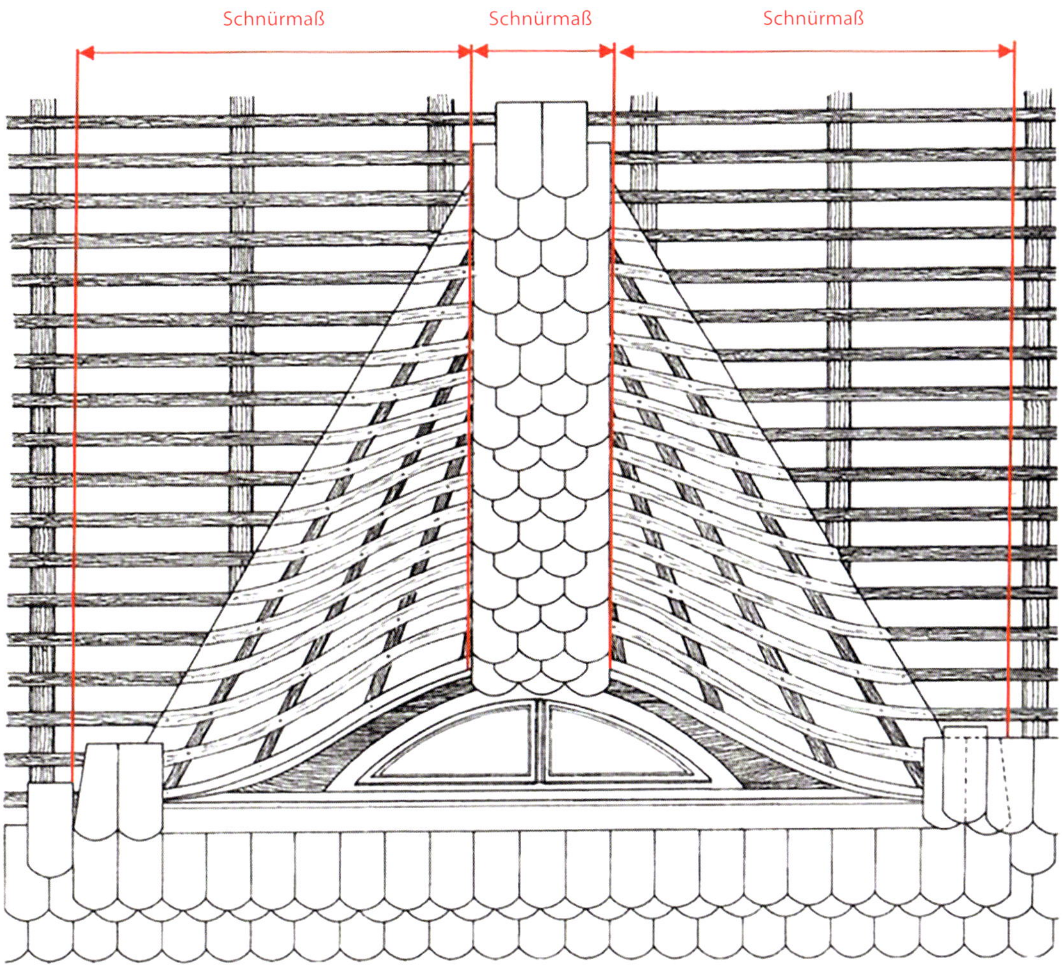

Abb. 1.13: Darstellung der Schnürmaße zur Deckbreite des 3 Ziegel breiten Gangs am Gaubenscheitelpunkt sowie der Ansatzziegel an den Gaubenflanken

Im Bereich des Gaubenscheitelpunkts wird zuerst ein 3 Ziegel breiter Gang und von da nach links und rechts werden die weiteren „normalen" Gänge geschnürt. Bevor die komplette Gaube eingedeckt wird, wird dieser 3 Ziegel breite Gang auf-/eingedeckt.

Im Traufbereich der Gaube muss selbstverständlich mit einer Traufdoppelschicht oder mit handwerklich hergestellten bzw. industriell produzierten Traufansatzziegeln gearbeitet werden, um einen sauberen Fugenschluss herzustellen und so die Regensicherheit zu gewährleisten.

Vor dem Eindecken der Gaube muss selbstverständlich eine deckbreitenabhängige Einteilung auf der Hauptdachfläche sowie auf der Gaube erfolgen. Zweckmäßig ist es, einen 3-Ziegel-breiten Gang im Bereich des Gaubenscheitelpunkts zu schnüren und einzudecken.

Übergang zwischen der Hauptdachfläche und der Traufe an der Gaube

Beim Eindecken von geschwungenen Dachflächen sind einige Detailpunkte sehr genau auszuführen. Einer dieser Detailpunkte ist etwa der Übergang zwischen der Hauptdachfläche und der Traufdoppelschicht an der Gaube. Dieser Detailpunkt stellt sich für viele Dachdecker als schwierig dar.

Die Traufe der Gaube sollte im besten Fall, also bei passenden Verhältnissen und einer sauberen Unterkonstruktion, mit einer Traufdoppelschicht ausgebildet werden. Dabei ist „Sperren" „Bocken" oder „Buckeln" der Biberschwanzziegel zu vermeiden. Um die Biberschwanzziegel sauber zum Liegen zu bringen, sollten die infrage kommenden Ziegel sauber abgekämmt (gescherbelt/verjüngt) werden.

Unterhalb der Gaube kann wie in Abbildung 1.13 mit einer First-/Abschlussdoppelschicht oder wie in Abbildung 1.14 mit Firstanschlussziegeln gearbeitet werden.

Das Eindecken der Fläche sollte immer in Pyramidengängen erfolgen, da nur so durch sofortiges Auskämmen sperrender Ziegel ein sauberes Deckbild gewährleistet werden kann. Falls Biberschwanzziegel bearbeitet werden müssen, sollte die Bearbeitung nur in Richtung Sparren und nicht in Richtung Gaube erfolgen.

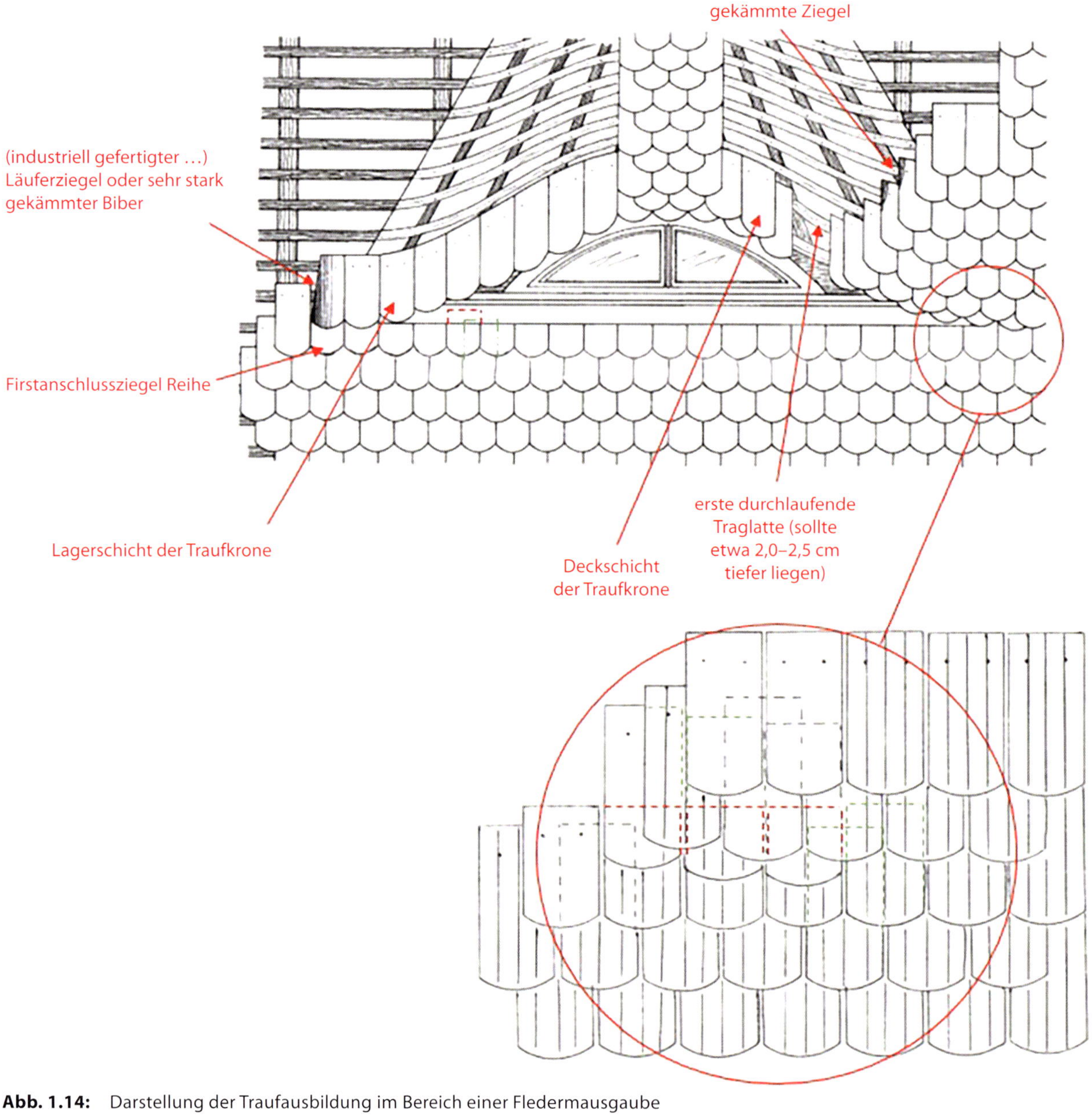

Abb. 1.14: Darstellung der Traufausbildung im Bereich einer Fledermausgaube

Fertigstellung der Dacheindeckung an der Gaube

Das Eindecken einer geschwungenen Dachfläche erfolgt analog einer „normalen" Dachfläche, jedoch sollte stets auf das Genaueste die Einteilung beachtet werden. Ab einer Spannweite des Stirnbogens von etwa 4,0 m besteht leicht die Gefahr, dass bei ungenauem Arbeiten ein Ziegel mehr in die Fläche eingedeckt wird!

Sperrende Biber werden sauber abgekämmt, bis sie vernünftig zum Liegen kommen. Dabei ist außerdem darauf zu achten, dass ein wenig Sperren normal ist und man die vorgegebene Betrachtungsentfernung von 8,0 bis 12,0 m mit bedenken sollte.

Auf ein „Kämmen“ mit dem Winkelschleifer (Flex) sollte möglichst verzichtet werden. Zum einen entsteht extrem viel gesundheitsgefährdender Staub, der unter Umständen erst nach vielen Monaten durch das Wetter abgewaschen/ausgewindet wird, und zum zweiten sind die Biber sehr schnell zu dünn, was wiederum die Lagenstabilität der Dacheindeckung massiv beeinträchtigt.

Erfahrungsgemäß sieht man kaum einen Unterschied zwischen einem mit Zange oder Hammer gekämmten Biberschwanzziegel und einem mit dem Winkelschleifer in der Dicke geschmälten Ziegel; oft sieht die Eindeckung sogar sauberer und harmonischer aus, wenn die Ziegel (nur) klassisch bearbeitet wurden.

Das Schmälen von Anschlussziegeln sollte stets in Sparrenrichtung, also in Richtung Hauptdachfläche, und nicht in Richtung Gaubenscheitel erfolgen. Die geschmälten Dachziegel sollten auch nicht unbedingt im Kehlverlauf eingedeckt werden, und auf konisch zugerichtete Dachziegel sollte stets verzichtet werden.

Statt eines stark bearbeiteten Dachziegels ist es eleganter, 2 sich in der Mitte treffende Ziegel zu verbauen. Damit lassen sich optische Fehler leicht „verstecken“, und die harmonische Wirkung einer geschwungenen Gaube wird nicht beeinträchtigt. Diese Technik kann bei allen Anschlüssen eingesetzt werden.

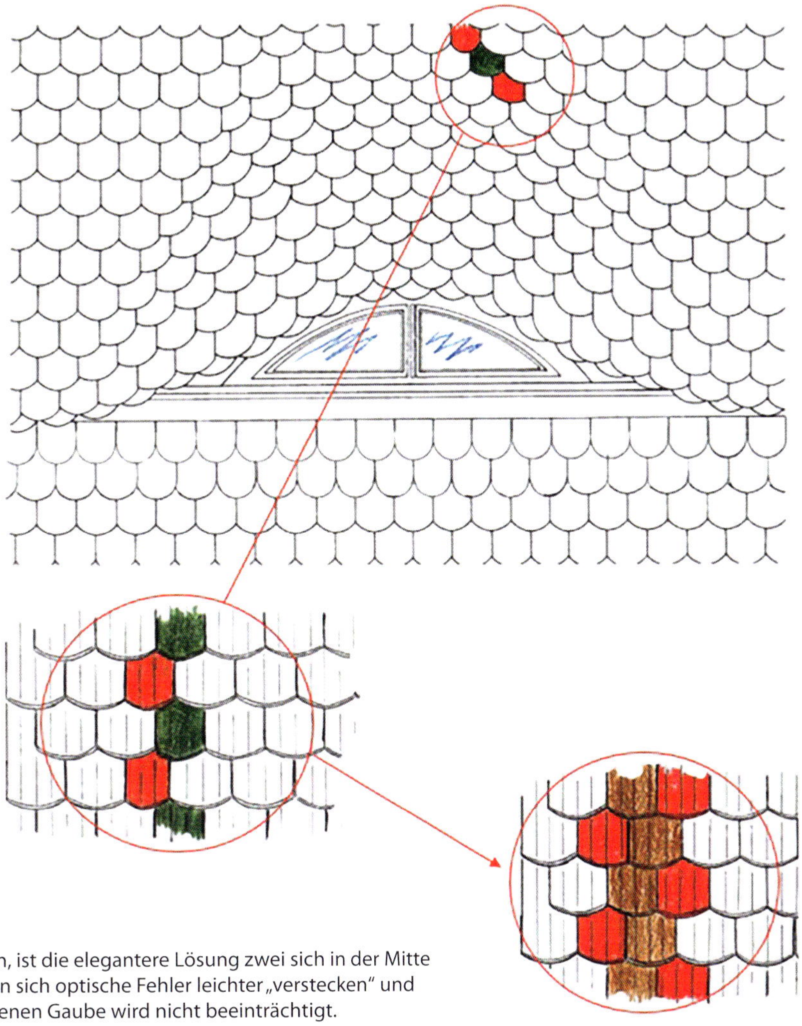

Anstatt einen Dachziegel stark zu bearbeiten, ist die elegantere Lösung zwei sich in der Mitte treffende Ziegel zu verbauen. Dadurch lassen sich optische Fehler leichter „verstecken“ und die harmonische Wirkung einer Geschwungenen Gaube wird nicht beeinträchtigt.
Diese Technik kann an allen Anschlüssen erfolgen.

Abb. 1.15: Darstellung einer komplett fertig eingedeckten Fledermausgaube

Die Biber der Gauben werden stets nur in Sparrenrichtung eingedeckt und bearbeitet, wobei das Bearbeiten zu konischen Ziegeln sowie das Bearbeiten der Segmente zu vermeiden ist.

2 Fassaden – Ornamente

2.1 Definition des Begriffs Ornament

Der Begriff Ornament stammt vom lateinischen Wort „ornare“, das so viel wie „schmücken, zieren, ordnen“ bedeutet.

Im heutigen Sprachgebrauch wird dieses Wort oft im Sinne von Verzierung oder schmückendem Muster an einem Bauwerk verwendet. Ein Ornament ist demnach ein sich meist wiederholendes, oft abstraktes Muster, Schmuckelement oder künstlerisches Motiv mit symbolischer Funktion.

Die verwendeten Ornamente werden meistens verallgemeinert als Dekoration, Verzierung, Schmuck, aber auch als Ornamentierung oder Ornamentation bezeichnet.

Ornamente sind im Hinblick auf ihre Stilepoche und ihre Entstehungszeit typische Formen der Verzierungskunst. Oftmals werden sie auch aus abstrakten Formen, etwa traditionellen (oft antiken) Mustern oder Stammeszeichen gebildet, um die Zugehörigkeit des Bauherrn zu einer bestimmten Gruppe zu signalisieren.

Der Schweizer Mediziner Hans Martin Sutermeister stellte bereits im Jahr 1944 fest, das Ornament habe eine gewisse Erholungsregression (beruhigende Wirkungsweise):

Das „Zauberische am Ornament“ beruhe „auf resp. suggestiven Wirkungen, die dadurch bedingt sind, dass rhythmische Außenreize vermehrt auf [die] Tiefenschichten unserer Psyche einwirken“.

Das Ornament kann somit ähnlich wie rhythmische Musik eingesetzt werden, um den Betrachter zu beeinflussen.

2.2 Handwerkliche Ausführungsarten

Die Ornamentik nimmt im klassischen Dachdeckerhandwerk eine Sonderstellung ein, da handwerklich gefertigte Ornamente aus Schiefer oft nur im bäuerlichen/ländlich geprägten Raum angefertigt wurden. Ornamente können demnach aus Abbildungen von Tieren, Blumen, Früchten oder Beeren, aber auch von Werkzeugen, Gegenständen oder aus Fantasiemustern gebildet werden.

> Ein Ornament weicht stets deutlich vom Hintergrund oder Hintergrundmuster ab und wird oft zusätzlich durch farbliche Elemente oder Erhöhungen abgegrenzt.

Bei der Ornamentik im Dachdeckerhandwerk wird allgemein unterschieden zwischen:

- **geometrisch gegliederte Ornamentik**
  Fassadenflächen werden mittels geometrischer Teilungen (z. B. Bogen, gegenläufige Deckgebinde, Strackort usw.) gegliedert und mit verschiedenen Schmuckdeckungen versehen und eingedeckt.
- **geometrische Einzelbildornamentik**
  Geometrische, oft abstrakte Formen und Abbildungen werden als Einzelbilder in Fassadenflächen eingedeckt.
- **künstlerische Einzelbildornamentik**
  Wie der Name schon sagt, werden künstlerische, oft dem Naturalismus nachempfundene Bilder in Fassadenflächen eingedeckt.

- **geometrisch sich wiederholende Ornamentik**
  Sogenannte Kettengebinde oder Schmuckbänder in Fassadenflächen. Wegen ihrer geometrischen, aber zum Teil auch künstlerischen Teilungen und Wiederholung sind diese verschiedenen Schmuckdeckungen sehr beliebt.
- **einfache Ornamentik**
  Fassadengestaltungen mit zum Beispiel gegenläufigen Deckgebinden, farblich abgesetzten Deckgebinden, farblich abgesetzten Einzelplatten (wodurch einfache Muster entstehen können) oder kunstvoll hergestellten, sich ergänzenden Strackort- und Firstplatten

Je nach Geschmack des Bauherrn, je nach Zeitgeist oder Auflagen durch Behörden (z. B. Amt für Denkmalpflege) wurden und werden die verschiedenen ornamentischen Elemente auch heute noch oft vermischt oder kombiniert.

2.3 Geometrisch gegliederte Ornamente und Schmuckdeckungen

Die wohl einfachste Art der Ornamentik besteht darin, eine Wandfläche durch geschicktes Gliedern so aufzulockern, dass es dem Auge schmeichelt.

Diese Gliederungen können durch das Anordnen von waagerechten Gebinden, den sogenannten Rollschichten (oft gegenläufige oder abweichende Decksteine/Deckgebinde), und die Wahl der seitlichen Abschlüsse entstehen.

Wichtig bei dieser Art der Fassadengestaltung ist, dass die einzelnen Flächen weder zu groß noch zu klein sind und handwerklich sauber hergestellt werden.

Wenn Bogen oder Strackorte Verwendung finden, sollten diese stets sauber aufgeteilt und aufgedeckt sein.

Abb. 2.1: Komplexe, geometrisch gegliederte Fassade an einem Bauernhaus. Die Grunddeckung ist die Wabendeckung mit den Abmaßen 30 × 30 cm (gefunden in: Bayerisch Eisenstein/Bayrischer Wald).

Die folgenden Abbildungen sollen verdeutlichen, wie mit einfachen Mitteln Wandflächen aufgelockert und interessant gestaltet werden können.

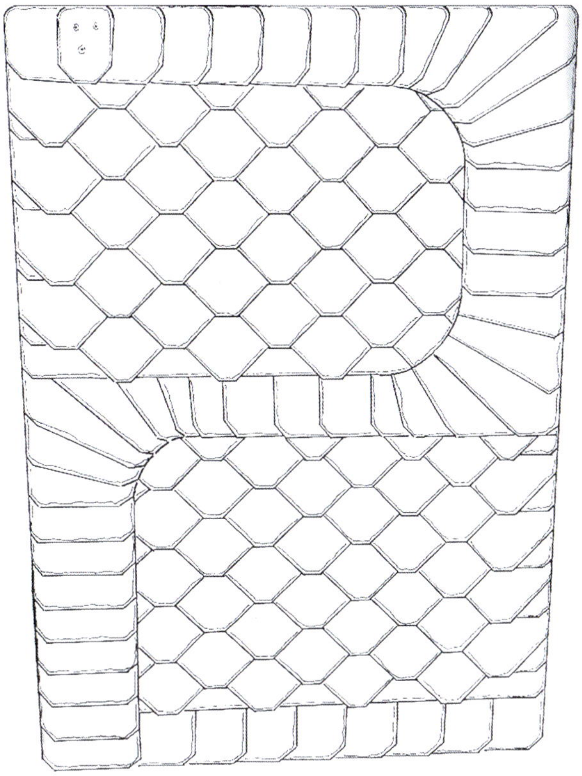

Abb. 2.2: Beispielhafte Wabendeckung mit eingebundenen seitlichen Abschlüssen, Rollschicht, Strack und geschwenkter Eckausbildung (ausgeführt von DDM Viktor Derksen, gefunden in Großräschen/Brandenburg

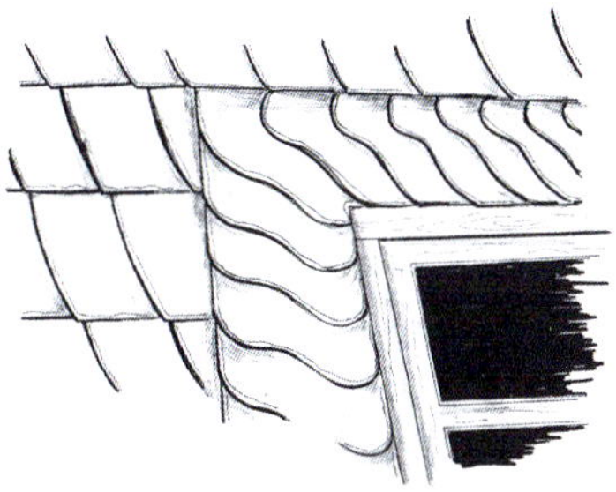

Abb. 2.3: Obere Fensterlaibung mit Übergang eines Strackorts in ein waagerechtes Gebinde (Rollschicht), Grunddeckung/Fläche: Altdeutsche Decksteine (gefunden in Goslar/Harz)

Abb. 2.4: Untere Fensterlaibung mit Übergang eines waagerechten Abschlussgebindes (einer Rollschicht) in einen Strackort, Grunddeckung/Fläche: Altdeutsche Decksteine (gefunden in Goslar/Harz)

Es kann demnach eine geometrisch gegliederte Ornamentik ohne großen Aufwand hergestellt werden. In den einzelnen gegliederten Fassadenbereichen können verschiedene Deckungen bzw. Schmuckdeckungen aufgedeckt/eingesetzt werden.

2.3.1 Grundregeln zur Verwendung von geometrischen Elementen als Schmuckelemente

- **Aufteilung der Deckbreite am oberen/unteren Abschluss (oder an einer Rollschicht):**
  Dabei ist zu beachten, dass die sichtbare Größe der Decksteine stets die gleiche sein sollte, auch die Größe des Schlusssteins!
- **Verhältnis Gebindehöhe zu Gebindehöhe der Fläche:**
  Das Verhältnis der sichtbaren Deckgebindehöhe in der Fläche zum oberen Abschluss sollte 1:1,33 nicht überschreiten. Das bedeutet, dass die sichtbare Höhe des oberen Abschlusses etwa ein Drittel größer als die sichtbare Größe der Decksteine in der Fläche sein darf.
- **Verhältnis Gliederung zu Wandflächengröße:**
  Bei der Gliederung einer Wand-/Fassadenfläche ist zu beachten, dass die Gliederung entweder über die Geschosse (Etagen) oder über geometrische Formen erfolgt.

Bei der Gliederung über die einzelnen Etagen ist (nur) zu beachten, dass die Rollschichten oder Strackorte weder zu groß noch zu klein sind. Wenn dabei Bogen zur Anwendung kommen, sollten diese entweder einen Halbkreis oder einen Viertelkreis bilden.

Wenn die Gliederung über geometrische Formen erfolgt, sollte stets der Goldene Schnitt beachtet werden. Das heißt, wenn ein Bogen oberhalb eines Fensters oder zwischen 2 Fenstern angeordnet werden soll, findet dabei der Goldene Schnitt Anwendung.

Dieses Beispiel wurde im sächsischen Osterzgebirge (bei Frauenstein) gefunden.

Abb. 2.5: Darstellung einer geometrischen Schmuckdeckung. Durch die Verwendung eines aufgelegten seitlichen Abschlusses und die saubere Herstellung des Bogens oberhalb des Fensters entstand diese geometrisch gegliederte Fassadenfläche.

Diese Fensterausbildung kombiniert verschiedene gestalterische Elemente zu einem Gesamtbild. Die Platten des aufgelegten seitlichen Abschlusses wurden so eingeteilt, dass sie harmonisch in den Bogen oberhalb des Fensters übergehen. Der entstandene „Halbkreis“ zwischen Fenster und Bogen wurde mit einer geschlauften Deckung ausgefüllt.

Die Platten des seitlichen Abschlusses sowie des Bogens (oberhalb des Fensters) wurden so gewählt, dass im Gesamtbild die Verhältnisse des Goldenen Schnitts zur Anwendung kamen.

2.3.2 Geometrische Elemente erstellen – der Goldene Schnitt

Der Goldene Schnitt (lateinisch sectio aurea) – auch als Goldene Zahl bezeichnet – stellt den Idealfall der harmonischen Teilung einer Strecke dar. Er soll besonders angenehm, ansprechend, ausgewogen, harmonisch und schön wirken.

Weitere oft verwendete Namen dieses Teilungsprinzips lauten: „die göttliche Proportion" (lateinisch proportio divina) oder wissenschaftlich schlicht: „die stetige Teilung".

Eine solche stetige Teilung ist wie folgt definiert:

„Bei einer Strecke, die in 2 Teile zerlegt wird, steht die längere Teilstrecke zur kürzeren so im Verhältnis wie die Gesamtstrecke zur längeren Teilstrecke."

Dieses harmonische Teilungsprinzip ist seit der Antike bekannt und wurde über die Jahrhunderte teils bewusst, teils unbewusst in der Architektur und Kunst unter vielen verschiedenen Namen angewandt. Seit dem 12. Jahrhundert bis etwa in das 19. Jahrhundert wurde der Goldenen Schnitt wissenschaftlich von verschiedenen Mathematikern gründlich erforscht und fand zunächst in der ästhetischen Theorie und dann später in der künstlerischen, architektonischen sowie in der kunsthandwerklichen Praxis als ein ideales Prinzip der Proportionierung Anwendung.

Der Goldene Schnitt oder die Goldenen Zahl ist keine lediglich abstrakte oder theoretische Form der Teilung, sondern kommt auch häufig in der Natur vor. Bei Pflanzen (Blüten) beispielsweise wird durch dieses Verhältnis das Sonnenlicht optimal genutzt, da die Blätter sich so seltener gegenseitig verschatten. Dank der Struktur der Blüte im Goldenen Schnitt ist diese robust, ökonomisch und ästhetisch.

Auch bei Tieren und beim Menschen spielt der Goldene Schnitt in der Evolution eine wichtige Rolle. Leonardo da Vincis bekannte Zeichnung des Vitruvianischen Menschen bildet die idealen körperlichen Proportionen gemäß dem Goldenen Schnitt ab und weist darauf hin, dass der Mensch in evolutionärer Hinsicht danach die besten körperlichen Leistungen erzielen kann.

In der Wissenschaft ist auch bekannt, dass die Schönheit des Menschen von seinen Gesichtszügen bis hin zur sexuellen Anziehungskraft unbewusst nach dem Maßstab des Goldenen Schnittes bewertet wird.

Der Goldene Schnitt wird traditionell stets konstruiert, zum Beispiel mit einem Lineal (ohne Skale) und einem Zirkel, mathematisch (z. B. über eine Verhältniszahl) oder über eine Zahlenreihe.

Die einfachste Konstruktion mit Zirkel und Lineal:

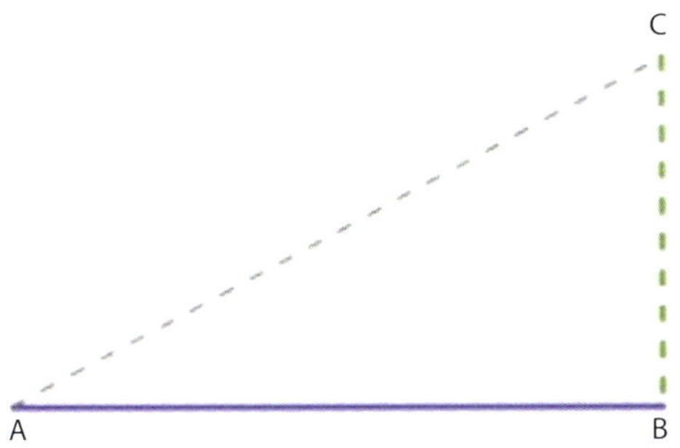

Schritt 1 festlegen einer Geraden und konstruieren einer Senkrechten, es entstehen die Schnittpunkte A, B und C

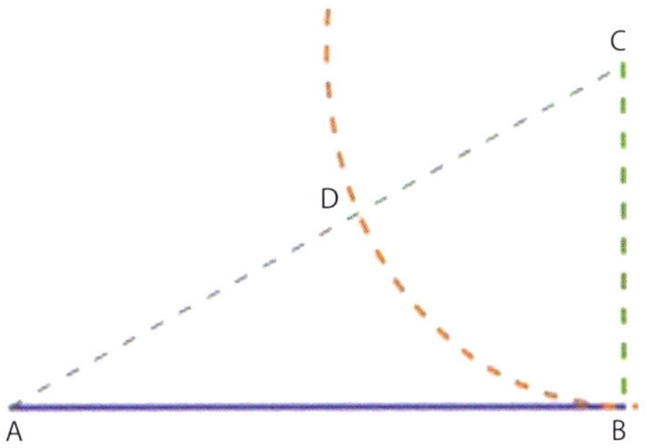

Schritt 2 schlagen eines Kreisbogens zwischen C-B, es entsteht der Schnittpunkt D auf der Hypotenuse (Neigungslänge)

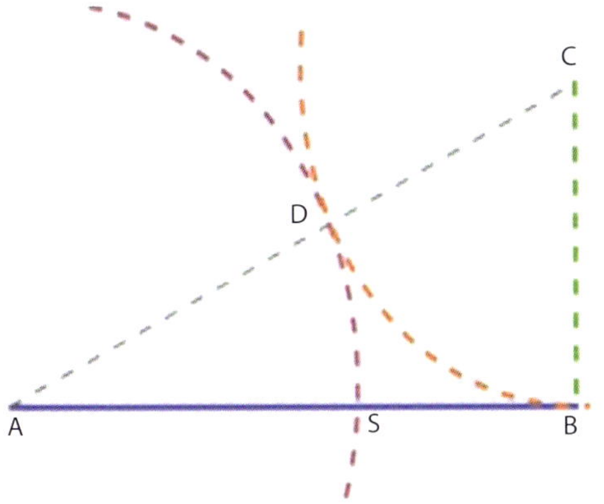

Schritt 3 schlagen eines Kreisbogens zwischen A-D, es entsteht der Schnittpunkt S auf der Ankathete (Grundlänge)

Abb. 2.6 bis 2.8: Konstruktion mit Zirkel und Lineal

Die Abmaße der Teillängen zwischen A–S und S–B werden der Goldene Schnitt genannt. Die größere Teillänge heißt Major, die kleinere Teillänge Minor. Es ist zu beachten, dass die Länge der Senkrechten aus Schritt 1 frei wählbar ist, aber immer kleiner als die Grundlänge sein sollte.

Die Konstruktion, mathematisch über Verhältniszahl:

Beim Goldenen Schnitt beträgt die Teillänge des Majors etwa 61,8 % der Gesamtlänge; damit ergibt sich die Verhältniszahl von 0,618.

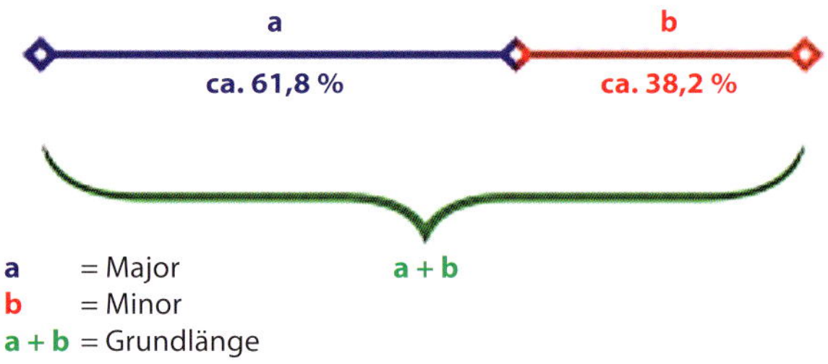

Abb. 2.9: Konstruktion mathematisch über Verhältniszahl

Die Konstruktion, mathematisch über eine Zahlenreihe:

Der italienische Mathematiker Leonardo da Pisa (genannt Fibonacci) entdeckte um das Jahr 1210 die Fibonacci-Reihe (2, 3, 5, 8 … bis 377), bei der die Summe der beiden vorhergehenden Glieder die nächste Ziffer ergibt.

Dass sich bei der Teilung eines Glieds der Fibonacci-Folge durch das vorhergehende Glied (ab dem dritten Glied dieser Reihe) der Näherungswert des Goldenen Schnitts ergibt, wurde von dem deutschen Mathematiker Johannes Kepler (etwa 1619) entdeckt.

Seither gilt die Fibonacci-Reihe als Faustregel für den Goldenen Schnitt.

Rechenbeispiel der Fibonacci-Reihe:

1 : 1 (1+1) = **2** 2 : *3* (2+3) = **5**

1 : 2 (1+2) = *3*

Das Grundprinzip der Fibonacci-Reihe besagt also, dass 2 Ziffern, die im Verhältnis zueinander stehen, in ihrer Summe stets den Major der folgenden Ziffernfolge ergeben. Im darauffolgenden Verhältnis wird der (vorhergehende) Major zum Minor.

Beispiel:

1 : 1 = 2
1 : 2 = 3
2 : 3 = 5
3 : 5 = 8
5 : 8 = 13
8 : 13 = 21
13 : 21 = 34
usw.

Anwendung des Goldenen Schnitts im Dachdeckerhandwerk

Nachfolgend beschrieben ist die geometrische Gestaltung einer Fensterlaibung mit Rundbogen (oberhalb des Fensters) mit ihrer Größenermittlung (Längenermittlung).

Um die Höhe des zu wählenden Kreisbogens zu ermitteln, wird der Goldene Schnitt verwendet. Dabei wird auch die Größe der „Strackortplatten" festgelegt.

Im Beispiel Fenster ist der Minor, also die kürzere Seite, gegeben, dementsprechend lautet die Rechenformel:

$$\frac{\text{Minor (Fensterbreite)}}{\text{0,618 (Verhältniszahl)}} = \text{Fensterhöhe}$$

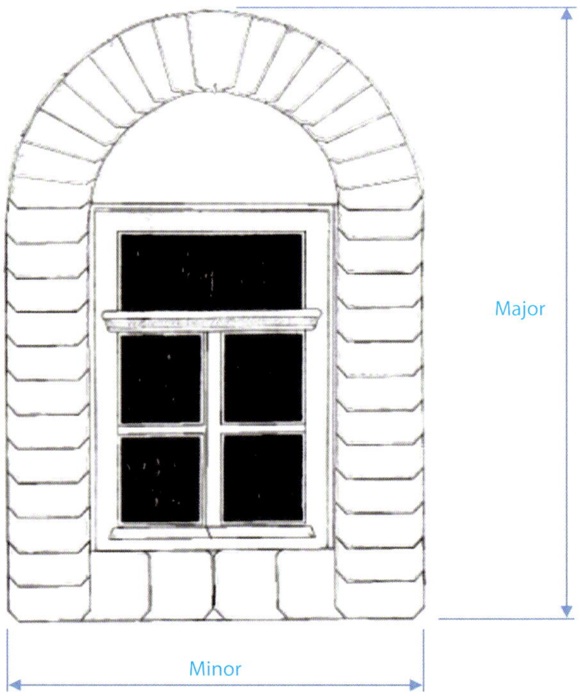

Abb. 2.10: Nutzung des Goldenen Schnitts bei der Erstellung einer geometrischen Fassadengestaltung

2.4 Beliebte und geläufige Schmuckdeckungen

2.4.1 Wabendeckung

Die Wabendeckung ist eine sehr funktionelle und dekorative Art der Fassadengestaltung und die einfachste und gebräuchlichste Schmuckdeckung. Ihr Name beruht vermutlich auf der Ähnlichkeit des Deckbilds mit einer Bienenwabe.

Die Wabendeckung ist aber auch eine Schablonendeckung. Das bedeutet: Alle Steine/Platten sind gleich und dürfen nur an Anschlüssen (oberer/unterer/seitlicher Abschluss) zugerichtet werden.

Es muss beachtet werden, dass die zur Fläche gerichteten Plattenseiten stets der Fläche gleichkommen, also stets unbearbeitet sind.

Die Herstellung dieser Deckung erfordert ein recht großes handwerkliches Geschick und die Herstellung eines genauen Schnürbildes.

Abb. 2.11: Schematische Darstellung eines Deckbilds, Wabendeckung in Schiefer mit geradem Fuß

Plattenformate, geeignete Formate für die Wabendeckung

Prinzipiell werden für die Wabendeckung die sogenannten Universalschablonen (Uni-Eckschnitt oder Uni-Bogenschnitt) verwendet. Diese Schablonen unterscheiden sich nur an ihrem Fußpunkt und dürfen nicht miteinander vermischt werden.

Die Varianten des Fußes der Platten können, je nach Industriepartner, abweichen!

Tabelle 2.1: Beispielhafte Abmaße von Wabenplatten mit geradem Fuß

a Plattengröße	b Fußbreite	c Diagonale
20 × 20	4,7	28,28
25 × 25	6,9	35,35
30 × 30	9,0	42,42

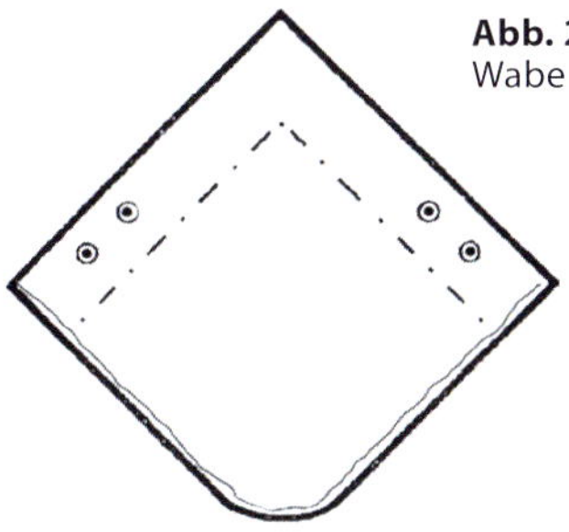

Abb. 2.12: Deckstein Wabe abgerundeter Fuß

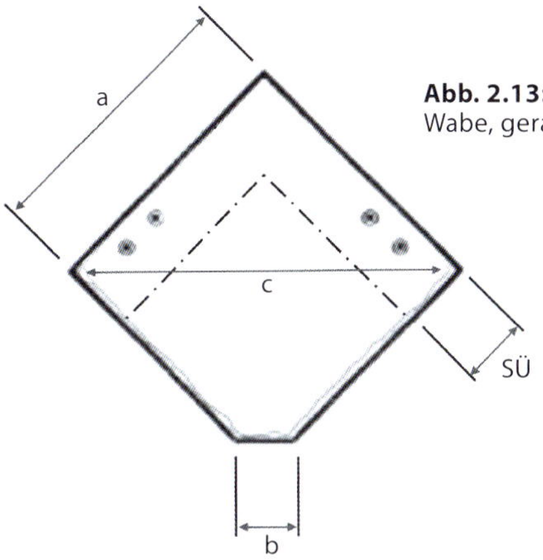

Abb. 2.13: Deckstein Wabe, gerader Fuß (20 × 20)

2.4.2 Spitzwinkeldeckung oder französische Spitzwinkeldeckung

Die Spitzwinkeldeckung, auch als französische Spitzwinkeldeckung bezeichnet, ist eine der wichtigsten Formen der funktionellen und dekorativen Fassadengestaltung.

Die Deckart entstand vermutlich in der Zeit des Barocks und war zur Mitte des 18. Jahrhunderts in einigen Regionen Deutschlands und Europas groß in Mode.

Die Spitzwinkeldeckung ist eine Schablonendeckung: Alle Steine/Platten sind gleich und dürfen nur an Anschlüssen (oberer/unterer/seitlicher Abschluss) zugerichtet werden.

Abb. 2.14: Schematische Darstellung des Deckbilds einer Spitzwinkeldeckung in Schiefer

Die Spitzwinkeldeckung kann auf Dächern oder an Fassaden (Wandflächen) zur Anwendung kommen. An Fassaden ist sie wegen ihrer „von Hause aus" verspielten Ansicht die ideale Deckart für kleinteilige, stark gegliederte und mit geometrischen Ornamenten hergestellte Flächen. Die Herstellung dieser Deckung erfordert ein recht genaues Schnürbild und großes handwerkliches Geschick.

Plattenformate der Spitzwinkeldeckung:

Tabelle 2.2: Formate der Spitzwinkeldeckung

Nr.	Höhe und Breite (cm)	Mindest-dach-neigung	Bedarf in Stück	Länge des Ab-schnitts (cm)
1	47 × 31	≥ 30°	18,3	10,7
2	43 × 29	≥ 30°	22,0	10,7
3	38 × 25	≥ 30°	30,4	10,7
4	36 × 24	≥ 45°	32,7	9,5
5	33 × 21	≥ 45°	38,6	7,3
6	30 × 20	≥ 60°	46,1	7,3
7	29 × 19	≥ 60°	50,9	7,3
8	26 × 18	≥ 60°	62,8	7,3
9	24 × 15	≥ 90°	78,4	6,0
10	21 × 13	≥ 90°	101,2	4,8

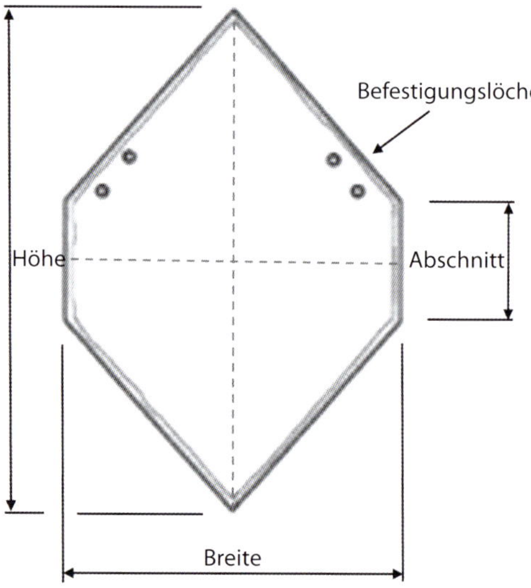

Abb. 2.15: Deckstein französische Spitzwinkeldeckung

2.4.3 Sechseckdeckung oder gezogene Spitzwinkeldeckung

Die gezogene Spitzwinkeldeckung, auch als Sechseckdeckung bezeichnet, ist eine Schmuckdeckung, die wegen ihrer Geradlinigkeit sowie wirtschaftlichen Verarbeitbarkeit in einigen Regionen Deutschlands seit Langem sehr beliebt ist.

Als gestalterisches Element in Teilflächen ist diese Deckart auch eine sehr verbreitete und wichtige Form der dekorativen Fassadengestaltung.

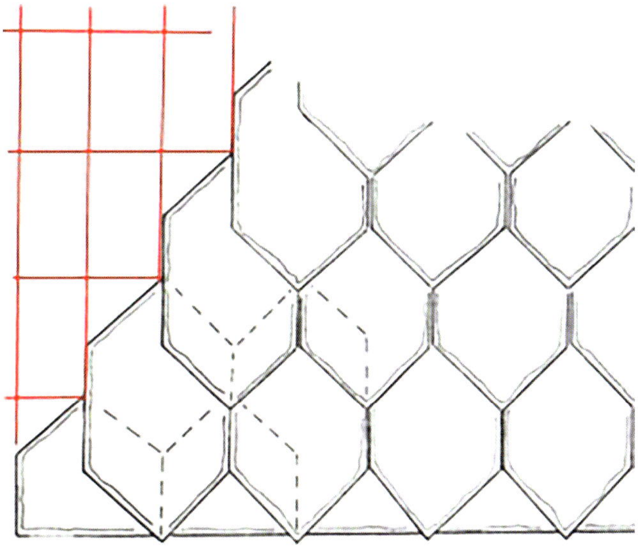

Abb. 2.16: Schematische Darstellung des Deckbilds einer Sechseck- bzw. gezogenen Spitzwinkeldeckung in Schiefer

Höhen- und Seitenüberdeckung in der Sechseck-/gezogenen Spitzwinkeldeckung:

Die geforderte Mindesthöhen- und Seitenüberdeckung ist angelehnt an die Spitzwinkeldeckung und wird parallel zu den oberen Plattenrändern gemessen; sie beträgt immer mindestens 4,0 cm.

Die Sechseckdeckung wird stets im Halbverband hergestellt; eine Abweichung davon ist nicht zulässig!

Plattenformate der Sechseck-/gezogenen Spitzwinkeldeckung:

Je nach Region (klassische/traditionelle/historische Sechseckschablonen) und je nach Industrie partner sowie je nach Produkt (Schiefer oder Faserzement) können die Plattengrößen/Plattenabmaße teilweise stark variieren.

Für kleine Teilflächen als schmückendes Element empfiehlt es sich, die Schablonen stets aus Resten oder Rohschiefern (z. B. Kehlsteinen) selbst herzustellen. Dabei sollte unbedingt auf Maßhaltigkeit der Schablonen sowie auf die Konstruktion der Spitze und des Abschnitts geachtet werden.

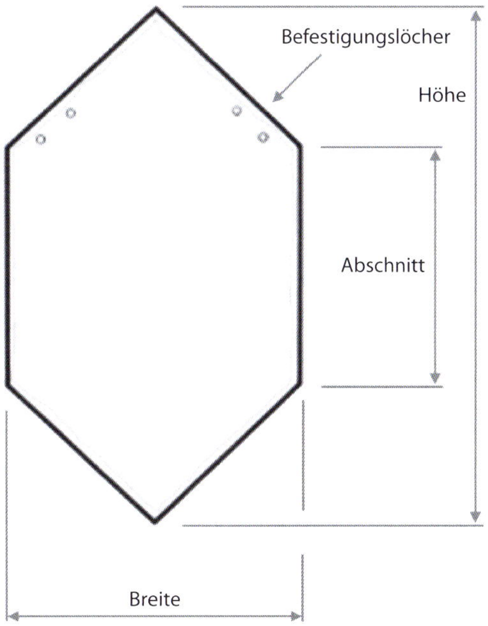

Abb. 2.17: Darstellung eines Decksteins für die Sechseckdeckung:

2.4.4 Achteckdeckung mit Einleger

Die Achteckdeckung mit Einleger ist eine Schmuckdeckung, die wegen ihrer Geradlinigkeit, aber auch Verspieltheit und wirtschaftlichen Verarbeitbarkeit in einigen Regionen Deutschlands seit Langem sehr beliebt ist.

Als gestalterisches Element in Teilflächen, aber auch an großen Fassaden ist diese an die Mosaiken der Antike angelehnte Deckart sehr dekorativ.

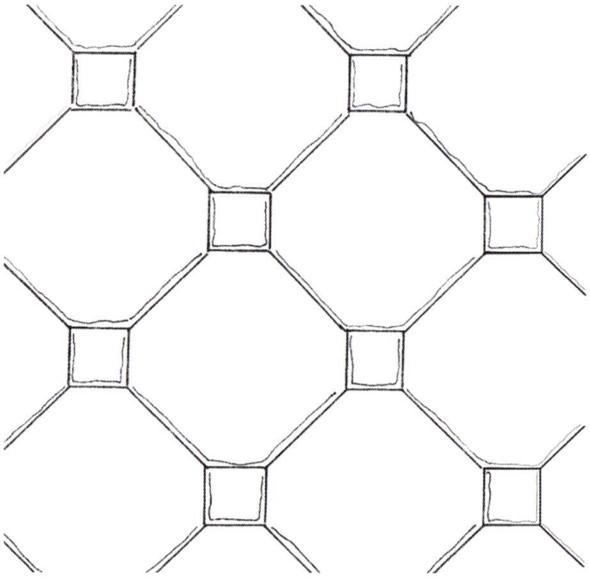

Abb. 2.18: Schematische Darstellung des Deckbilds einer Achteckdeckung mit Einleger in Schiefer

Höhen- und Seitenüberdeckung der Achteckdeckung mit Einleger:

Die geforderte Mindesthöhenüberdeckungen und Seitenüberdeckung entspricht der bei der Wabendeckung und wird parallel zu den oberen Plattenrändern gemessen. Der Einleger überdeckt den Abschnitt ausreichend weit. Die Überdeckung des Einlegers auf der Flächenplatte betragt 5,0 cm, die Überdeckung der Diagonalen beträgt ebenfalls immer mindestens 5,0 cm.

Die Achteckdeckung mit Einleger wird stets im Halbverband hergestellt; eine Abweichung davon ist nicht zulässig!

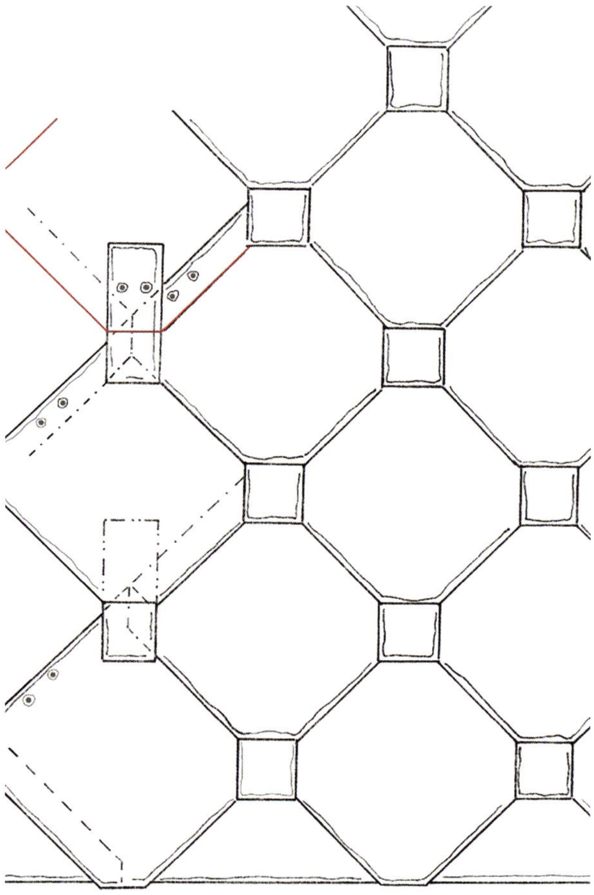

Abb. 2.19: Darstellung des Deckschemas mit Überdeckungen der Achteckdeckung mit Einleger

2.4.5 Rundschnittdeckung oder Biberschwanzdeckung

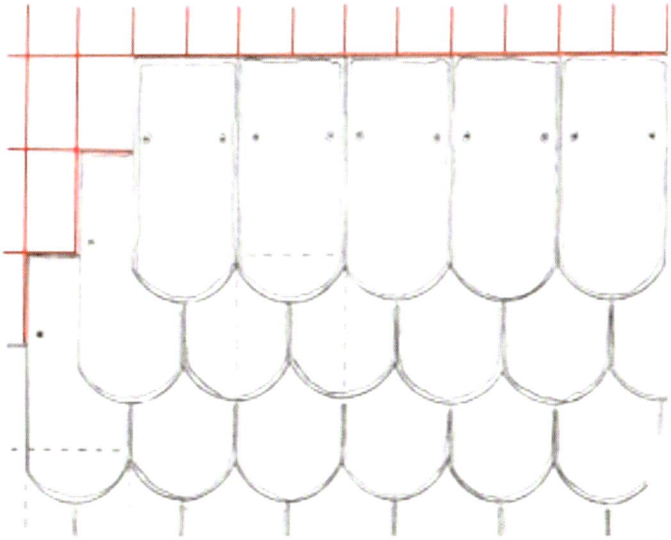

Abb. 2.20: Schematische Darstellung des Deckbilds einer Biberschwanzdeckung in Schiefer

Die Biberschwanzdeckung, auch als Rundschnittdeckung bezeichnet, ist eine reine Schmuckdeckung, da wegen ihrer Kleinteiligkeit ein wirtschaftliches Verarbeiten kaum möglich ist.

Als gestalterisches Element in Teilflächen ist diese Deckart dennoch sehr verbreitet und eine wichtige Variante der funktionellen und dekorativen Fassadengestaltung.

Die Schablonen dieser Deckart wurden einst hauptsächlich aus Resten hergestellt und waren zur Zeit des Barocks sowie zu Beginn des 20. Jahrhunderts in einigen Regionen Deutschlands und Europas groß in Mode.

Die Biberschwanzdeckung kann auf Dächern oder an Fassaden (Wandflächen) zur Anwendung kommen. An Fassaden ist sie wegen ihrer „von Hause aus" verspielten Ansicht bei kleinen Schablonen eine ideale Deckart für stark gegliederte und mit geometrischen Ornamenten hergestellte Flächen.

Höhen- und Seitenüberdeckung bei der Biberschwanzdeckung:

Die geforderte Mindesthöhenüberdeckungen ist angelehnt an die Rechteckdoppeldeckung und beträgt (egal welche Plattenformate Verwendung finden) bei:

- Schiefer = 2,0 cm
- Faserzement = 3,0 cm
- Klammerbefestigung = 6,0 cm

Die Mindestseitenüberdeckung ist durch den Halbverband vorgegeben, aber beträgt mindestens 5,0 cm (bei allen Werkstoffen).

Eine geringere Seitenüberdeckung ist nicht zulässig.

Plattenformate der Biberschwanzdeckung:

Je nach Region (klassische/traditionelle/historische Biberschwanzschablonen) können die Plattengrößen/Plattenabmaße teilweise stark variieren.

Für kleine Teilflächen als schmückendes Element empfiehlt es sich stets, diese Schablonen aus Resten oder Rohschiefern (z. B. Kehlsteinen) selbst herzustellen; dabei sollte unbedingt auf Maßhaltigkeit der Schablonen sowie auf die Konstruktion des Rundschnitts geachtet werden.

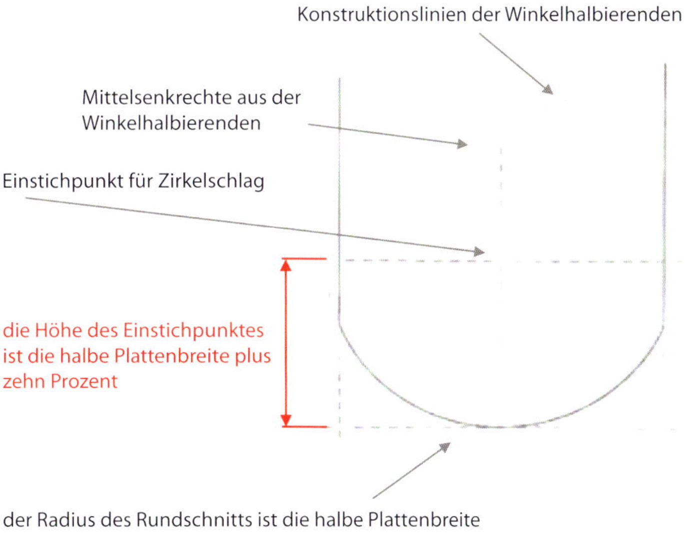

Abb. 2.21: Konstruktion eines klassischen Rundschnitts

2.4.6 Mosaikdeckung

Die Mosaikdeckung ist eine sehr funktionelle, wirtschaftliche und dekorative Art der Fassadengestaltung.

Die Mosaikdeckung ist wegen der Verwendung von Rechteckschiefern eine Schablonendeckung. Das bedeutet, dass alle Steine/Platten gleich sind und nur an Anschlüssen (oberer/seitlicher Abschluss) zugerichtet werden dürfen.

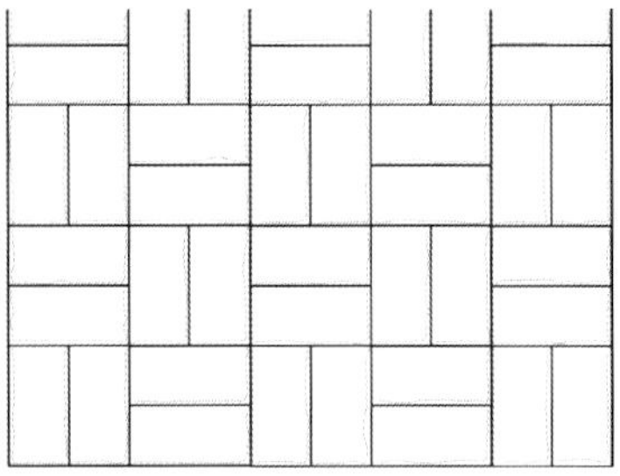

Abb. 2.22: Schematische Darstellung eines Auszugs aus einem Deckbild mit linkem seitlichem Abschluss der waagerechten Mosaikdeckung in Schiefer

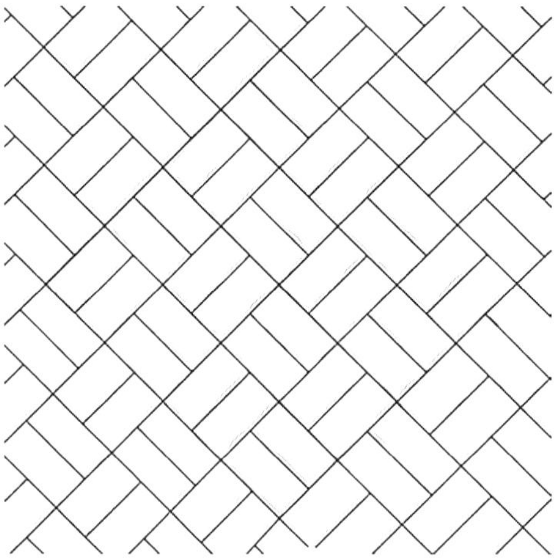

Abb. 2.23: Schematische Darstellung eines Auszugs aus einem Deckbild mit linkem seitlichem Abschluss der schräg angesetzten Mosaikdeckung in Schiefer

Plattenformate, geeignete Formate für die Mosaikdeckung:

Prinzipiell werden für die Mosaikdeckung Rechteckschablonen im Verhältnis 2:3 (ohne gestutzte/abgerundete Ecken) verwendet.

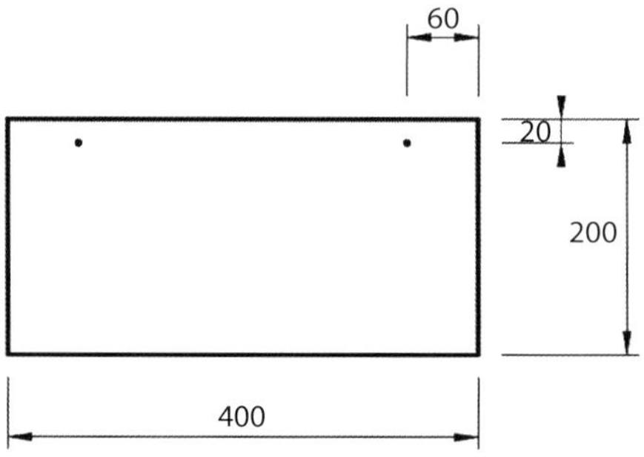

Abb. 2.24: Material Schiefer oder Faserzement, Format 40 × 20 cm, gelocht

Tabelle 2.3: Bedarf an Material und Befestigungsmitteln

Anwendung	Überdeckung		Materialbedarf		Schnürabstand	
	Höhe cm	Seite cm	Fassadenplatten Stück/m²	Schieferstifte Stück/m²	waagerecht cm	senkrecht cm
Wand	5 + 10	10 + 5	22,3	44,6	30,0	30,0

Herstellung einer Mosaikdeckung – Schnüren und Decken der Fläche:

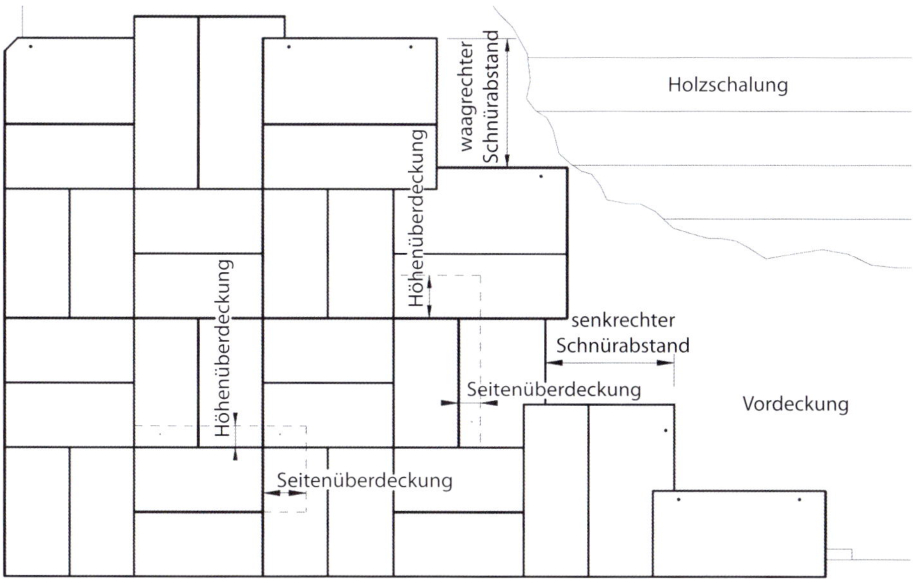

Abb. 2.25: Darstellung des Deckschemas mit Schnürbild und Überdeckungen (Mosaik 40 × 20 cm)

Die Verlegung der Schiefer oder Faserzementplatten erfolgt immer in einem Grundraster von 30 × 30 cm, wobei die einzelnen Platten (hier 40 × 20 cm) immer paarweise abwechselnd waagerecht und senkrecht aufgedeckt werden.

Zu beachten ist, dass dabei die Überdeckungen zwischen 5 cm und 10 cm wechseln.

2.4.7 Fischschuppendeckung oder Fischschuppenschablonendeckung

Die Fischschuppendeckung ist eine spezielle Form der dekorativen Schmuckdeckung, die durch ihre Verspieltheit, ihre scheinbar ungezwungenen Rundungen und ihre doppelte Überdeckung auffällt.

In einigen Regionen Deutschlands gehört diese Art der Wandbekleidung seit Langem zu den beliebtesten dekorativen Deckungen.

Als gestalterisches Element in geometrisch gegliederten Teilflächen ist diese Wandbekleidungsart eine sehr verbreitete und wichtige Form der Fassadengestaltung.

Höhen- und Seitenüberdeckung der Fischschuppendeckung:

Der Abschnitt der Fischschuppenschablone muss stets überdeckt sein. Die geforderte Mindesthöhenüberdeckung richtet sich nach dem seitlichen Abschnitt und beträgt überdoppelt (der dritte überdeckt den ersten) mindestens 20 mm.

Die Seitenüberdeckung ergibt sich aus dem Halbverband dieser Deckart und richtet sich nach der Steinbreite. An seitlichen Anschlüssen beträgt die Überdeckung mindestens 4,0 cm.

Die Fischschuppendeckung muss im Halbverband hergestellt werden; eine Abweichung ist nicht zulässig!

Abb. 2.26: Geometrische Elemente der Ornamentik oder Schmuckdeckungen

Plattenformate der Fischschuppendeckung:

Je nach Region (klassische/traditionelle/historische Fischschuppensdeckung) können die Plattengrößen teilweise stark voneinander abweichen.

Für kleine Teilflächen als schmückendes Element empfiehlt es sich stets, diese Schablonen aus Resten oder Rohschiefern (z. B. Kehlsteinen) selbst herzustellen. Dabei sollte unbedingt auf Maßhaltigkeit der Schablonen sowie auf die Konstruktion des Abschnitts geachtet werden.

Tabelle 2.4: Beispielhafte Abmaße von Fischschuppenschablone

Plattengröße Breite × Höhe (in cm)	(sichtbare) Steinhöhe	Bedarf je m² bei 2,0 cm HÜ (überdoppelt)
40 × 20	8,5	29,4
30 × 20	8,5	39,2
25 × 20	8,5	47,1
22 × 15	6,5	70,0
20 × 15	6,5	77,0

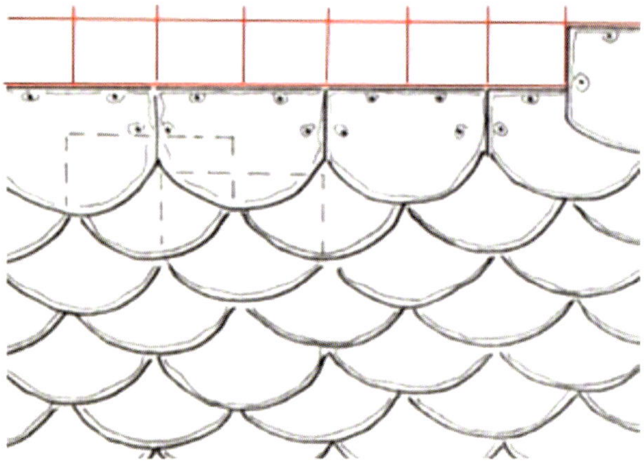

Abb. 2.27: Darstellung eines Schnürbilds sowie der Überdeckungsbereiche in der Fischschuppendeckung

An Fassaden oder Wandflächen werden oft verschiedene Elemente der Geometrie verwendet. Dabei sind Geraden, Bogen und Kreise die wichtigsten gestalterischen Varianten.

Das Beispiel in Abbildung 2.28 wurde im sächsischen Sebnitz gefunden. Es handelt sich um die Originalfassade aus der Errichtungszeit des Gebäudes.

Wenn diese Elemente angeordnet werden, ist stets auf eine saubere Aufteilung der Gebinde hinsichtlich der „Deckbreite", das Verhältnis zwischen Gebindehöhe und Flächeneindeckung sowie auf die Verhältnisse der Gliederung zur Wandflächengröße zu achten.

Abb. 2.28: Schmuckdeckung mit geometrischen Formen, hier mit einer Gliederung aus aufgelegten seitlichen, oberen und unteren Abschlüssen sowie mit Bogen

2.5 Geometrische Elemente eindecken – Grundlagen

2.5.1 Oberer Abschluss (First) sowie waagerechte Gebinde

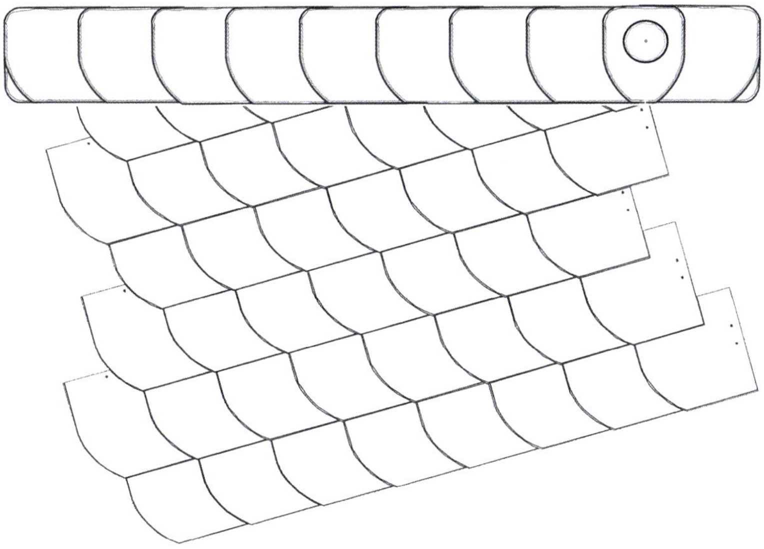

Abb. 2.29: Beispielhafte Darstellung eines aufgedeckten oberen Abschlusses mit Bogenschnittschablonen; diese werden nur innerhalb der Seitenüberdeckung befestigt.

Der obere Abschluss an Fassaden-, Wand- oder Gaubenflächen wird von vielen Kollegen als First bezeichnet. Dieser obere Abschluss kann waagerecht oder abgeschrägt den Dachneigungen folgend aufgedeckt werden. Dieser obere Abschluss dient im eigentlichen Sinne als Abschluss einer kleinformatigen Schiefer- oder anders gearteten Eindeckung.

Unter diesem Abschlussgebinde enden die Deckgebinde der Fläche stets mit/als Ausspitzer.

Bei Wand-/Fassadeneindeckungen mit Schiefer oder Faserzementwerkstoffen wird dieser Abschluss als oberes oder waagerechtes Gebinde eingedeckt.

Die Steine dieser Abschlussgebinde werden alle (mit Ausnahme des Schlusssteins) nur innerhalb der Seitenüberdeckung befestigt. Die Befestigung erfolgt mit mindestens 4 Schiefernägeln oder -stiften.

Um ausreichend Überdeckung im Bereich der Befestigungsmittel zu gewährleisten, muss die Seitenüberdeckung etwas erhöht werden.

Der Schlussstein wird offen mit 3 Nägeln, befestigt „an einer kompletten Schieferfassade gibt es maximal 3 sichtbare Nägel!".

Waagerechte oder besser gesagt obere Gebinde werden nicht nur als obere Abschlussgebinde am Ende einer Fassade aufgedeckt, sondern auch unterhalb oder oberhalb von Bauteilen wie Fenstern, als Anfangsgebinde an Fassaden oder Wangen, aber auch schlichtweg als Zier-/Schmuckgebinde.

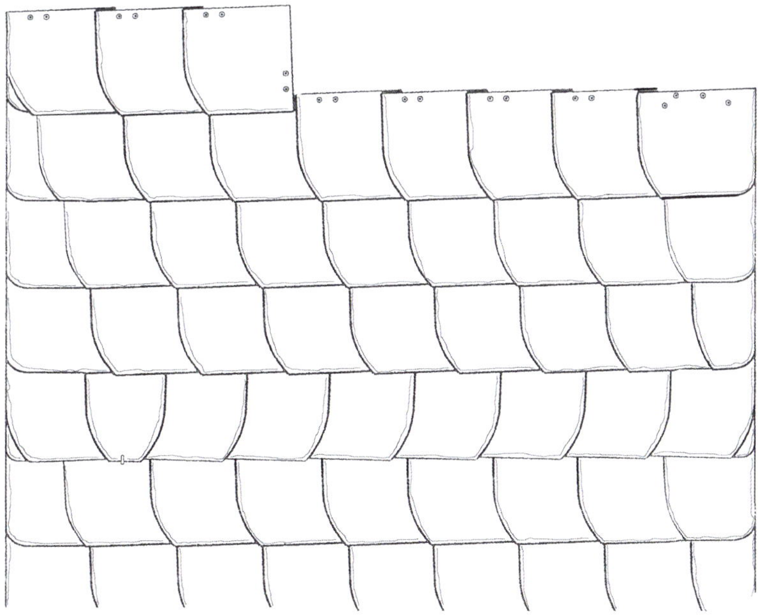

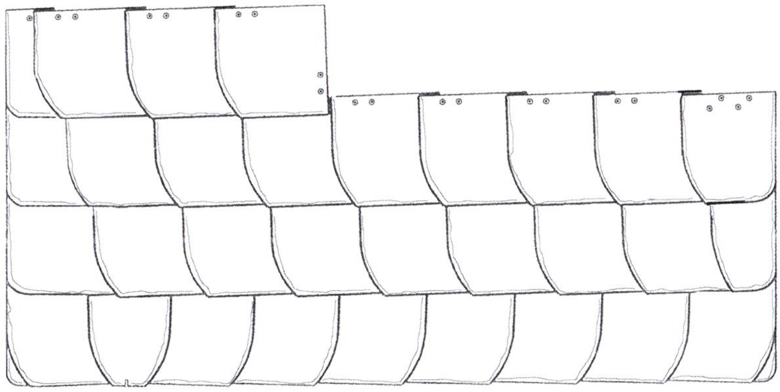

Abb. 2.30 und 2.31: Beispielhafte Darstellung von waagerechten Gebinden in der geschlauften Deckung mit Bogenschnittschablonen (2 Details)

2.5.2 Gegenläufiges Ziergebinde innerhalb der Fläche

Als gegenläufiges Anfangsgebinde am Beginn der Fläche

Deckrichtung des oberen Abschlussgebindes:

Das Firstgebinde kann in Deckrichtung oder aber gegenläufig zur Deckrichtung der Fläche hergestellt werden.

Das Firstgebinde wird stets auslaufend gedeckt, d. h. ohne die Herstellung eines eingebundenen Anfang- oder Endorts. Jedoch sollte, wenn nötig, auf einen Stichstein nicht verzichtet werden. Der Schlussstein sollte mindestens auf einen kompletten Deckstein verlegt werden.

Deckrichtung des unteren Abschlussgebindes/des Anfangsgebindes:

Das Anfangsgebinde kann in Deckrichtung oder aber gegenläufig zur Deckrichtung der Fläche hergestellt werden.

Das Anfangsgebinde wird stets ohne die Herstellung eines eingebundenen Anfang- oder Endorts, jedoch, wenn nötig, auf einen Stichstein gedeckt. Wird ein Schlussstein verwendet, sollte dieser mindestens auf einen kompletten Deckstein verlegt werden.

Besonderheit bei schräg (der Dachneigung folgenden) verlaufenden Anfangsgebinden:

- Es muss zwingend die Fließrichtung des Niederschlagswassers beachtet werden.
- Bei großen Wandflächen kann die Seitenüberdeckung um ein Drittel vergrößert werden.
- Die Decksteine des Anfangsgebindes werden nur innerhalb der Seitenüberdeckung befestigt.

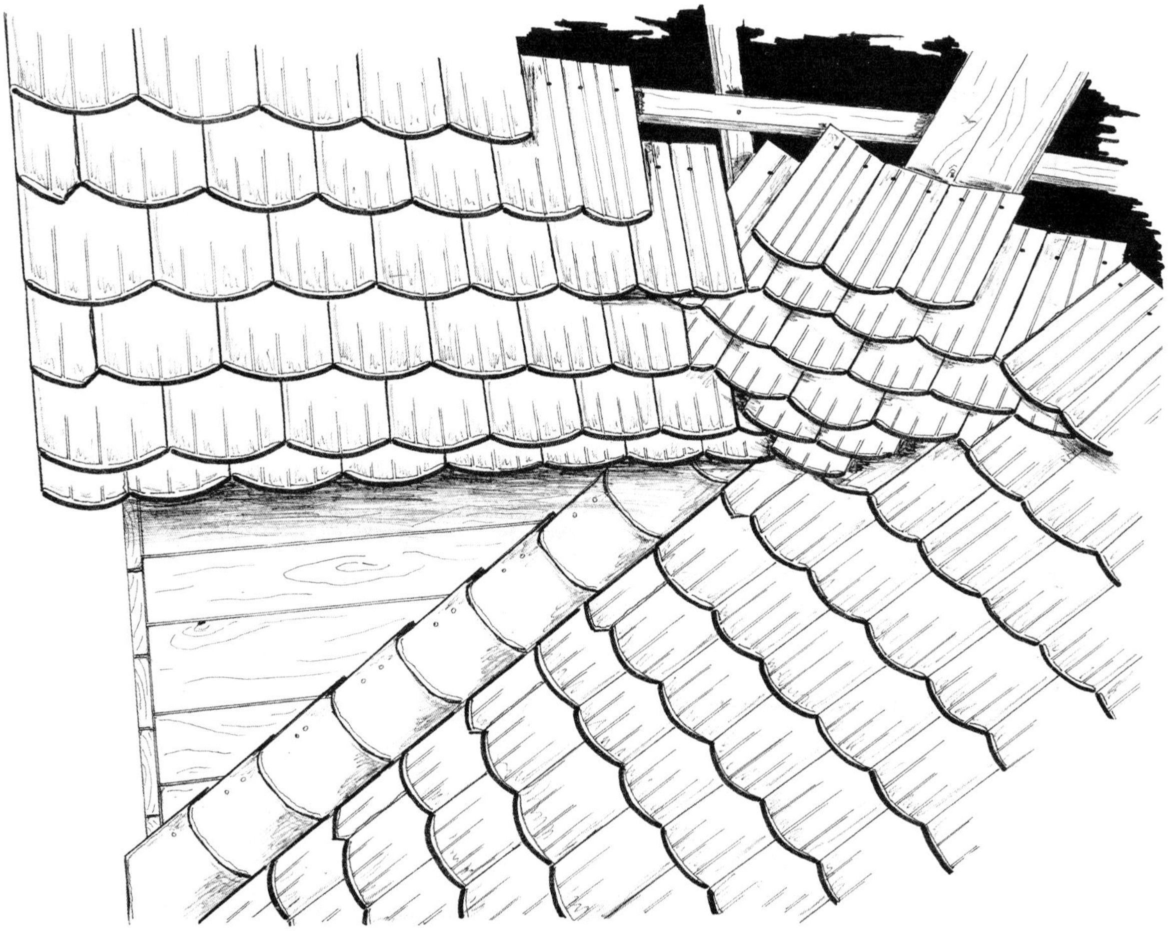

Abb. 2.32: Beispielhafte Darstellung eines Anfangsgebindes aus Bogenschnittschablonen an der Wange einer Gaube. Das Anfangsgebinde folgt der Dachneigung.

Anfangsgebinde werden auch als Rollschicht, Rolle oder als Reparaturschicht bezeichnet. Wie das Wort Reparaturschicht schon ahnen lässt, ist diese im weitesten Sinne eine Opferschicht. Ein Anfangsgebinde wird stets dort aufgedeckt, wo die Wahrscheinlichkeit sehr groß ist, dass zum Beispiel Anschlussbleche erneuert werden müssen oder die Fassade eventuell Schaden nimmt (z. B. im Bereich von Gehwegen, Türen/Toren oder Mülltonnen).

Anfangsgebinde werden aber auch bei sehr kleinteiligen Schiefer-/Faserzementdeckungen (zum Beispiel Schmuckdeckungen, Kettengebinde) verwendet, um die entsprechende Anschlusshöhe einzuhalten.

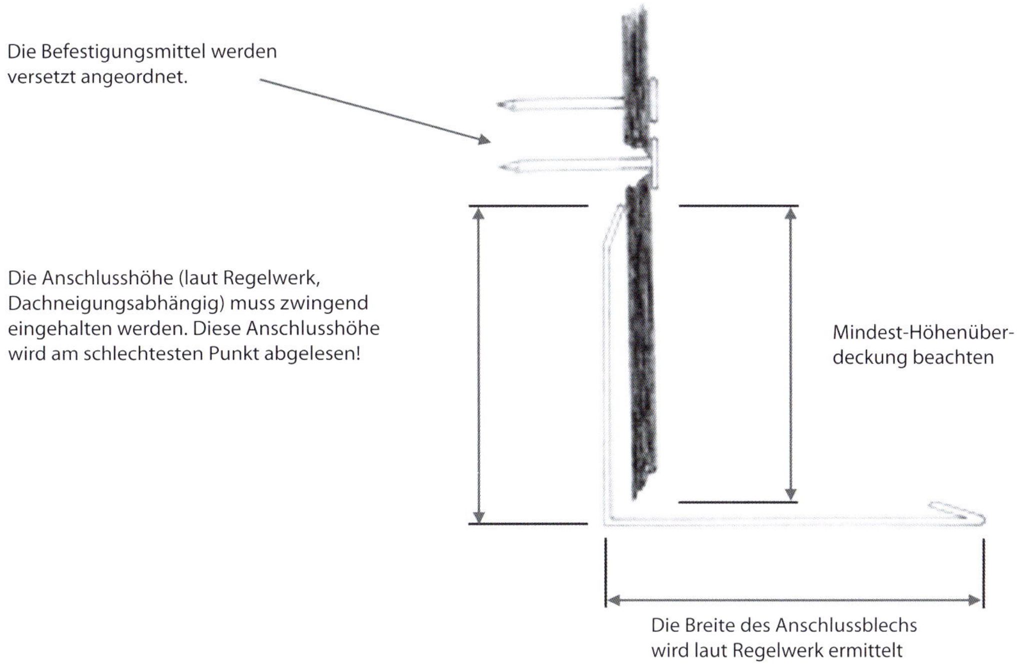

Abb. 2.33: Beispielhafte Darstellung der Befestigung eines Anfangsgebindes an einem Anschlussblech

Waagerechtes Gebinde als gestalterisches Element

An großen Fassadenflächen werden oft waagerechte Gebinde zur Auflockerung oder zur Gliederung verwendet. Solch eine Gliederung kann zum Beispiel als Markierung von Geschosshöhen oder zur Abgrenzung verschiedener Deckungen Verwendung finden.

Idealerweise werden waagerechte Gebinde, wenn mehrere davon innerhalb einer Fassadenfläche vorhanden sind, so aufgedeckt, dass sie möglichst vergleichbar sind. Das bedeutet, dass die sichtbare Fläche der Decksteine in jeder waagerechten Schicht ähnlich groß und ähnlich angeordnet sein sollte.

Das Aufdecken und Aufteilen von waagerechten Gebinden, egal ob oberer Abschluss, unterer Abschluss oder Zwischengebinde (Ziergebinde), erfolgt immer in der gleichen Technik. Wichtig ist stets eine gleichmäßige und vergleichbare Ansicht.

2.5.3 Decksteine für Anfangs- oder waagerechte Ziergebinde

Für Anfangsgebinde (waagerecht oder schräg) sowie für Zier- oder Schmuckgebinde werden keine speziellen Decksteine verwendet, es müssen also die Decksteine nicht speziell zugerichtet werden.

Es empfiehlt sich jedoch stets, den Kopf des Decksteins etwas abzurunden, um die darüber liegenden Decksteine sauber und lagestabil befestigen zu können.

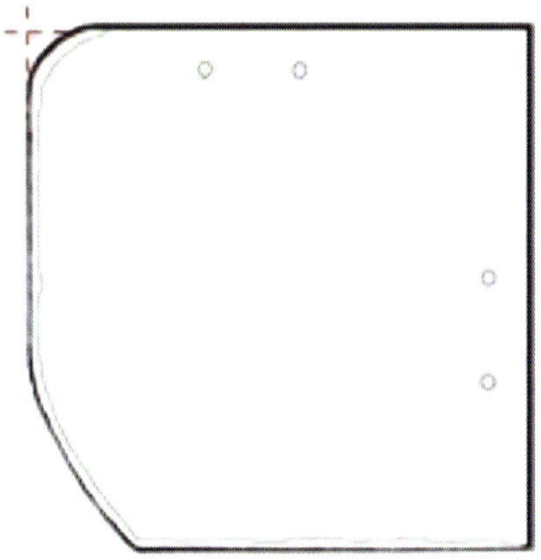

Abb. 2.34: Beispielhafte Darstellung einer Bogenschnittschablone mit abgerundetem Kopf

2.5.4 Decksteine für das obere Abschlussgebinde

Die zu verwendenden Platten oder Steine am oberen Abschluss sollten etwa ein Drittel größer sein als die sichtbare Höhe der in der Fläche verwendeten Decksteine, jedoch maximal um das 1½-Fache höher als die sichtbare Höhe in der Fläche.

Auf einen ausreichenden Fersenverhang als Tropfpunkt muss gerade am oberen Abschluss geachtet werden, aber auch darauf, dass die Unterkonstruktion sauber abgedeckt ist.

Die Form der Rücken, also der Sichtbereich, ist bei diesen Platten oder Steinen frei wählbar; als angenehm wird jedoch die Verwendung eines Rückens empfunden, der entweder der Eindeckung ähnelt oder eine deutlich abweichende Ansicht bietet.

Es ist bei der Herstellung des Rückens auf die Seitenüberdeckung der Decksteine zu achten. Bei der Verwendung von Decksteinen, die angelehnt an die „Altdeutsche Deckung" oder angelehnt an eine „Bogenschnittschablone" zugerichtet wurden, richtet sich diese Seitenüberdeckung stets nach der Ferse/dem Fersenversatz.

2.5.5 Konstruktion und Zurichten der Platten am oberen Abschluss

Vor dem Zurichten der gewünschten/benötigten Plattenzahl muss die Form dieser Platten für den oberen Abschluss festgelegt und sichergestellt werden, dass diese sich in Form und Abmaßen kaum unterscheiden. Aus diesem Grunde fertigt man zuerst ein Muster.

Dabei ist zu beachten, dass bei der Verwendung von fertigen Decksteinen die industriell gefertigten Befestigungslöcher am Kopf des Decksteins immer entfernt werden müssen.

Beim Aufdecken des waagerechten Abschlussgebindes muss am Kopf dieses Gebindes eine geschlossene und gerade Flucht entstehen. Dennoch muss der Tropfpunkt an jedem Schiefer sauber hergestellt sein. Tropfpunkt bedeutet: Fersenversatz und Fersenverhang!

Also muss der Kopf des Decksteins am oberen Abschlussgebinde gerade angebracht werden und der Fuß dieses Decksteins leicht schräg sein (mit hängender Ferse).

Um diese Sonderform möglich zu machen, richtet man den Kopf des Schiefers leicht schräg zu.

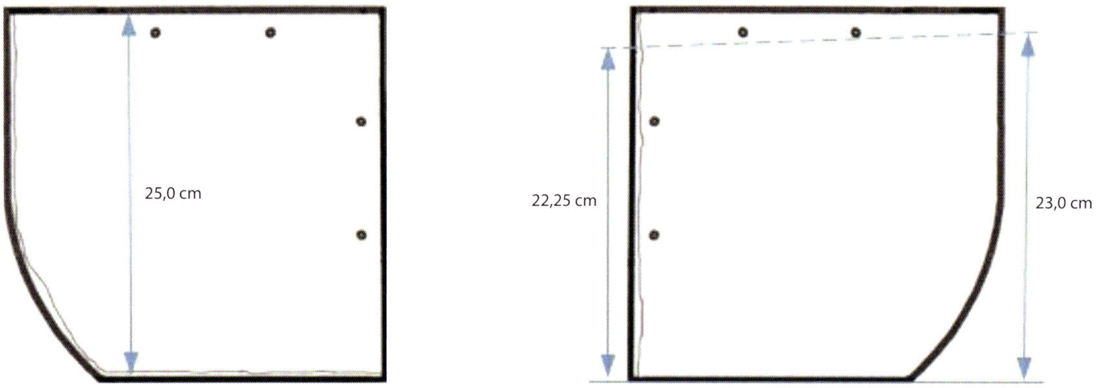

Abb. 2.35 und 2.36: Beispielhafte Darstellung der Konstruktion eines einfachen Decksteins für das obere Abschlussgebinde, hergestellt aus einer Bogenschnittschablone mit 25 × 25 cm

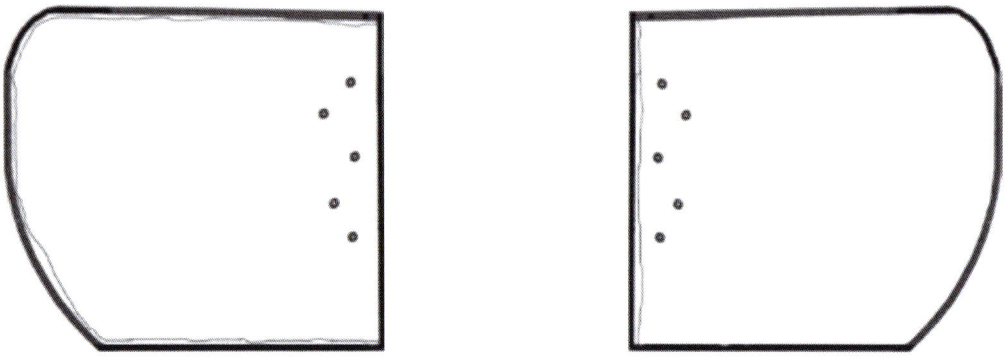

Abb. 2.37 und 2.38: Fertiger Deckstein für den oberen Abschluss

Der Kopf wird im Bereich der Brust etwa einen 3/4 cm kürzer als im Bereich des Rückens (stumpf) zugerichtet!

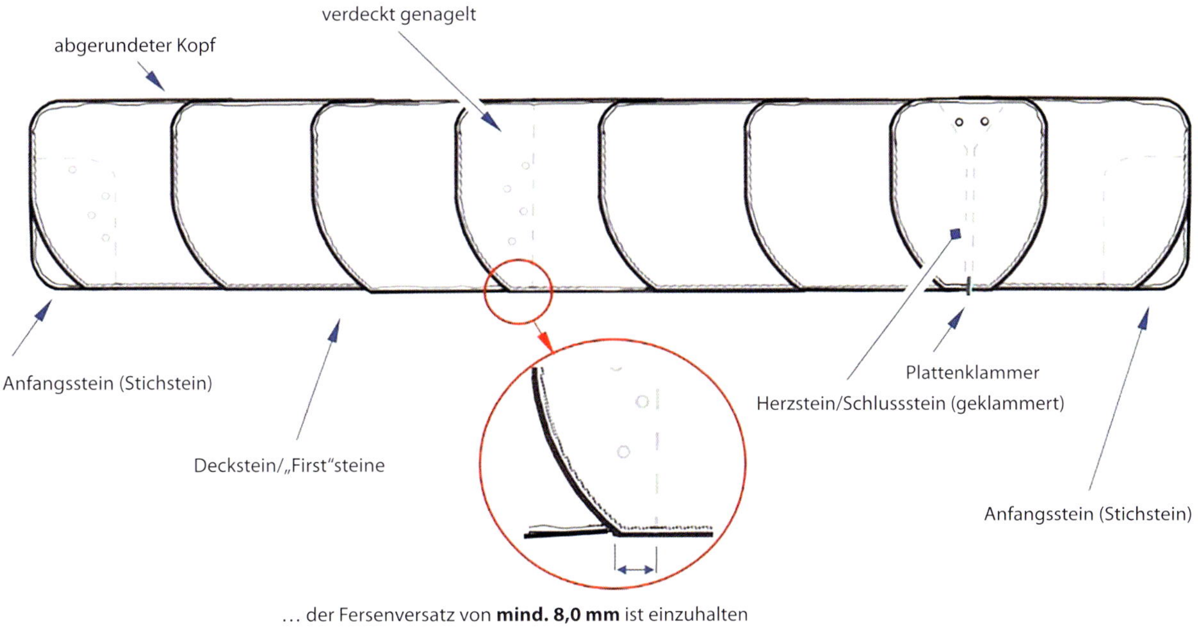

Abb. 2.39: Beispielhafte Darstellung eines waagerechten Abschlussgebindes

2.5.6 Aufgelegter seitlicher Abschluss (der aufgelegte Ort)

Der aufgelegte seitliche Abschluss an der Fassade oder Wandfläche ist ein wichtiges gestalterisches Element und die häufigste Art, den seitlichen Abschluss herzustellen.

Oftmals wird dieser seitliche Abschluss auch auf Dachflächen sowohl an Graten als auch an Orten verwendet. Er wird als:

- „aufgelegter Ort",
- „gleicher Ort" oder
- „Strackort"

bezeichnet.

Das wichtigste Merkmal dieses speziellen seitlichen Abschlusses ist, dass dabei eine gleichmäßige Ansicht der Dach-, Wand- oder Fassadenfläche entsteht.

Der aufgelegte seitliche Abschluss/Ortgang kann bei nahezu jeder Deckart mit Schiefer (Naturschiefer) bzw. Faserzement (Kunst- oder künstlicher Schiefer) Verwendung finden. Dabei ist immer die Mindesthöhen- und -seitenüberdeckung zu beachten.

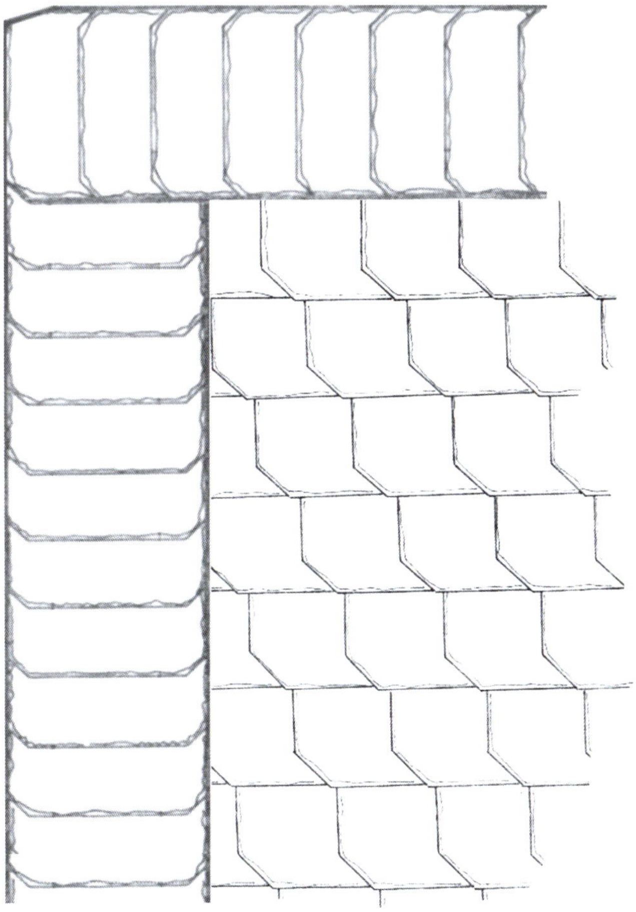

Abb. 2.40: Schematische Darstellung eines aufgelegten seitlichen Abschlusses, Deckbild: geschlaufte Deckung mit Eckschnitt – Schablonen aus Schiefer

Plattenformate, geeignete Formate für die Strackortausbildung:

Prinzipiell können alle kleinformatigen Schiefer oder Faserzementplatten als „aufgelegter seitlicher Abschluss“ Verwendung finden, solange die Ansichtsfläche der verwendeten Decksteine das Verhältnis von maximal dem Eineinhalbfachen in der Höhe und etwa dem Doppelten in der Breite nicht übersteigt. (Abwandlungen sind natürlich erlaubt, solange ein harmonisches Deckbild entsteht.)

Die „Strackort“platten können je nach Geschmack recht unterschiedliche Formen aufweisen. Wichtig ist jedoch immer die Einhaltung der entsprechenden Höhen- und Seitenüberdeckung.

klassischer „Strack“

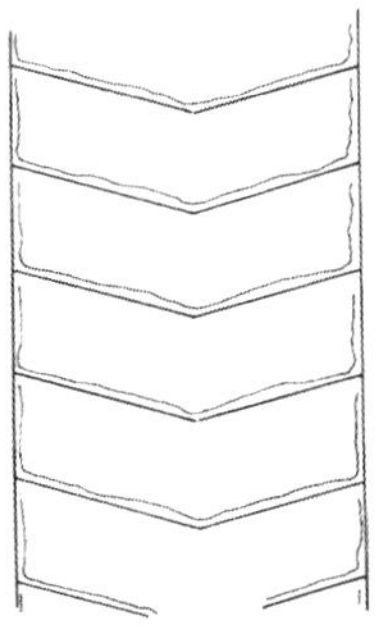

„Strack“ mit Spitzwinkel

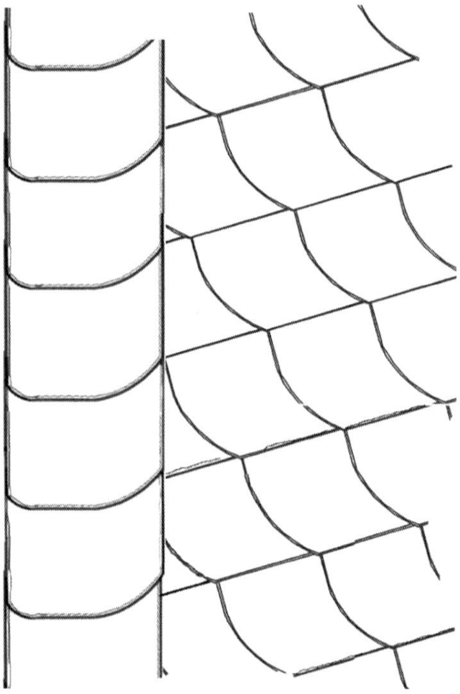

„Strack“ mit Bogenschnittschablone

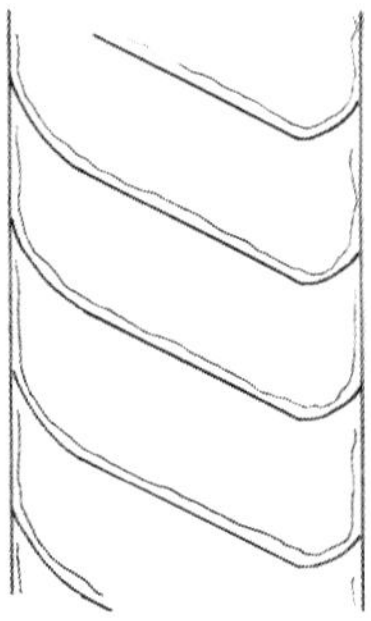

schräger „Strack“

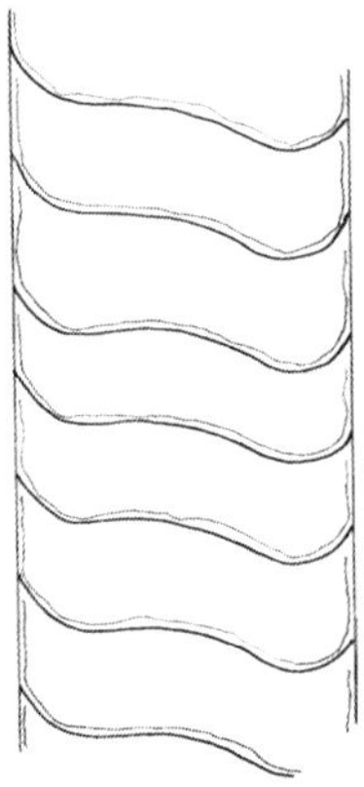

geschwungener „Strack“

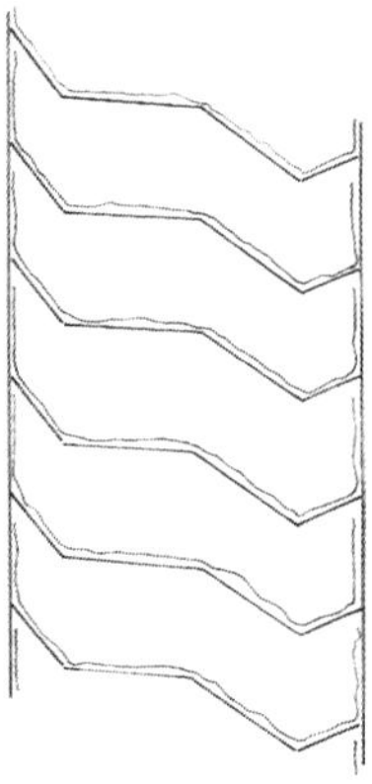

scharfer „Strack“ mit gestutzter Ecke

Abb. 2.41 bis 2.46: Schematische Darstellungen höchst verschiedener „aufgelegter seitlicher Abschlüsse“ (6 Details)

Befestigung der Platten:
Die Befestigung der Steine oder Platten am seitlichen Abschluss (auch am aufgelegten oder Strackort) erfolgt bis zu einer Größe (längere Seite) 24,0 cm mit mind. 4 Schiefernägeln oder Schieferstiften aus feuerverzinktem Stahl, gerilltem Edelstahl oder gerilltem Kupfer.

Ab einer Plattengröße von (längere Seite) 25,0 cm muss ein zusätzlicher Befestigungspunkt (z. B. geeignete Plattenhaken) hinzugefügt werden.

Abb. 2.47: Anordnung der Lochung bei einer klassischen Strackortplatte mit gestutzten Ecken; im Prinzip erfolgt so die Lochung bei jeder Form von „Strackort"-platten oder -steinen.

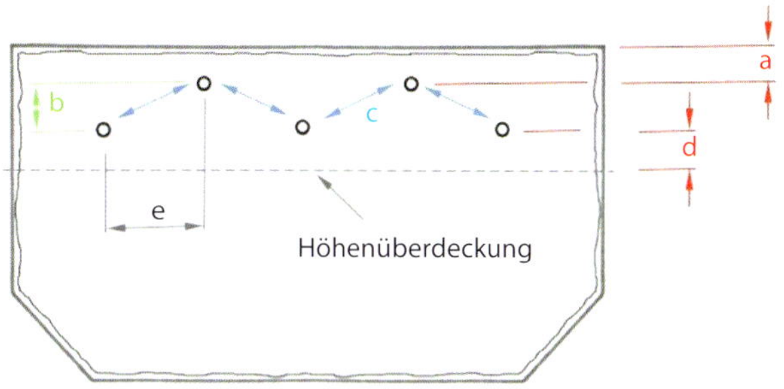

Besonderheiten beim Aufdecken der seitlichen Abschlüsse

Werden die seitlichen Abschlüsse als „aufgelegte Abschlüsse" gedeckt, ist es wichtig, die Mindestseitenüberdeckung der Abschlussplatten auf die Fläche sowie die Mindesthöhenüberdeckung der Platten untereinander unbedingt einzuhalten.

Wenn diese Überdeckungen zu groß gewählt werden, besteht allerdings die Gefahr, dass es zu einem deutlichen Sperren der „Ortplatten" und damit zu erheblichen Schwierigkeiten beim Eindecken kommt.

Auch bei „aufgelegten seitlichen Abschlüssen" muss der Mindestabstand der Befestigungsmittel zu den Rändern der Unterkonstruktion eingehalten werden.

Bei den Flächengebinden (den Platten in der Fläche) ist im Überdeckungsbereich der Abschlussplatten, wenn nötig, ein Wasserabweiser immer dann anzuordnen, wenn die Wasserführung der Fläche nicht oder nicht ausreichend das Eindringen von Niederschlagswasser verhindert.

Auf die wasserabweisenden Hiebe der Flächeneindeckung bzw. die gestutzten Ecken der Fläche ist auf das Genaueste zu achten, um die Regensicherheit der Wand- oder Dachfläche zu gewährleisten.

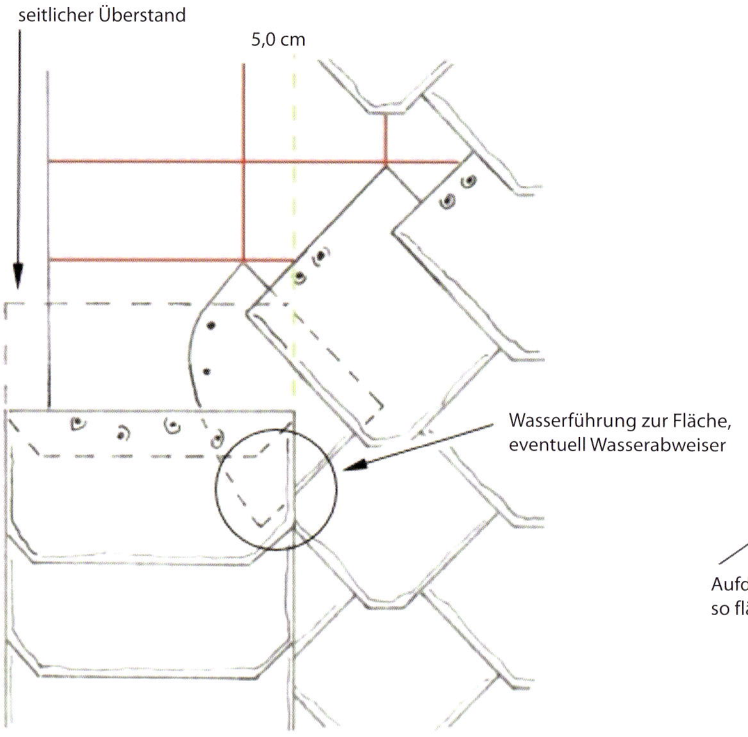

Abb. 2.48: Diese Darstellung verdeutlicht das Aufdecken eines aufgelegten seitlichen Abschlusses mit entsprechenden verdeckt angeordneten Kanten der Fläche am Beispiel der Wabendeckung.

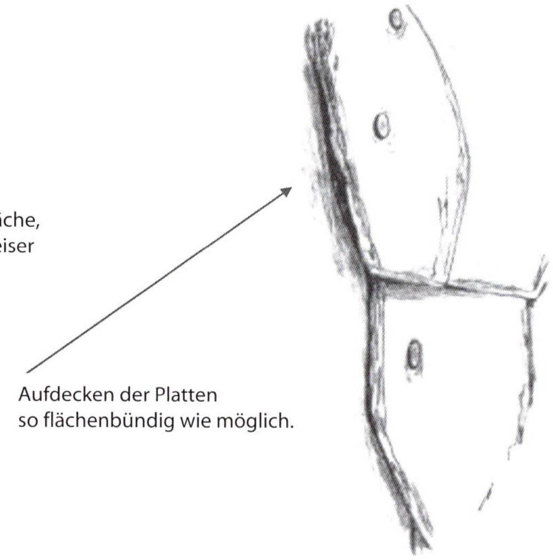

Abb. 2.49: Die Flächenplatten sollten so zugerichtet und montiert werden, dass sie so flächenbündig wie möglich auf der Unterkonstruktion liegen.

Zusätzliche Arbeiten vor dem Aufdecken der seitlichen Abschlüsse

Bei der Herstellung der Unterkonstruktion von Fassaden- oder Dachflächen, bei denen der „aufgelegte Ort" zur Anwendung kommt, sollte schon im Vorfeld ein Höhenausgleich bedacht und eingeplant werden. Dieser Höhenausgleich soll ein Sperren der Strackortplatten verhindern, mindestens aber verringern.

Dieser Höhenausgleich sollte eine Materialdicke von etwa. 1,0 cm aufweisen und kann mit Stapelhölzern aus Holzwerkstoffen (z. B. wasserfest verleimtem Sperrholz) oder mit breiten Leisten/dünnen Brettern erfolgen.

Idealerweise sollte dieser Ausgleich eine Gesamtbreite von 12,0 bis 20,0 cm (je nach Plattenbreite) aufweisen.

Der aufgelegte Ortgang/aufgelegte seitliche Abschluss muss stets in der Senkrechten eingeteilt werden. Die Einteilung erfolgt immer von Fußlinie zu Fußlinie, wobei die Fußlinie des oberen Abschlusses sowie der Fuß (die Fußlinie) der unteren/traufseitigen Eindeckung angenommen werden.

Abb. 2.50: Schematische Darstellung eines Höhenausgleichs am seitlichen Abschluss, als Querschnitt: ... mit dünnem Brett

Abb. 2.51: ... mit Stapelholz

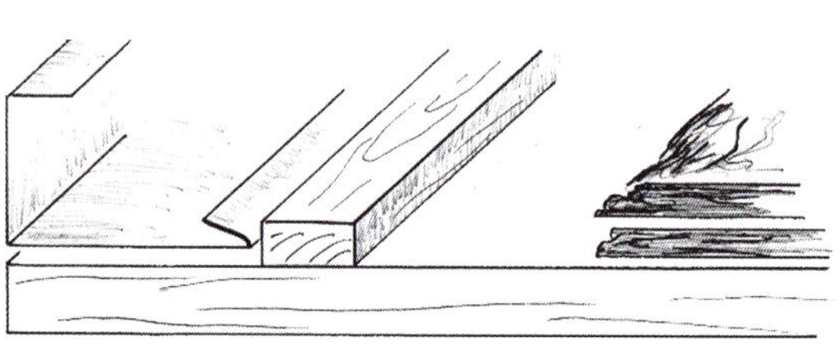

Abb. 2.52: ... mit Stapelholz an Metallkehle

Einteilung eines aufgelegten Orts:

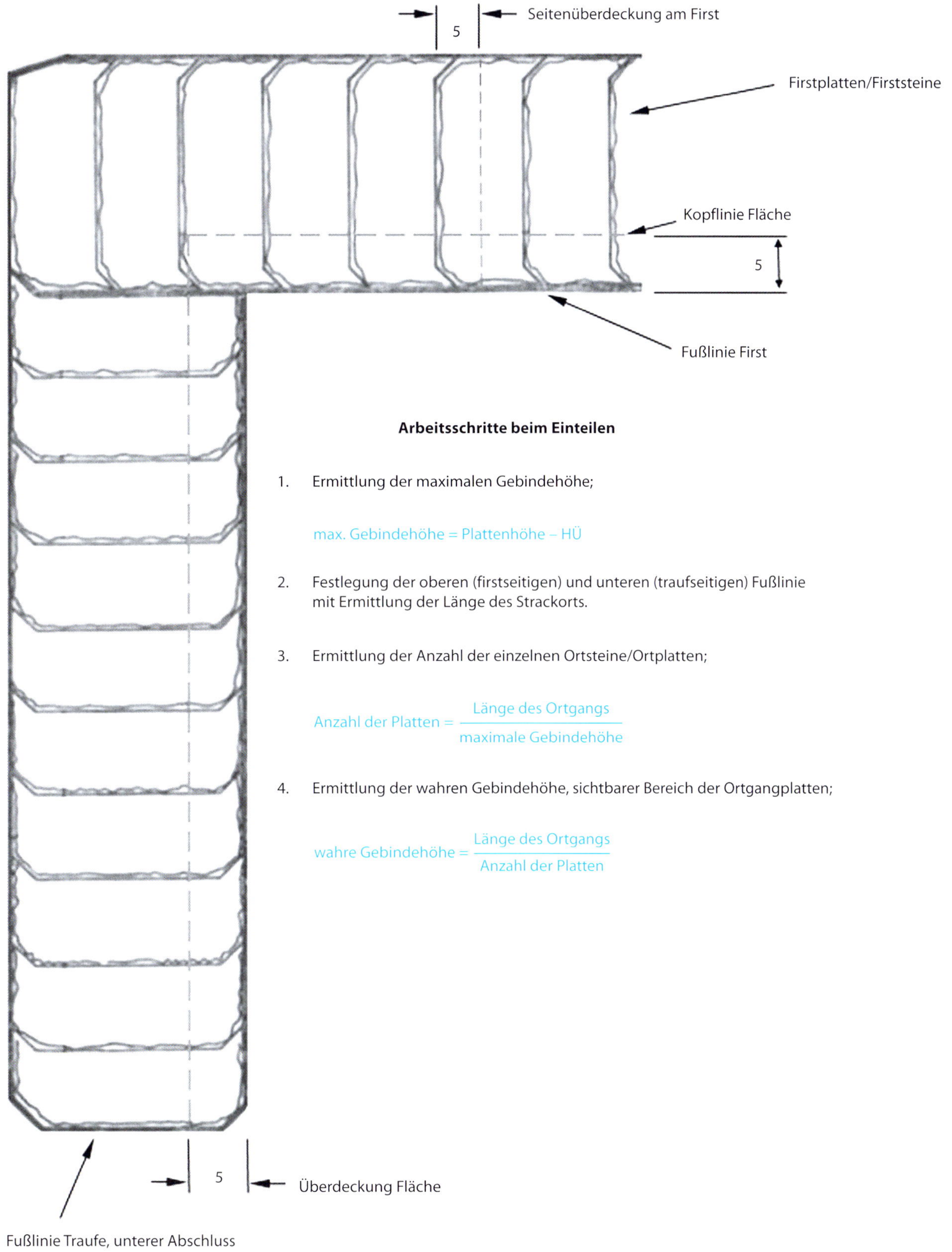

Arbeitsschritte beim Einteilen

1. Ermittlung der maximalen Gebindehöhe;

   max. Gebindehöhe = Plattenhöhe – HÜ

2. Festlegung der oberen (firstseitigen) und unteren (traufseitigen) Fußlinie mit Ermittlung der Länge des Strackorts.

3. Ermittlung der Anzahl der einzelnen Ortsteine/Ortplatten;

   $$\text{Anzahl der Platten} = \frac{\text{Länge des Ortgangs}}{\text{maximale Gebindehöhe}}$$

4. Ermittlung der wahren Gebindehöhe, sichtbarer Bereich der Ortgangplatten;

   $$\text{wahre Gebindehöhe} = \frac{\text{Länge des Ortgangs}}{\text{Anzahl der Platten}}$$

Abb. 2.53: Deckschema Ortausbildung mit First (aus Ortplatten)

Arbeitsschritte bem Einteilen:

- Ermittlung der maximalen Gebindehöhe:
  max. Gebindehöhe = Plattenhöhe – HÜ
- Festlegung der oberen (firstseitigen) und unteren (traufseitigen) Fußlinie mit Ermittlung der Länge des Strackorts.

  Ermittlung der Anzahl der einzelnen Ortsteine/Ortplatten

$$\text{Anzahl der Platten} = \frac{\text{Länge des Ortgangs}}{\text{maximale Gebindehöhe}}$$

- Ermittlung der wahren Gebindehöhe, sichtbarer Bereich der Ortgangplatten:

$$\text{wahre Gebindehöhe} = \frac{\text{Länge des Ortgangs}}{\text{Anzahl der Platten}}$$

Überdeckung Fläche, Fußlinie Traufe, unterer Abschluss

2.5.7 Geschwenkter seitlicher Abschluss (der Fächer)

Der Fächerort dient als schmückender Übergang zwischen einem aufgelegten seitlichen Abschluss (Strackort) und einem waagerechten oberen Abschluss (First). Neben der Funktionalität ist die optische Wirkung ein wichtiger Aspekt dieser dekorativen Konstruktion.

Arbeitsschritte für die Erstellung eines geschwenkten seitlichen Abschlusses, eines Fächerorts

Bevor das Aufdecken eines Fächers stattfinden kann, muss ein sauberes Schnürbild erstellt werden. Der geschwenkte seitliche Abschluss stellt einen Viertelkreis mit gleichmäßigen Strahlen dar, bei dem alle Strahlen den gleichen Abstand voneinander (gleiche Ansichtsfläche) aufweisen.

Aufteilen des Fächers:

Beim Aufteilen eines Fächers sollte auf die lieferbaren Plattengrößen und auf die Überdeckungen geachtet werden.

Zum Aufteilen muss der Fächer zunächst rechnerisch „zerlegt" werden. Das bedeutet, dass für die Gleichmäßigkeit der Strahlen ein Viertelkreis gleichmäßig aufgeteilt wird.

Aufteilen des Fächers als Viertelkreis:

Ermittlung des aufzuteilenden Umfangs

Die Mindestseitenüberdeckung eines geschwenkten seitlichen Abschlusses an der Fassade beträgt 5 cm.

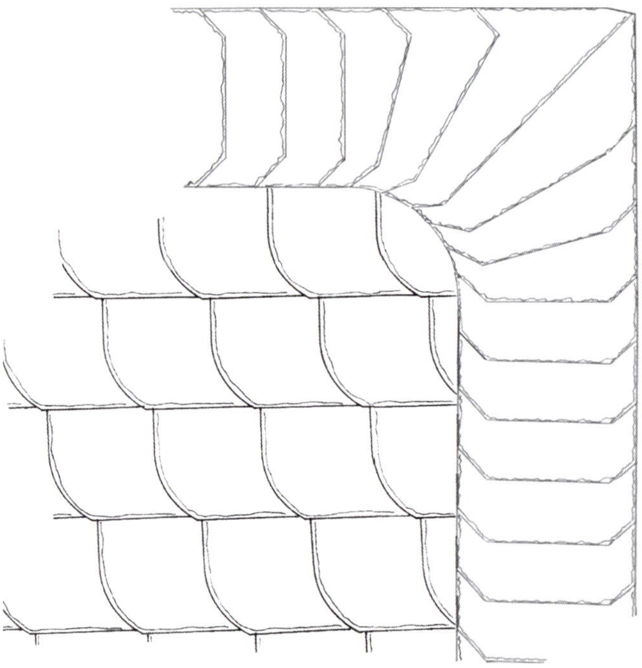

Abb. 2.54: Schematische Darstellung eines geschwenkten seitlichen Abschlusses (eines Fächers)

Ein Fächer am Strackort setzt sich aus 6 Steinen zusammen, deren jeweilige Ansichtsfläche (sichtbare Fläche) nicht kleiner als 5,0 cm sein darf.

Fächerkonstruktion:

- zu fächernde (aufzuteilende) Länge: 6 St. × 5 cm = 30 cm

Diese 30 cm entsprechen dem Umfang, der Fußlinie, unseres Viertelkreises (also betrüge der Umfang des vollen Kreises 120 cm).

- der Radius des zu fächernden Bereichs

$$\text{Radius} = \frac{\text{Umfang}}{2 \times \pi}$$

Achtung: Um den Radius des Fächers zu ermitteln, muss erst der Umfang des vollen Kreises ermittelt werden!

Herstellung des Schnürbildes:

Das wichtigste Kriterium zur Erstellung eines Fächers ist, dass die Fußlinie des Firstes so verlängert wird, dass sie an die innere Linie des Stracks anschließt.

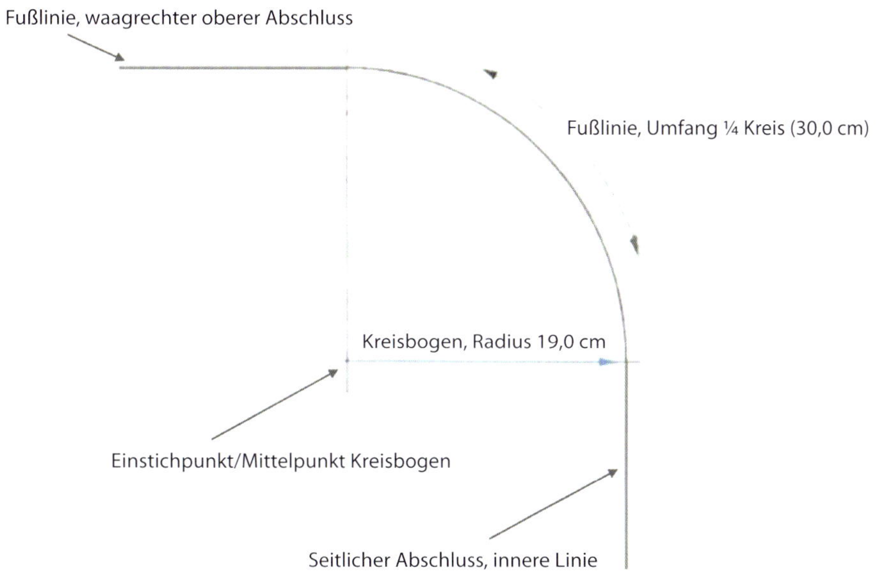

Abb. 2.55: Schematische Darstellung der ersten Konstruktionslinien zur Erstellung des Schnürbilds

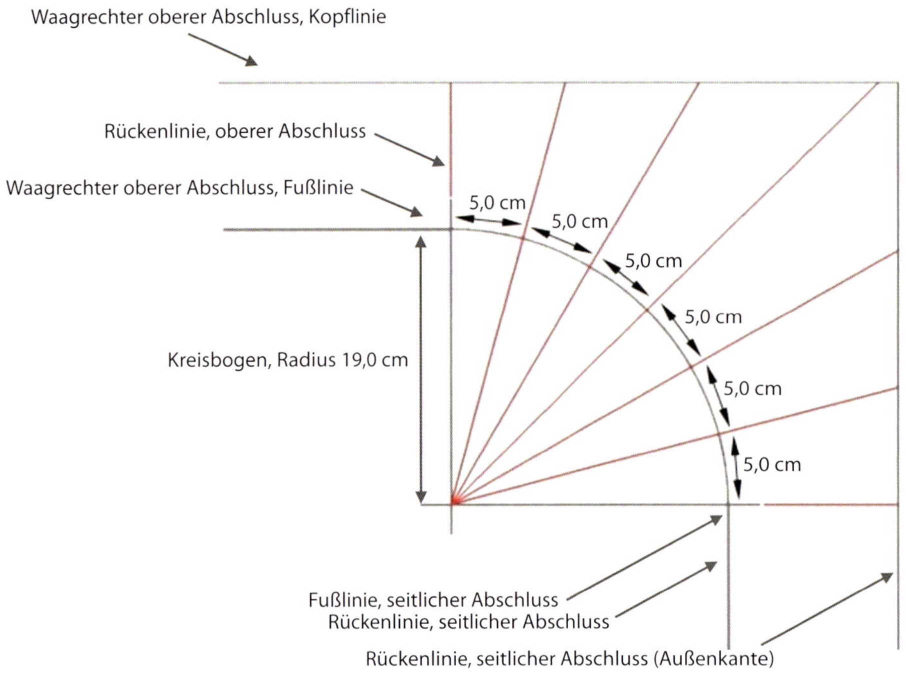

Abb. 2.56: Einschnüren der Fuß-/Rückenlinien des Fächers.

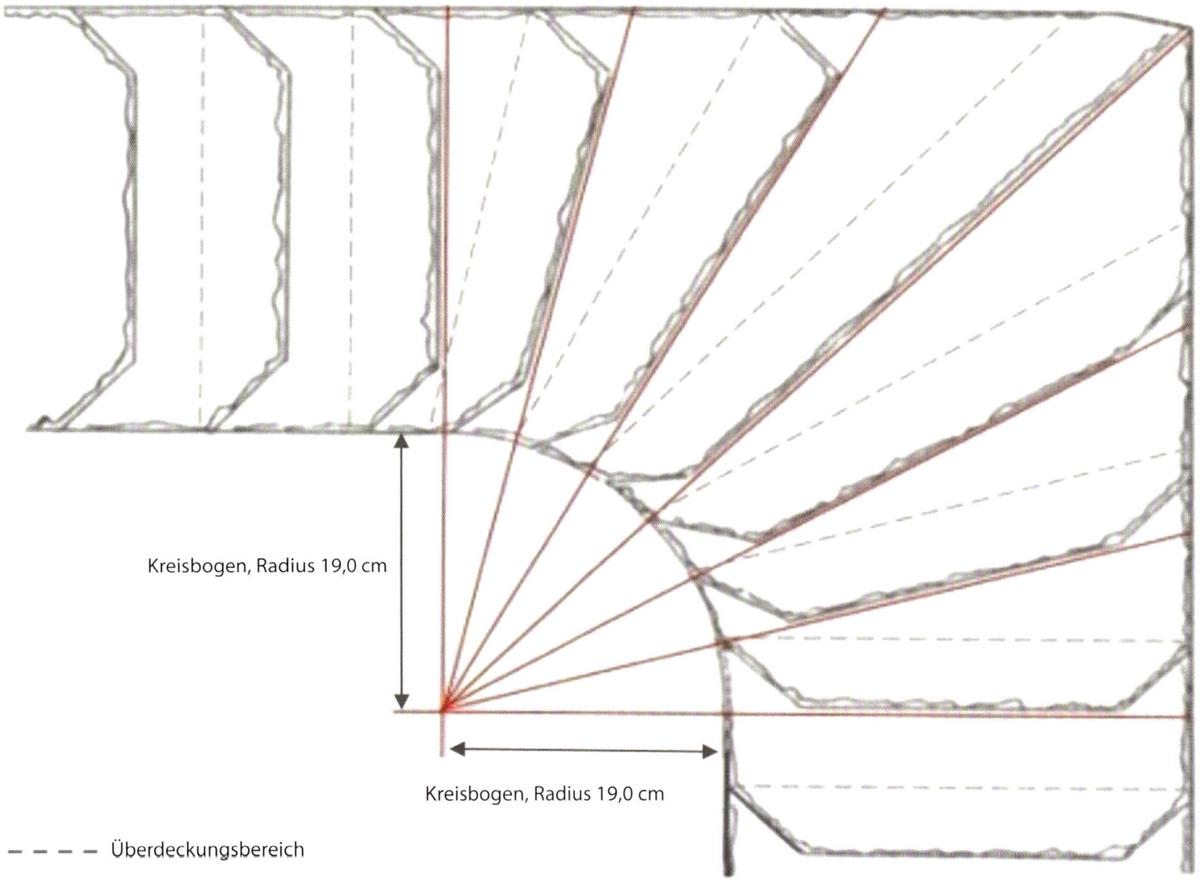

Abb. 2.57: Aufdecken der Steine/Platten des Fächers

2.5.8 Aufteilen von waagerechten Gebinden

Das Aufteilen von waagerechten Gebinden erfolgt ähnlich wie das Aufteilen überall im Dachdeckerhandwerk. Bei waagerechten Gebinden müssen jedoch der Beginn und das Ende des Gebindes bedacht werden.

Oft wird es von Planern oder den Bauherren als schön empfunden, wenn das Gebinde am unteren Abschluss zwischen den „Strackorten" beginnt und endet, aber der obere Abschluss über die Strackorte verläuft. Ebenso können Zier-/Zwischengebinde über oder unter den „Strack" gedeckt werden.

- **Arbeitsschritt 1:**
  Festlegen der Art des Beginns, der waagerechten Schicht und Aufdecken des ersten vollen Decksteins. Wenn nötig, wird vorher der Stichstein aufgedeckt, aber das Maß zählt ab dem Deckstein.

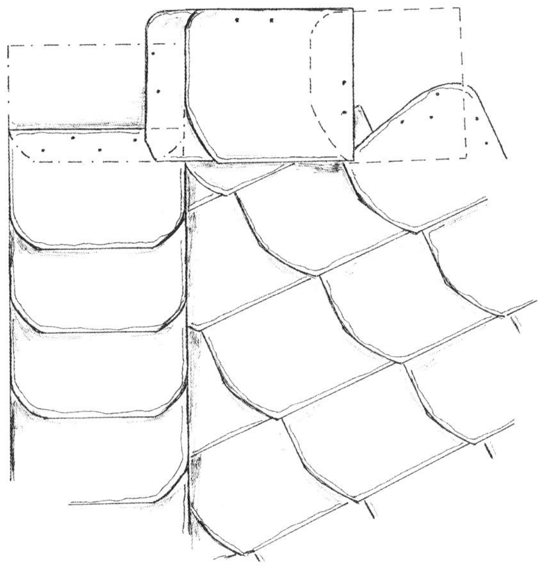

Darstellung zwischen den „Orten"

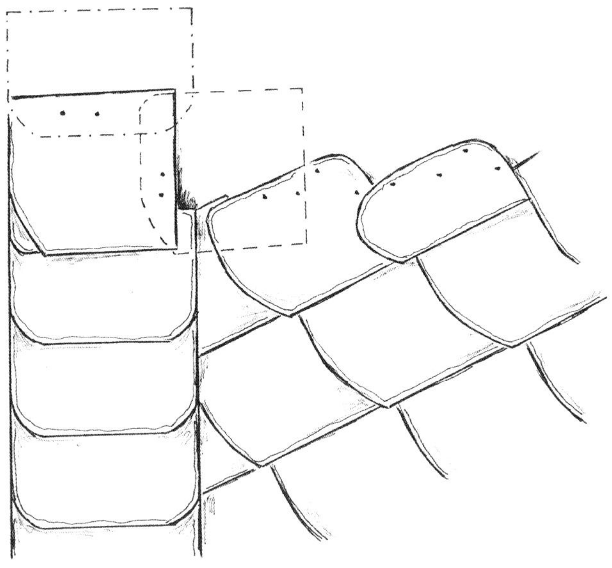

Darstellung über den „Orten"

Abb. 2.58 und 2.59: Beispielhafte Darstellungen von Anfängen am waagerechten Gebinde mit Bogenschnittschablonen und aufgelegtem seitlichem Abschluss (2 Details)

- **Arbeitsschritt 2:**
  Festlegen der Art des Abschlusses (Endes) dieses waagerechten Gebindes und Aufdecken des ersten vollen Decksteins. Wenn nötig, wird vorher der Stichstein aufgedeckt, aber das Maß (der Einteilung) zählt ab dem „vollen" Deckstein.

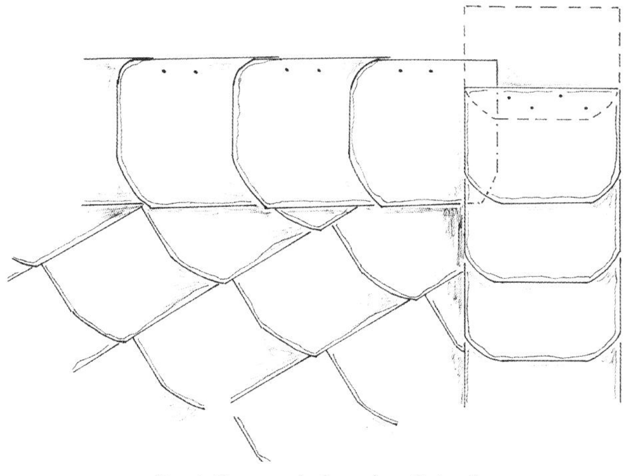

Darstellung zwischen den „Orten"

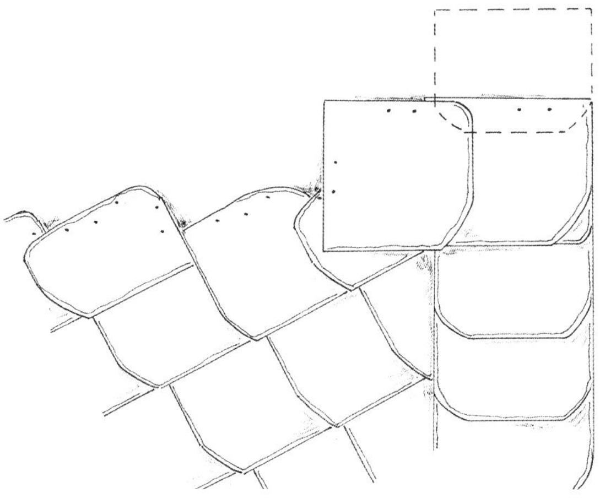

Darstellung über den „Orten"

Abb. 2.60 und 2.61: Beispielhafte Darstellungen zweier Varianten des Abschlusses am waagerechten Gebinde mit Bogenschnittschablonen und aufgelegtem seitlichem Abschluss (2 Details)

- **Arbeitsschritt 3:**
  Beim Aufdecken des waagerechten Gebindes über die seitlichen Abschlüsse erfolgt das Festlegen der Art des Schlusssteins; dieses ist für die Aufteilung des waagerechten Gebindes wichtig.

- **Variante 1**
  Die Spitzen der Decksteine des waagerechten Gebindes stoßen aneinander. Hier ist der Grundsatz der geschlossenen Deckung eindeutig eingehalten.

  Bei dieser Variante wird von Rücken zu Rücken eingeteilt.

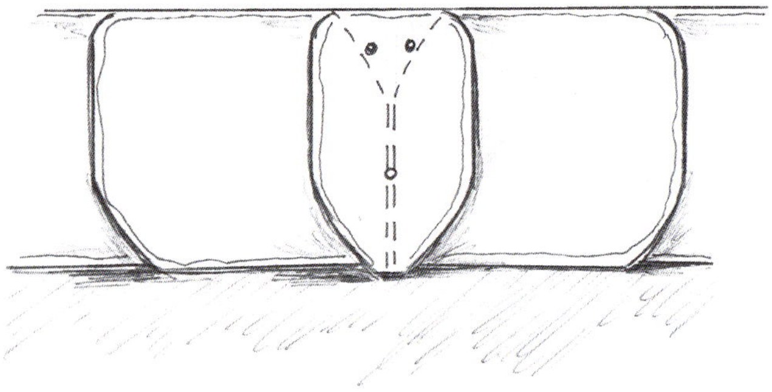

Abb. 2.62: Beispielhafte Darstellungen der Variante 1. Das waagerechte Gebinde wurde mit Bogenschnittschablonen ausgeführt. Die Spitzen der Decksteine stoßen aneinander, der Schlussstein ist kleiner als die Ansichtsfläche des Gebindes.

- **Variante 2**

  Die Spitzen der Decksteine des waagerechten Gebindes stoßen nicht aneinander. Der Grundsatz der geschlossenen Deckung wird nur dann eingehalten, wenn ein zusätzlicher Stein, die sogenannte „Laus", eingebaut wird.

  Bei dieser Variante wird von Brust zu Brust eingeteilt.

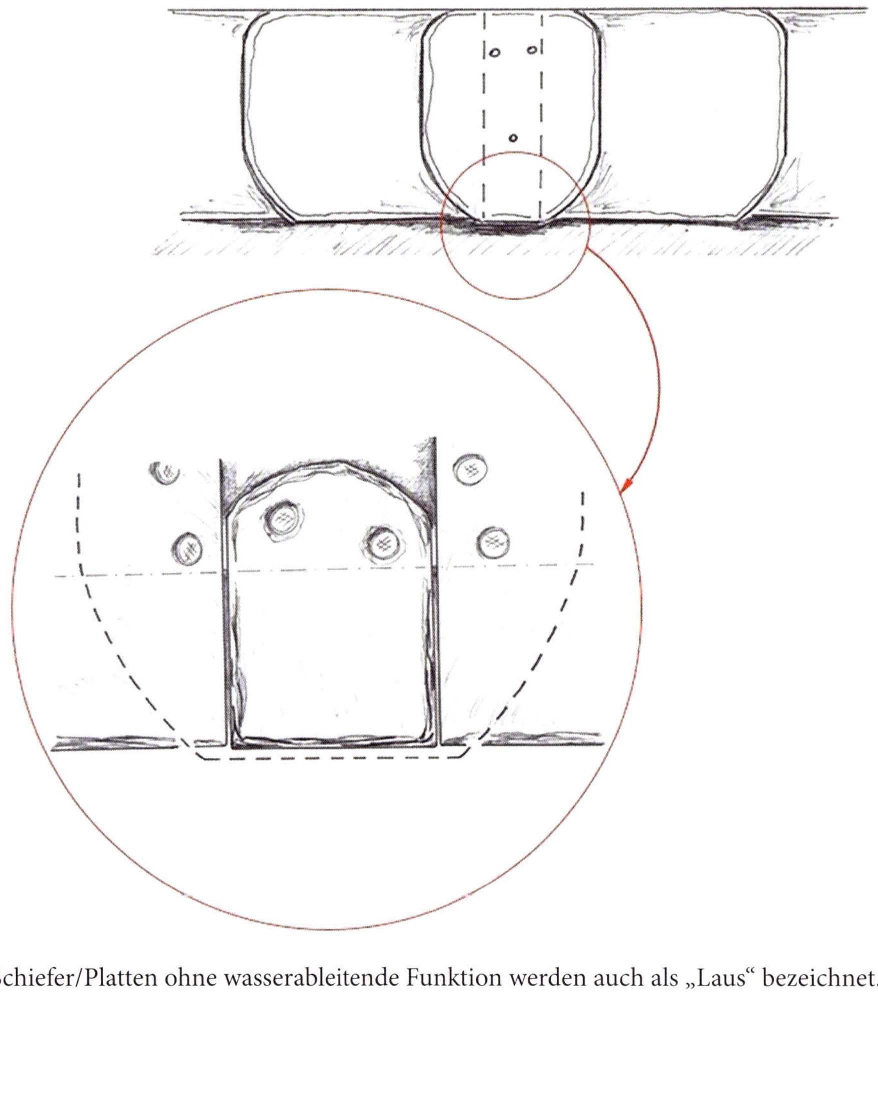

Abb. 2.63: Beispielhafte Darstellungen der Variante 2. Das waagerechte Gebinde wurde mit Bogenschnittschablonen hergestellt. Um das Gebot der geschlossenen Deckung einzuhalten, ist ein Füllstück zwischen die Spitzen der Decksteine eingefügt worden. Vergrößerte Darstellung: Füllstück zwischen den Spitzen der Decksteine

Schiefer/Platten ohne wasserableitende Funktion werden auch als „Laus" bezeichnet.

2.5.9 Säulen- oder Pfostengebinde

Ornamente an Pfosten oder kleinen Wandflächen (z. B. Schornsteine) werden auch Säulengebinde oder Pfostengebinde genannt. Sie kommen immer dann zur Anwendung, wenn die zu verkleidenden Flächen schlichtweg zu schmal für eine „normale" Schiefer- oder Faserzementdeckung sind und der Bauherr dort etwas Besonderes wünscht.

Oft stellt sich die Frage: Wie verkleide ich eine Säule oder einen Pfosten wirtschaftlich, zügig und interessant? Einfache Schmuckgebinde an schmalen Flächen, auch Schmuckorte genannt, können da Abhilfe schaffen und so den Eindruck einer sehr aufwendig gestalteten Eindeckung vermitteln. Sie dienen ebenfalls wie die Ornamentik allgemein der Auflockerung.

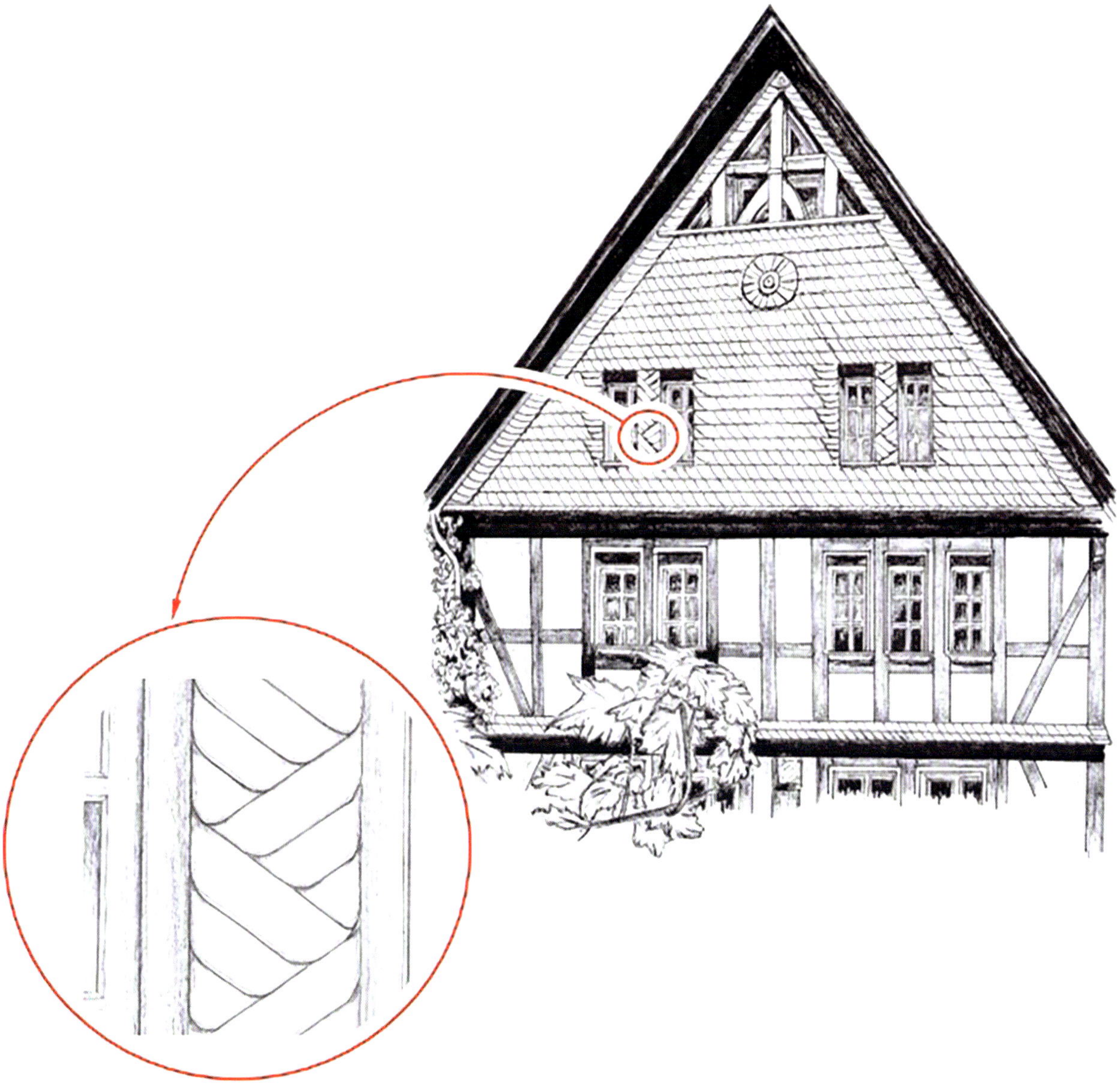

Abb. 2.64: Klassisches Säulengebinde, 3-teilig in einer Fassadeneindeckung, „altdeutsch"

Diese Fassadenverkleidung wurde als altdeutsche Deckung (eindeutig erkennbar an den eingebundenen Anschlüssen) hergestellt. Die Anschlüsse an die Dachflächen wurden mit Decksteinen (Normaler Hieb) als aufgelegtes Abschlussgebinde ausgeführt. Unterhalb des Panoramafensters im Giebel wurde ein einfacher Kreis und zwischen den Fenstern wurden Posten- oder Säulengebinde eingedeckt.

Diese wunderschöne Fassade wurde im Westerwald entdeckt.

Nachfolgend wird das in Abbildung 2.64 dargestellte Säulen- oder Pfostengebinde erläutert. Hier ist es jedoch mit Eckschnitt und in 4 Teilen ausgeführt worden.

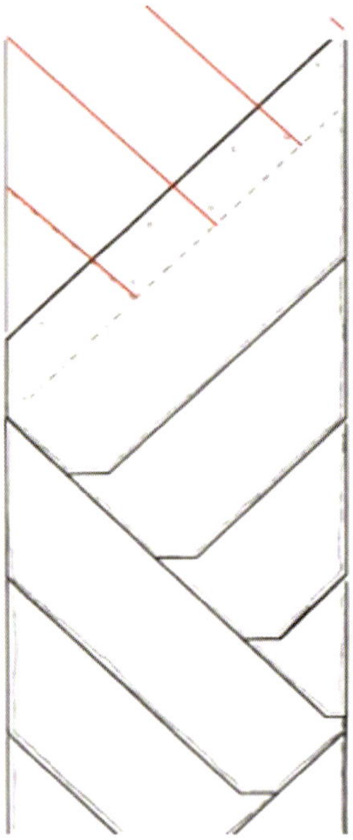

Abb. 2.65: Darstellung der einzelnen Arbeitsschritte einer klassischen Säulenbekleidung (6 Details)

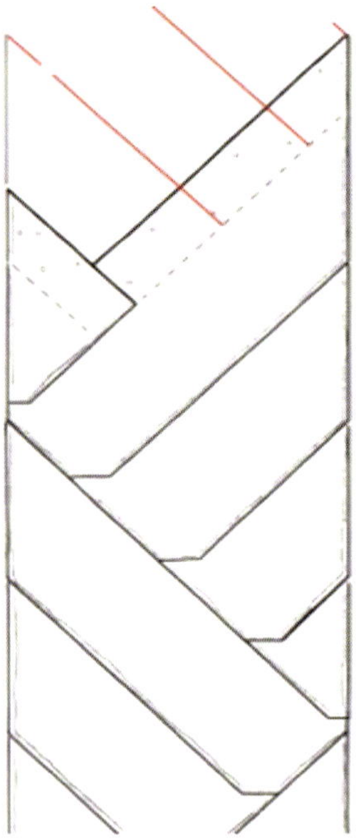

Abb. 2.66: Aufdecken 1. Stein

Abb. 2.67: Aufdecken 2. Stein

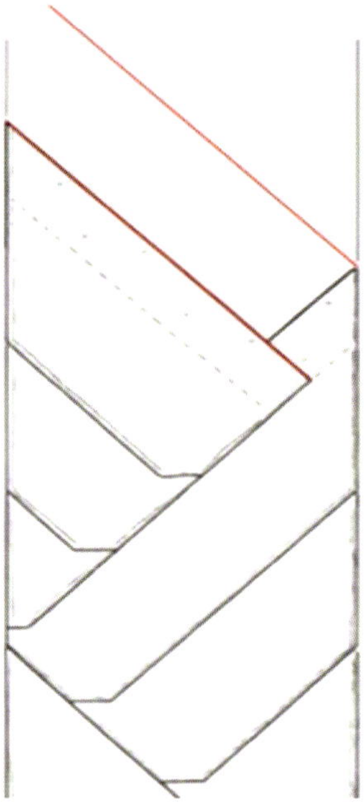

Abb. 2.68: Aufdecken 3. Stein

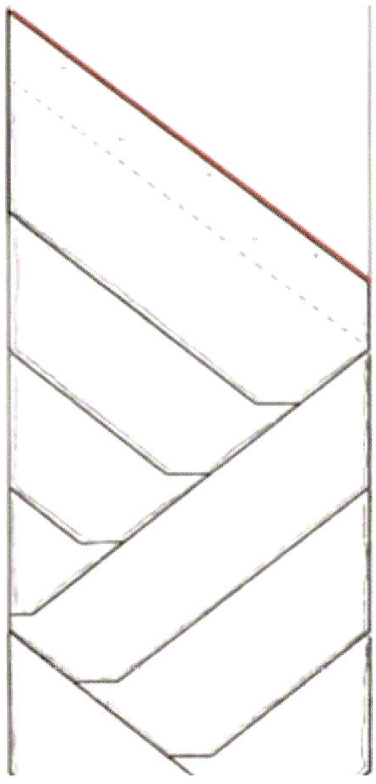

Abb. 2.69: Aufdecken 4. Stein

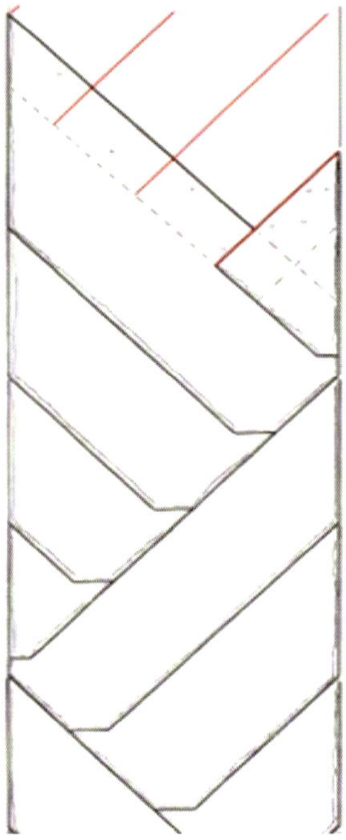

Abb. 2.70: Aufdecken des 1. Steins

Abb. 2.71: Klassisches Säulen- oder Pfostengebinde aus 4 Kehlsteinen (14 × 42 cm) gefertigt. Die Besonderheit hier ist, der kleinste Stein sollte die Abmaße der Gebindehöhe des darunterliegenden Gebindes aufweisen. Aufteilen des Deckmaßes

Beim Eindecken ist stets zu beachten:

Bei der Herstellung von Säulen- oder Pfostengebinden (also beim Eindecken) muss stets auf die Flussrichtung des Niederschlagswassers geachtet werden.

Eine der wichtigsten Besonderheiten von Säulen- oder Pfostengebinden ist die Gleichheit (Gleichmäßigkeit) der einzelnen Teile. Diese Gleichmäßigkeit wird von vielen Handwerkern oft als Schwierigkeit angesehen.

Säulen- oder Pfostengebinde sind in Bezug auf ihre Funktionstüchtigkeit (Regen-/Windsicherheit), Lagestabilität und Befestigungsmittelanzahl oft etwas aufwendiger herzustellen.

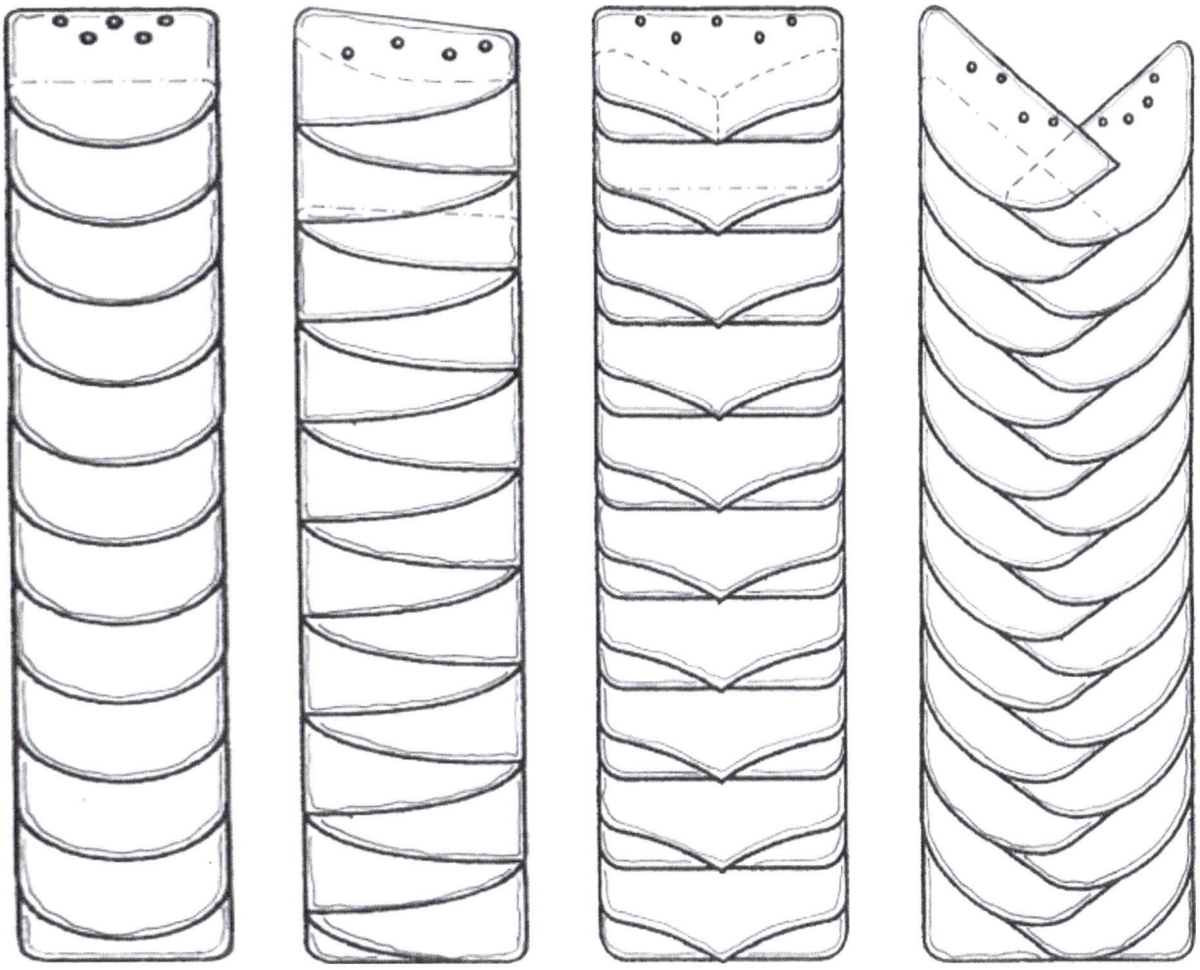

Abb. 2.72 bis 2.75: Schematische Darstellung verschiedener einfacher Säulen- oder Pfostengebinde

Das Aufdecken verschiedenster einfacher Säulen- oder Pfostengebinde sollte einen Dachdecker vor keine größeren Probleme stellen. Die lagestabile Befestigung jedoch erfordert etwas handwerkliches Geschick.

2.5.10 Kreis- oder Halbkreisgebinde

Die geometrische Ornamentik, insbesondere Kreise, Halbkreise oder Bogen, dienen der optischen Auflockerung vorgehängter kleinteiliger Fassaden. Dabei müssen stets auch ihre Funktionstüchtigkeit in Bezug auf Regen-/ Windsicherheit, Lagestabilität und Befestigungsmittelanzahl sowie das Gebot der geschlossenen Deckung beachtet werden.

Bei allen gestalterischen Ornamenten, egal ob Wabendeckung oder andere Deckarten der Fassade, muss ebenfalls stets auf die Fließrichtung des Niederschlagswassers geachtet werden.

Besonders die stete Gleichheit der einzelnen Teile wird bei der geometrischen Ornamentik oft als Schwierigkeit angesehen. Um diese Gleichheit herzustellen, muss bei dieser Deckart stets eine rechnerische Einteilung erfolgen.

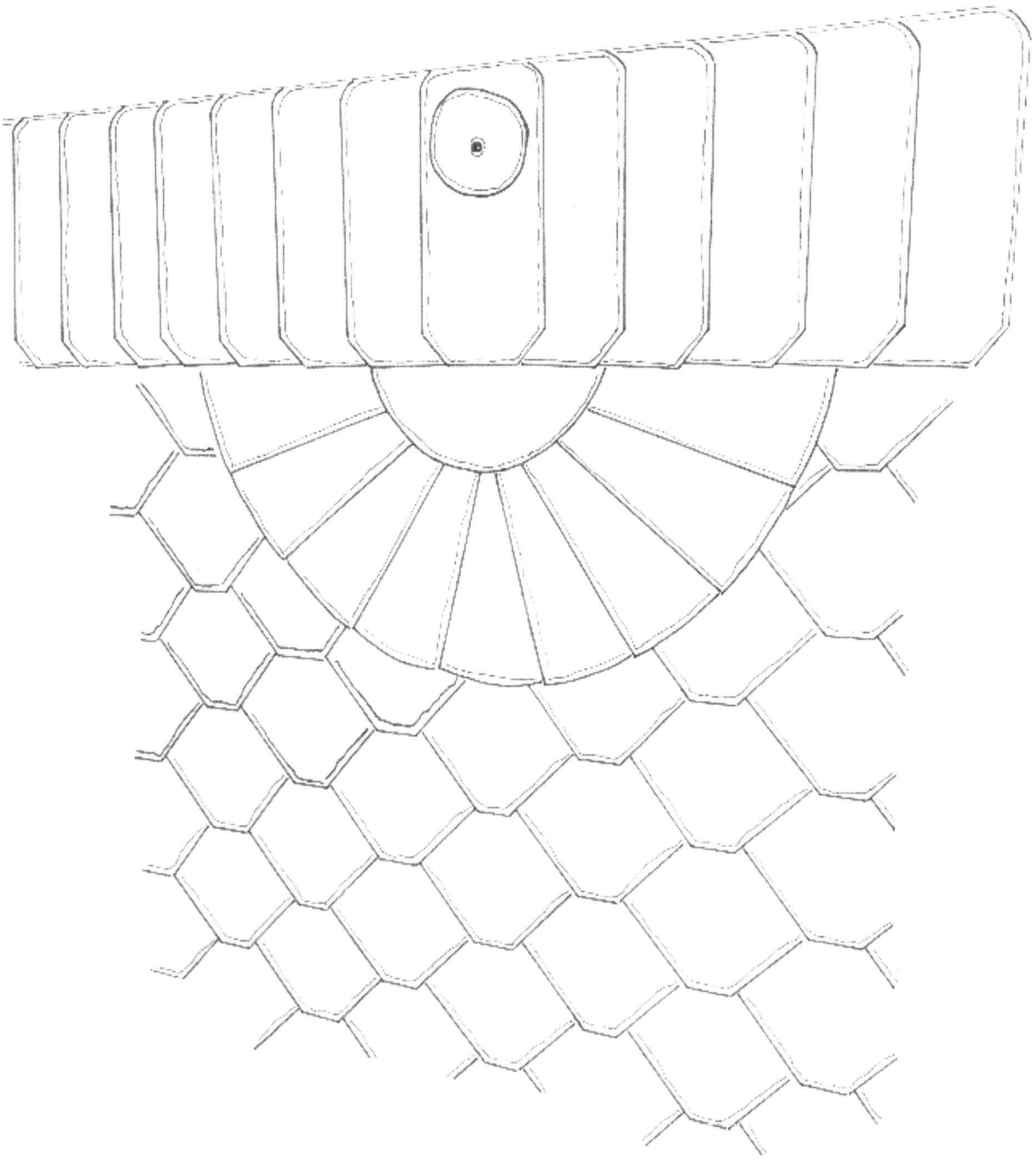

Abb. 2.76: Schematische Darstellung einer geometrischen Ornamentik unterhalb eines waagerechten Abschlussgebindes in der Wabendeckung in Schiefer

Arbeitsschritte für die Erstellung des in Abbildung 2.77 (S. 56) dargestellten Halbkreises

Bevor mit dem Aufdecken eines Ornaments begonnen werden kann, muss zunächst das Schnürbild hergestellt werden. Das abgebildete Ornament stellt eine halbe Sonne dar, deren Strahlen alle den gleichen Abstand voneinander (gleiche Ansichtsfläche) aufweisen.

Aufteilen der Sonne:

Beim Aufteilen dieser Sonne sollte die lieferbaren Plattengrößen und die Überdeckungen berücksichtigt werden.

Die Sonne muss erst einmal rechnerisch sinnvoll „zerlegt" werden. Das heißt, für die Gleichmäßigkeit der Strahlen eines Halbkreises reicht es aus, einen Viertelkreis aufzuteilen, da die 2. Seite (das 2. Viertel) exakt die Aufteilung des 1. Viertels aufweisen sollte.

Aufteilen der Sonne als Viertelkreis für die Verwendung von Platten mit den Maßen 40 × 20 cm:

Ermittlung des aufzuteilenden Umfangs

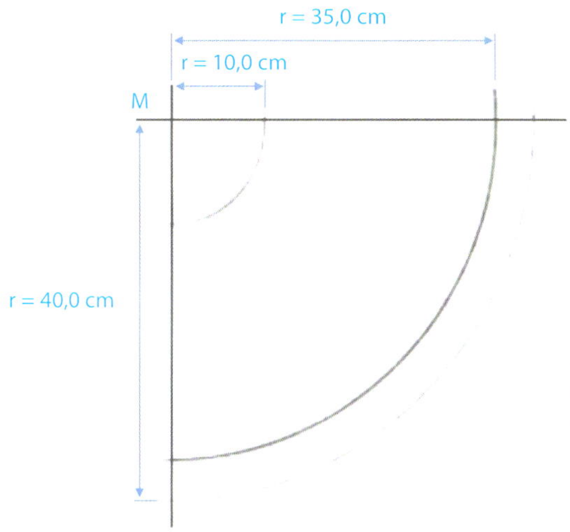

r = 10 cm, innerer Kreis – Kopflinie der Strahlen
r = 35 cm, äußerer Kreis – Kopflinie der Fläche
R = 40 cm, Überdeckungsbereich – Fußlinie der Strahlen
M Mittelpunkt des Kreisbogens

Formel zur Ermittlung des Umfangs:

$U = d \times \pi$

Formel zur Ermittlung des Durchmessers:

$d = r \times 2$

Beispielrechnung:

Kopflinie der Fläche:	$r = 35$ cm
+ Überdeckung:	5 cm
= Fußlinie, Strahlen:	$r = 40$ cm

Durchmesser (d) des Ornaments:

$d = 40 \text{ cm} \times 2$

$d = 80 \text{ cm}$

Zum Aufteilen, egal ob Kreisbogen, Fläche oder Linie, wird stets die sichtbare Fläche verwendet. Beim Beispiel der Sonne ist die Fußlinie der Strahlen entscheidend.

Ermittlung des Umfangs eines Viertelkreises

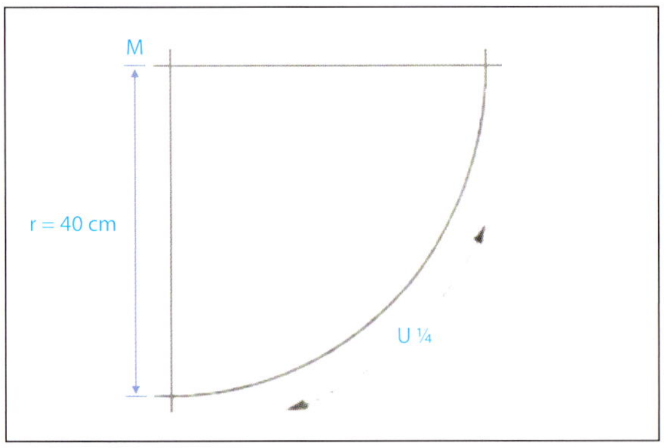

Aufteilen des Umfangs eines Viertelkreises z. B. in 5 Teile

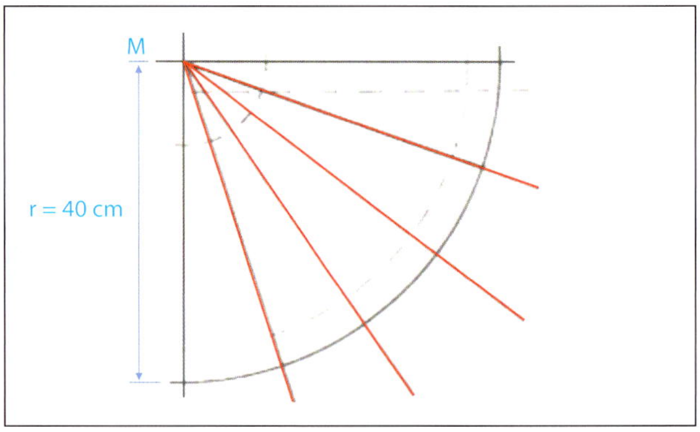

Das Maß der so entstandenen Teilung wird nun am Kreisbogen angerissen, und die „Rissmarken" werden mit dem Mittelpunkt des Kreisbogens verbunden. Die so entstandenen Linien ergeben die Brustlinien der Einzelteile der Sonne.

Handwerkliches Aufdecken der Sonne

Nachdem der Kreisbogen als Kopflinie der Fläche aufgeschnürt wurde, wird die Fläche an diese Linie geführt. Selbstverständlich sollte stets auf eine lagestabile und flächenbündige Montage der Platten geachtet werden.

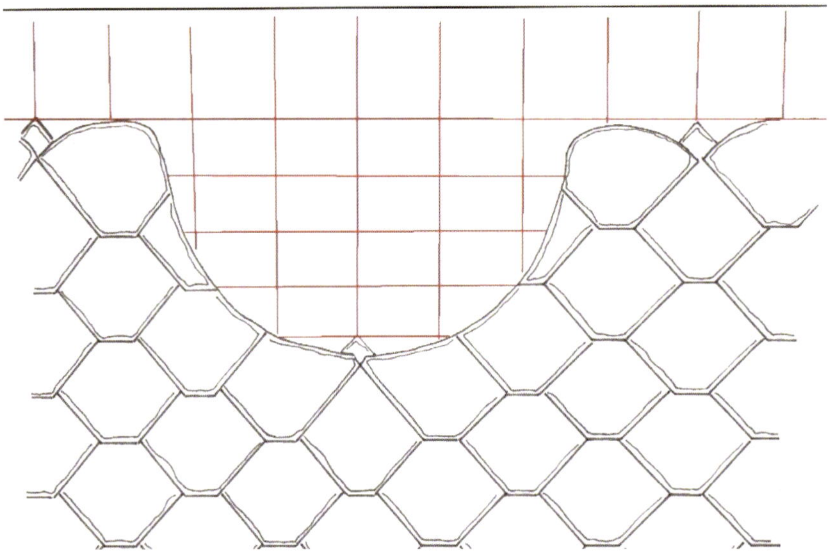

Abb. 2.77: Komplett vorgedeckte Fassade bis an die Kopflinie des Ornaments

- **Konstruktion der „Sonnenstrahlen" des vorgenannten Beispiels**

  Idealerweise werden die „Strahlen" einzeln während des Aufdeckens des Ornaments hergestellt und handwerklich angepasst, um eventuelle Ungenauigkeiten auszugleichen/zu vermitteln. Allerdings können diese Strahlen auch im Voraus angefertigt werden, jedoch kann es dann nötig werden, sie so nachzuarbeiten, dass eine lagestabile Montage möglich ist.

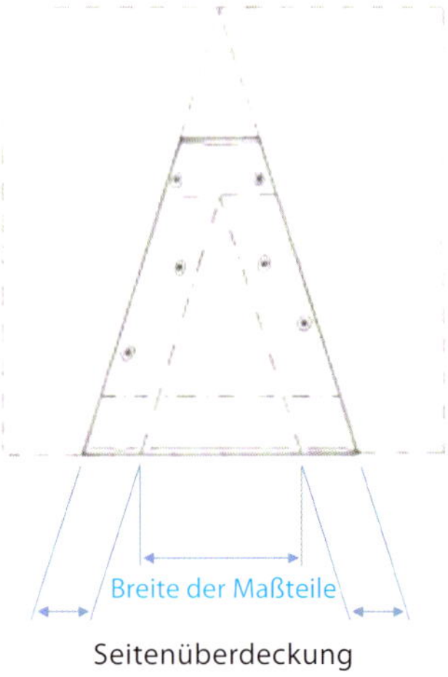

Abb. 2.78: Die Strahlen, hier am Beispiel aus 40 × 40 Schiefern

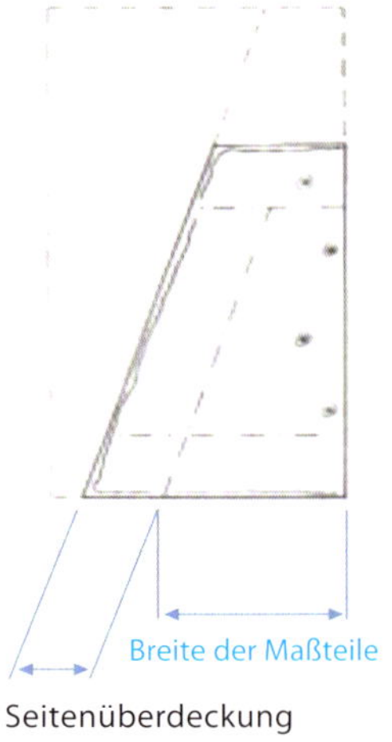

Abb. 2.79: Die Strahlen, hier am Beispiel aus 20 × 40 Schiefern

- **Auftragen des Schnürbilds und Montage der ersten Platten**

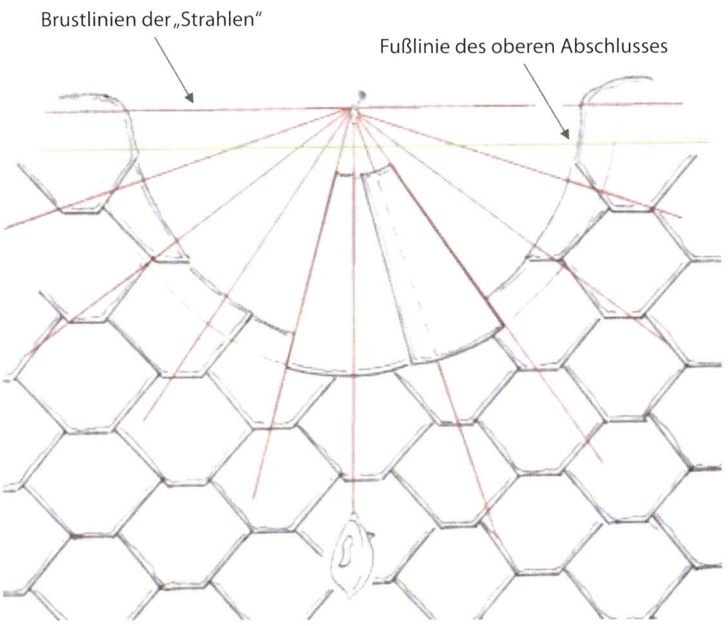

Abb. 2.80: Aufschnüren der Brustlinien sowie der Fußlinie der Ornamentteile und beginnen mit dem Aufdecken der ersten Strahlen

- **Fertigstellung des Aufdeckens die einzelnen Strahlen**

Die zugerichteten Platten werden an die Brustlinien angelegt und montiert. Als Abschluss wird danach eine ausreichend große Platte als „Schlussstein" angehalten, angerissen, zugerichtet und angebaut.

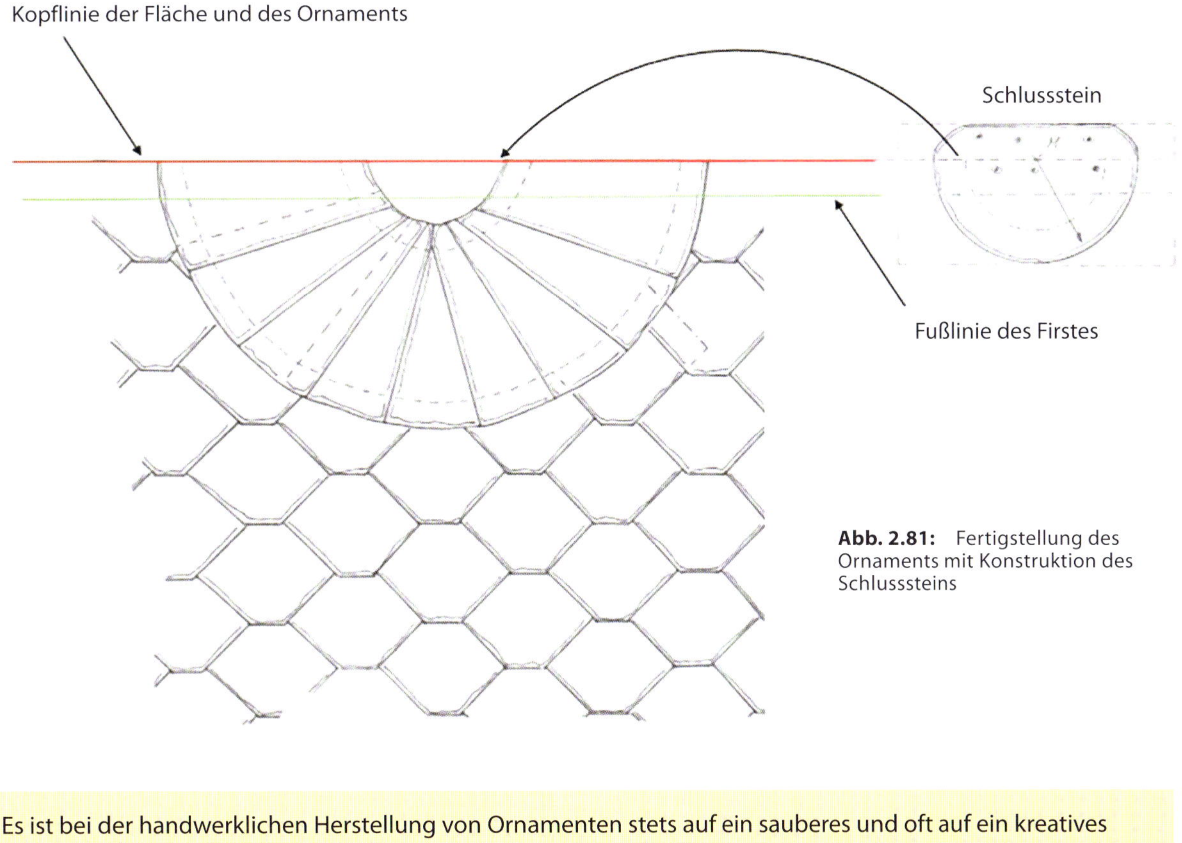

Abb. 2.81: Fertigstellung des Ornaments mit Konstruktion des Schlusssteins

Es ist bei der handwerklichen Herstellung von Ornamenten stets auf ein sauberes und oft auf ein kreatives Zurichten der einzelnen Bestandteile zu achten. Je sauberer die Einzelteile hergestellt und montiert wurden, desto schöner wird das Gesamterscheinungsbild der hergestellten Fassade.

2.6 Künstlerische Ornamente

2.6.1 Schlussstein als Ornament

Die einfachste, gebräuchlichste und doch kaum als solche wahrgenommene Ornamentik ist die Verzierung des Schlusssteins am aufgelegten oberen Abschlussgebinde. Viele Kollegen sind da sehr kreativ, andere eher einfallslos …

Wichtig ist: Die offenen Nagellöcher sollten so gut wie möglich gegen eindringendes Niederschlagswasser geschützt werden. Dies kann zum Beispiel durch die Ritzung des sogenannten Dachdeckerzeichens erfolgen.

Wenn diese „gekreuzten" Hämmer verwendet werden, ist es wichtig, dass sie nicht nur aufgemalt, sondern eingeritzt werden, um den „Film" des Oberflächenwassers zu unterbrechen.

Die Ritzung der sogenannten Dachdeckerhämmer/des Dachdeckerzeichens soll verhindern, das Oberflächenwasser an die Befestigungsmittel heranläuft und später über Kapillare in die Konstruktion eindringt.

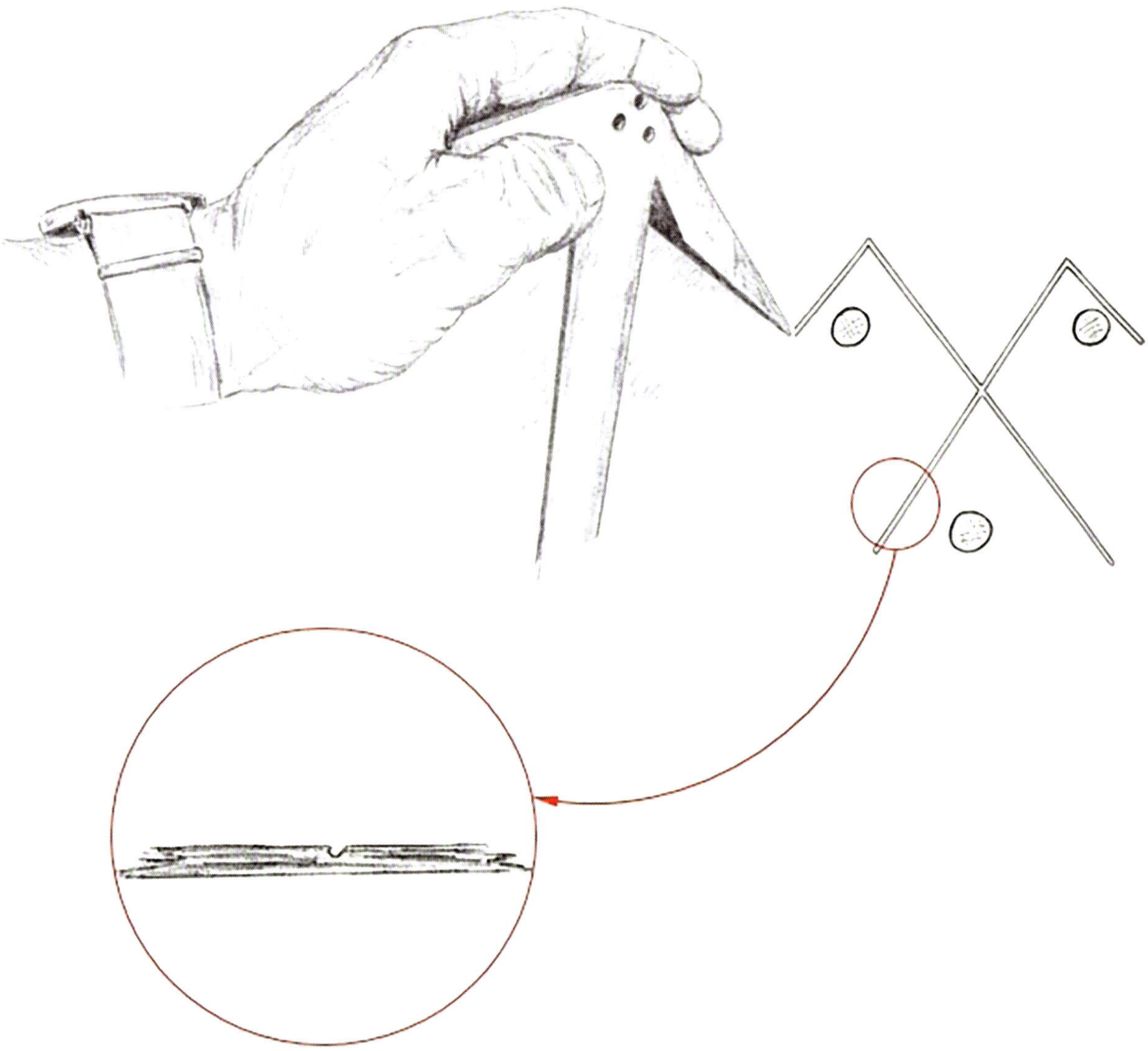

Abb. 2.82: Schematische Darstellung der Erstellung der „Dachdeckerhämmer"/des „Dachdeckerzeichens" am Schlussstein. Durch kräftiges Ritzen mit einem geeigneten Werkzeug werden die „Hämmer" oberhalb der Nagellöcher erstellt. Diese Ritzungen sollten so tief wie möglich in den Schiefer gebracht werden.

Zur Erinnerung: Der Schlussstein muss immer mit mindestens 3 Nägeln befestigt werden. Die Nagellöcher werden „scharf" zugerichtet.

Diese 3 Nägel können auch mit einem kunstvoll hergestellten zusätzlichen Schlussstein hervorgehoben und verziert werden.

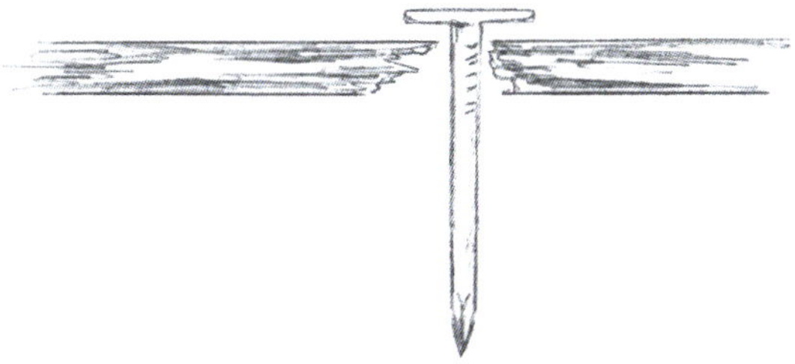

Abb. 2.83: Schematische Darstellung einer Nagelung mit „scharf" gehauenen Löchern

Abb. 2.84: Schematische Darstellung eines kunstvoll hergestellten Schmucksteins für den Schlussstein

Beim Beispiel in Abbildung 2.84, dem Teddy, wurden anstelle der Nägel die sogenannten Spenglerschrauben verwendet, die die Knopfaugen des Bärchens darstellen sollen.

Eine weitere Möglichkeit, die offene Nagelung zu schützen und dafür zu sorgen, dass nur ein Nagel sichtbar ist, kann die Verwendung von Kreisen oder verzierten Elementen sein.

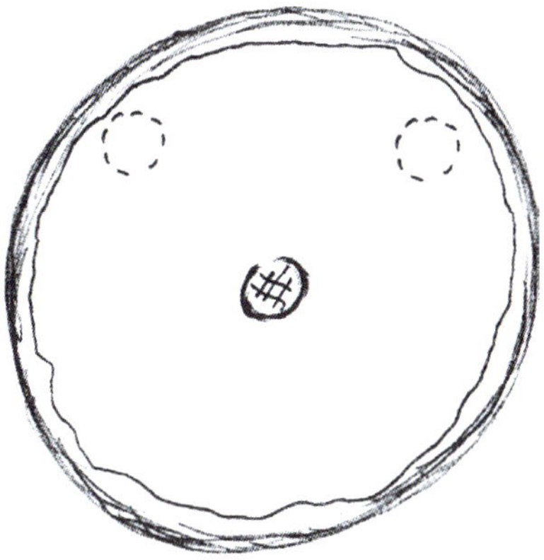

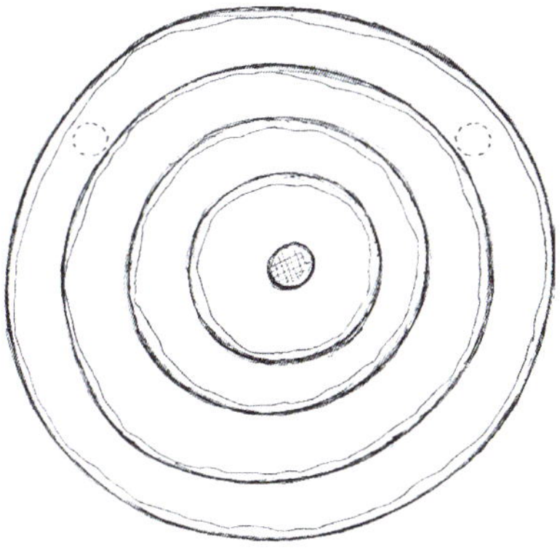

Abb. 2.85 und 2.86: Schematische Darstellungen von Nagelabdeckungen als Kreis

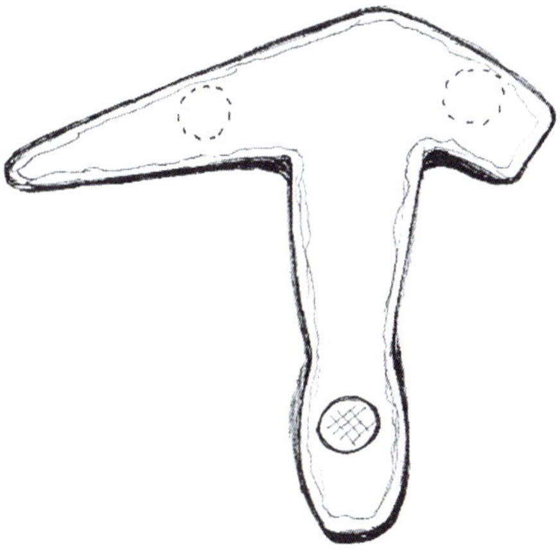

Abb. 2.87: Schematische Darstellung einer Nagelabdeckung in der Form eines Schieferhammers, von einem Auszubildenden gebaut

Oft sind Schlusssteinabdeckungen mit geometrischen Formen einfacher herzustellen als künstlerisch hergestellte Abdeckungen.

2.6.2 Künstlerische oder kreative Ornamente

Die künstlerische Ornamentik dient der Gestaltung individueller Wandflächen sowie der Auflockerung großer vorgehängter Fassaden mit kleinteiligen Deckwerkstoffen. Bei ihrer Erstellung muss genau auf deren Funktionstüchtigkeit in Bezug auf Regen-/Windsicherheit, auf Lagestabilität und Befestigungsmittelanzahl sowie auf das Gebot der geschlossenen Deckung geachtet werden.

Bei allen Ornamenten oder Schmuckgebinden, egal ob in der Wabendeckung, in der Altdeutschen oder anderen Deckarten der Fassade, muss stets auf die Fließrichtung des Niederschlagswassers geachtet werden.

Bei der künstlerischen oder kreativen Ornamentik wird das Gebot der geschlossenen Deckung oft als besondere Schwierigkeit angesehen. Prinzipiell ist bei dieser Fassadengestaltung nur auf 4 Dinge zu achten.

- Höhen- und Seitenüberdeckung (5,0 cm),
- geschlossene Deckung,
- Lagestabilität

und

- auslaufend gedeckte Flächengebinde an den Rändern des Ornaments.

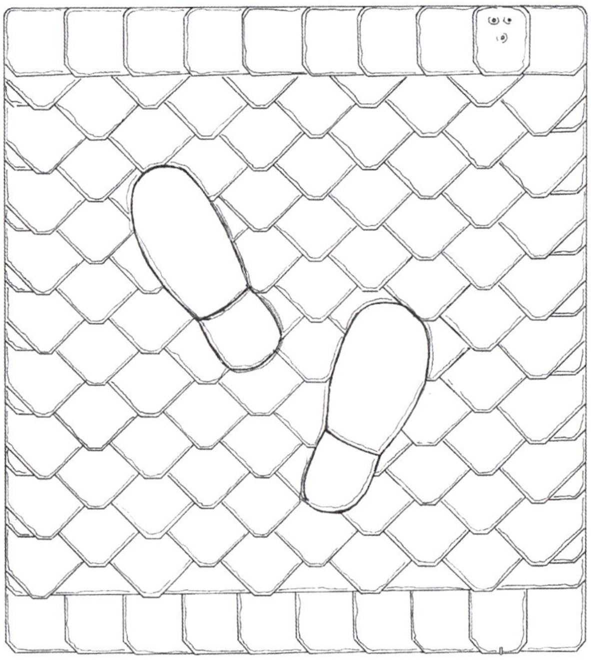

Abb. 2.88: Schematische Darstellung einer einfachen, kreativen Ornamentik in der Wabendeckung

Künstlerische Ornamentik kann höchst unterschiedlich hergestellt werden, wichtig sind nur die Überdeckungen und eine gewisse Gleichmäßigkeit und Harmonie in den gestalteten Bildern.

Nachfolgend einige Beispiele für einfache, etwas aufwendigere und komplexe künstlerische Ornamente

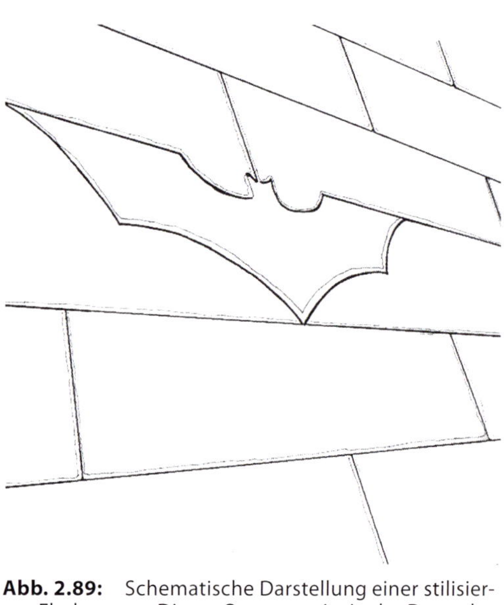

Abb. 2.89: Schematische Darstellung einer stilisierten Fledermaus. Dieses Ornament ist in der Doppeldeckung zum Verbandswechsel eingefügt.

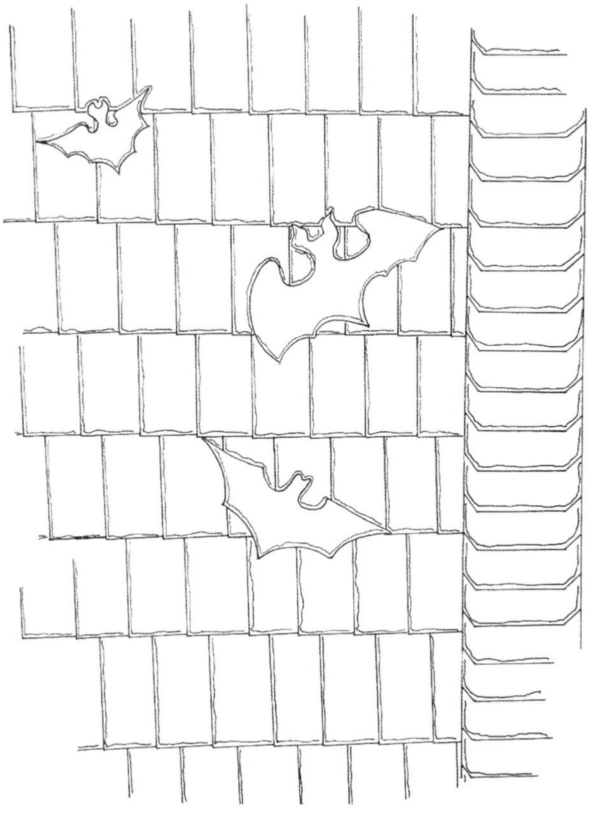

Abb. 2.90: Schematische Darstellung einer einfachen, kreativen Ornamentik in der geschlauften Deckung. Die Fledermäuse wurden aus einem Stück gefertigt.

Schematische Darstellungen aus der Tierwelt sind beliebte Ornamente, die aufwendiger erscheinen, als sie eigentlich sind (4 Detaildarstellungen).

Abb. 2.91: Darstellung einer Taube in der Spitzwinkeldeckung (aus der Eifel)

Abb. 2.92: Darstellung eines Hirsches in der Fischschuppe (aus dem Harz)

Abb. 2.93: Darstellung eines Adlers in der Altdeutschen Deckung (aus der Lausitz)

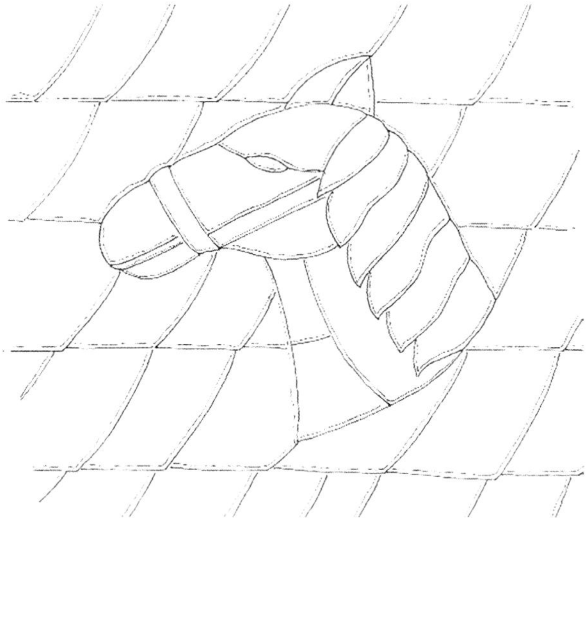

Abb. 2.94: Darstellung eines Pferdekopfs mit Halfter in der Altdeutschen Deckung (aus der Eifel)

Schematische Darstellungen aus der Pflanzenwelt sind auch beliebte Ornamente (4 Detaildarstellungen).

Abb. 2.95: Darstellung einer Tulpe in der Spitzwinkeldeckung, Grundfläche Doppeldeckung (in der Eifel)

Abb. 2.96: Darstellung von Weintrauben (von der Oberelbe)

Abb. 2.97: Darstellung einer Sommerblume in Altdeutscher Deckung

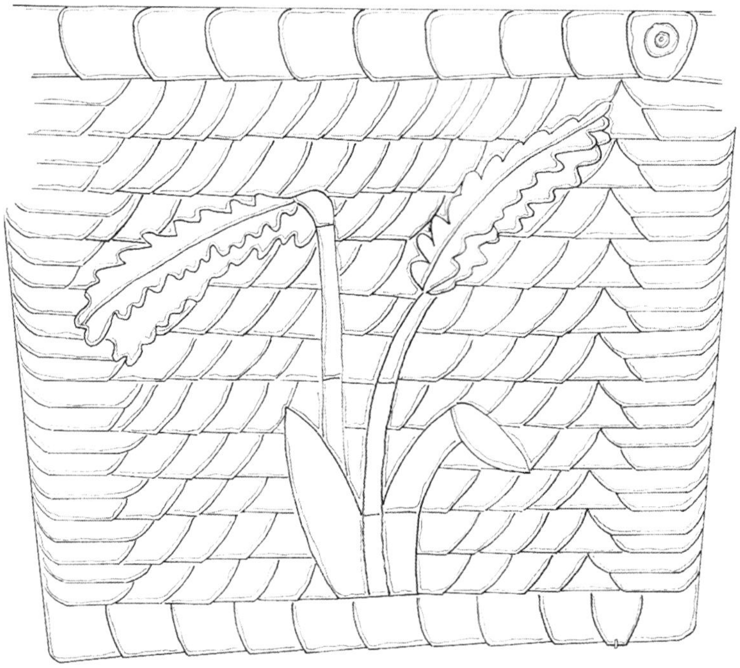

Abb. 2.98: Darstellung von Getreide, Weizen (von einem Auszubildenden geplant und gebaut; Großräschen, Landesausbildungszentrum Brandenburg)

Auch Darstellungen von Werkzeugen werden für Ornamente gern genutzt (5 Detaildarstellungen).

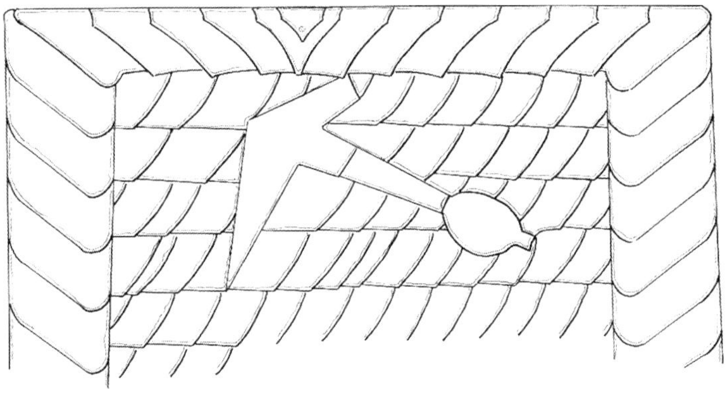

Abb. 2.99: Darstellung eines Schieferhammers in Altdeutscher Deckung (geplant und ausgeführt von einem Auszubildenden am Landesausbildungszentrum Brandenburg)

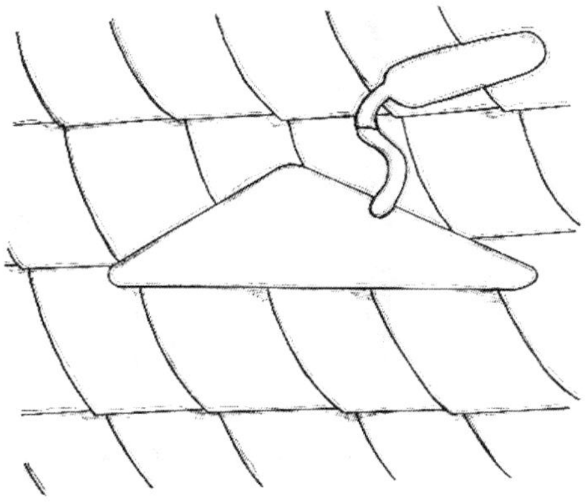

Abb. 2.100: Berliner Maurerkelle in Altdeutscher Deckung (gefunden in Berlin)

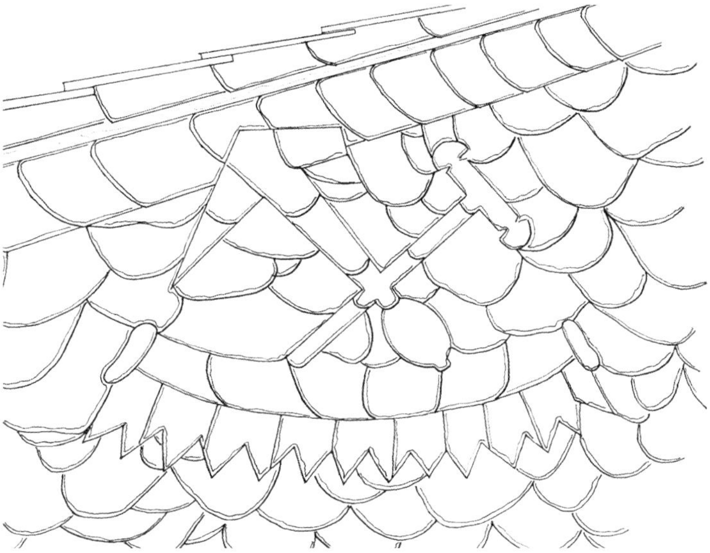

Abb. 2.101: Gekreuzte Werkzeuge in der Wilden Deckung, Schieferhammer für Dachdecker, Kugelhammer für Dachklempner und Schrotsäge für die Zimmerleute (gefunden im Dresdner Osten)

Abb. 2.102: Darstellung einer Windrose/eines Kompasses in Altdeutscher Deckung

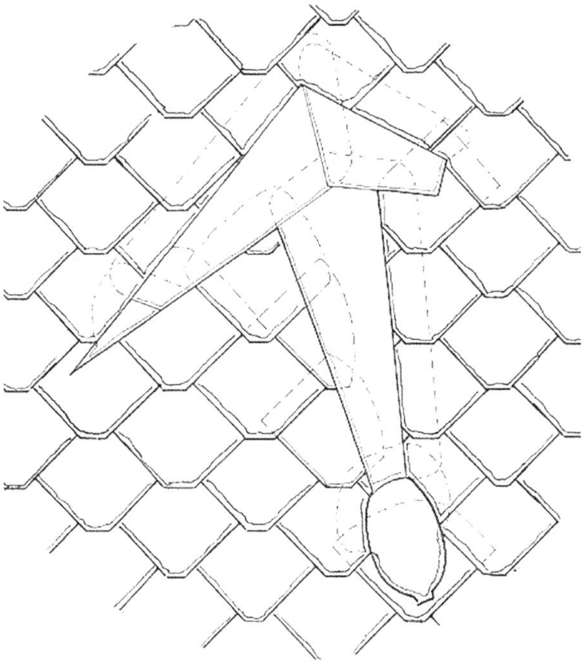

Abb. 2.103: Schieferhammer in der Wabendeckung

Fantasiedarstellungen gehören natürlich auch zur Ornamentik.

Abb. 2.104: „Springender Ball" in der Wabendeckung (gefunden in der Nähe eines Sportplatzes im Dresdner Norden)

Abb. 2.105 und 2.106: Hexen auf dem Besen, in Altdeutscher Deckung (gefunden am Rennsteig)

Oft sind kreative/künstlerische Ornamente mit geraden oder geometrischen Formen einfacher herzustellen als abgerundete Bilder.

Stets zu beachten ist: Je kleiner das Ornament, desto schwieriger ist es in Bezug auf Lagestabilität/Überdeckungen herzustellen.

Schmuckband oder Kettengebinde

Einfache Schmuckbänder, auch Kettengebinde genannt, erwecken den Anschein einer sehr aufwendig gestalteten Wandverkleidung. Sie dienen ebenfalls wie die einfache geometrische Ornamentik der Auflockerung vorgehängter kleinteiliger Fassaden.

Kettengebinde sind in Bezug auf ihre Funktionstüchtigkeit (Regen-/Windsicherheit), ihre Lagestabilität und die Befestigungsmittelanzahl sowie wegen des Gebots der geschlossenen Deckung etwas aufwendiger herzustellen.

Bei Kettengebinden genau wie bei allen einfachen oder aufwendigen gestalterischen Ornamenten muss stets auf die Fließrichtung des Niederschlagswassers geachtet werden.

Besonders die Gleichheit (Gleichmäßigkeit) der einzelnen Teile der Kettengebinde wird oft als Schwierigkeit angesehen.

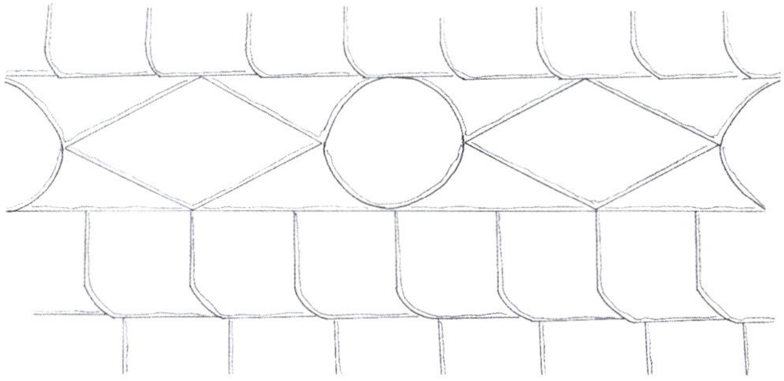

Abb. 2.107: Schematische Darstellung eines einfachen geometrischen Kettengebindes unterhalb eines waagerechten Abschlussgebindes in der Deutschen Deckung in Schiefer.

Die Herstellung von einfachen Kettengebinden sollte einem halbwegs geschickten Handwerker keine größeren Probleme bereiten, die lagestabile Befestigung jedoch erfordert ein recht großes handwerkliches Geschick.

Einzelteile eines Kettengebindes

Jedes Kettengebinde besteht aus mindestens 3 bis 4 verschiedenen Einzelteilen, wobei 2 dieser Einzelteile gespiegelt hergestellt werden müssen. So erhöht sich die Zahl der Einzelteile auf 5 bis 6.

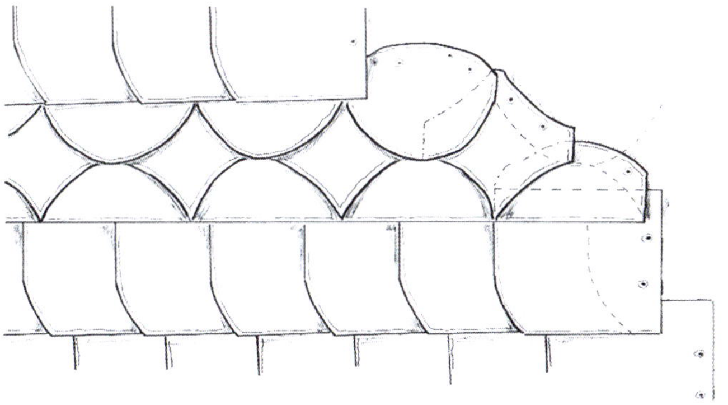

Abb. 2.108: Darstellung eines weiteren Kettengebindes (Sterne)

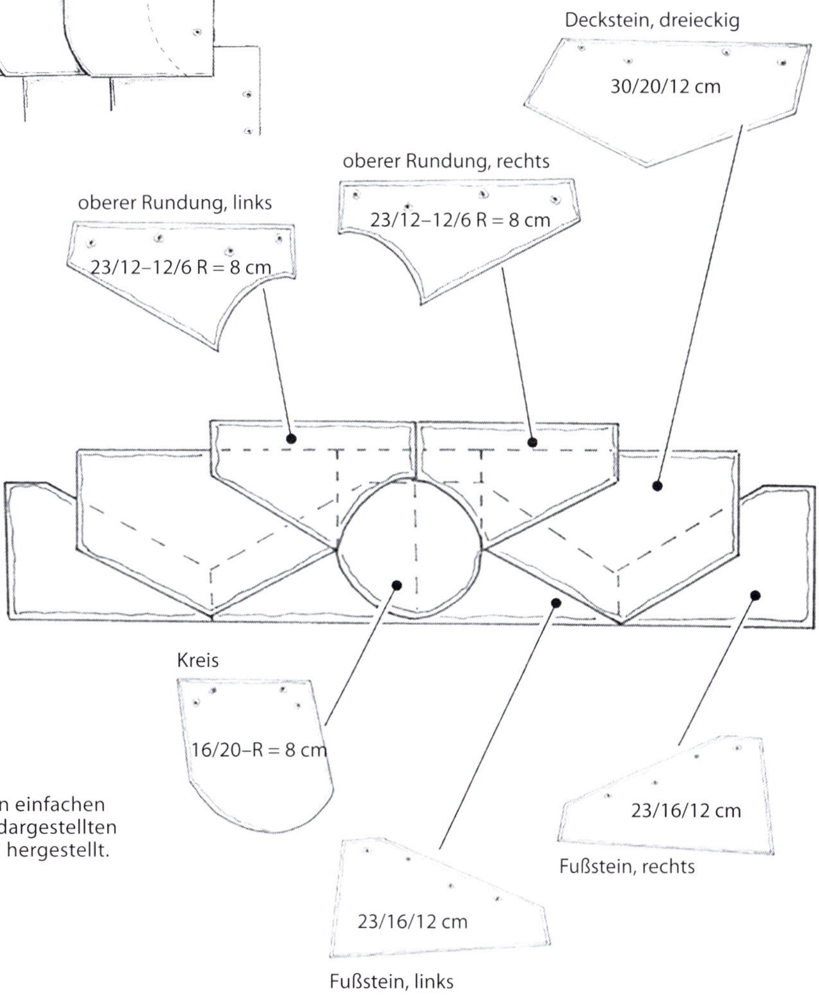

Abb. 2.109: Darstellung eines zerlegten einfachen Kettengebindes in seine Einzelteile. Alle dargestellten Einzelteile sind aus Schiefern, 20 × 30 cm hergestellt.

Arten von Kettengebinden

Jedes Kettengebinde ist einzigartig für sich und kreativ frei wählbar. Die folgenden Darstellungen können so oder in Abwandlungen der Gestaltung und/oder Größe hergestellt und gedeckt werden.

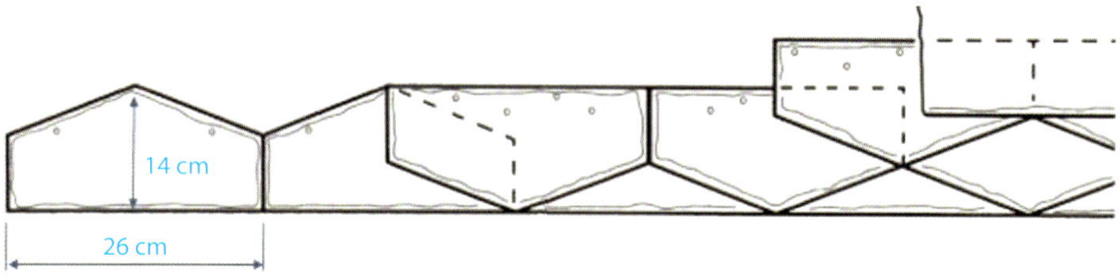

Abb. 2.110: Darstellung eines rautenförmigen Schmuckgebindes

Bei diesem Schmuck-/Kettengebinde sind alle Steine oder Platten gleich zugerichtet.

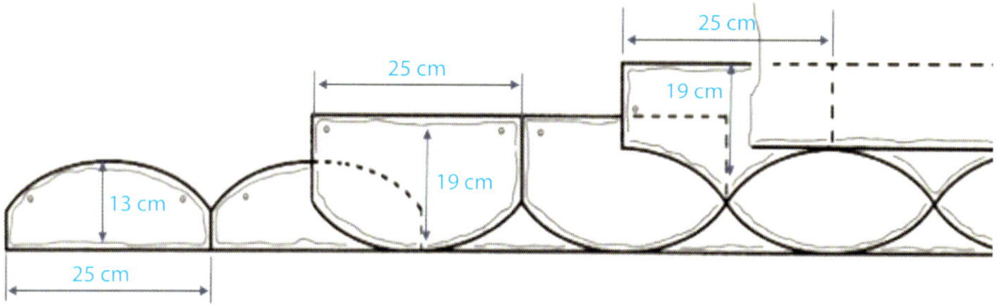

Abb. 2.111: Darstellung eines ellipsenförmigen Schmuckgebindes

Bei diesem Schmuck-/Kettengebinde finden 3 verschiedene Steine bzw. Platten Anwendung.

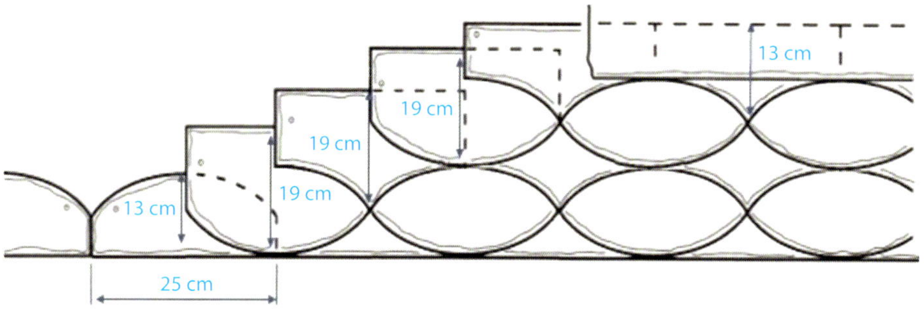

Abb. 2.112: Darstellung eines ellipsen- und sternförmigen Schmuckgebindes

Bei diesem Schmuck-/Kettengebinde werden 4 verschiedene Steine bzw. Platten verbaut.

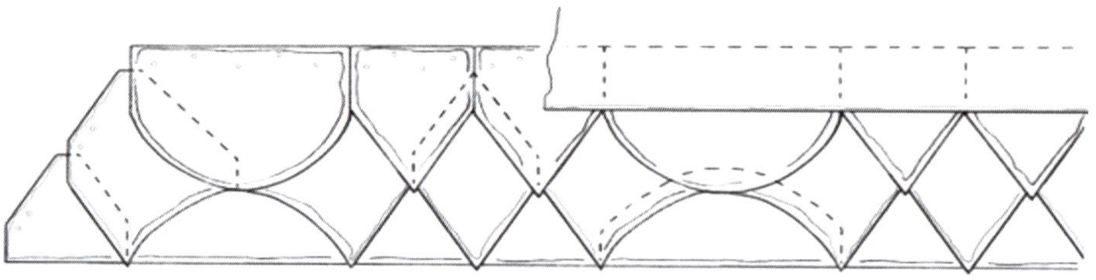

Abb. 2.113: Darstellung eines mehrförmigen geometrischen Schmuckgebindes

Dieses Schmuck-/Kettengebinde wurde in Mayen in der Eifel entdeckt.

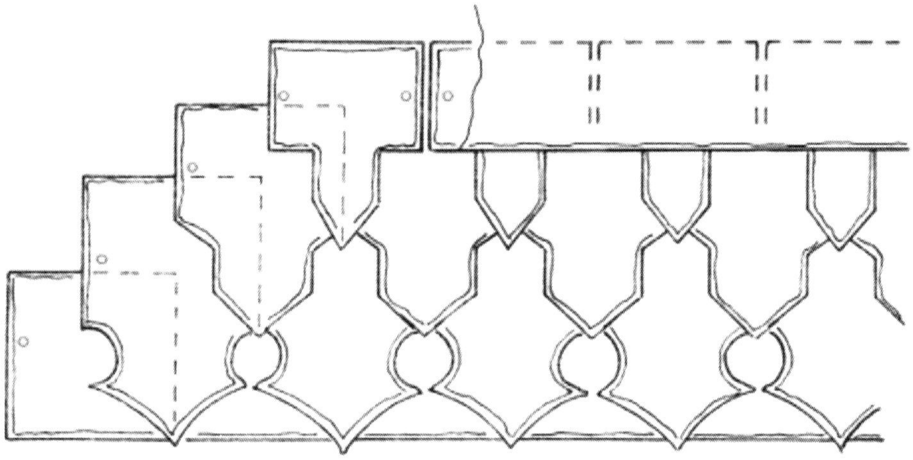

Abb. 2.114: Darstellung eines mehrförmigen geometrischen Schmuckgebindes (entdeckt in Goslar im Harz)

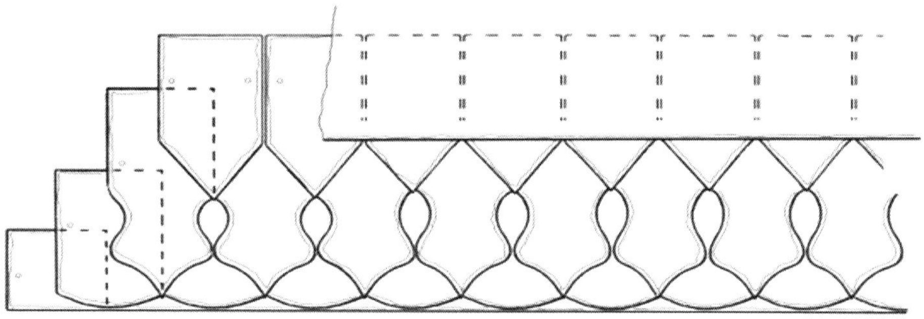

Abb. 2.115: Darstellung eines mehrförmigen, geometrischen Schmuckgebindes (entdeckt in Clausthal im Harz)

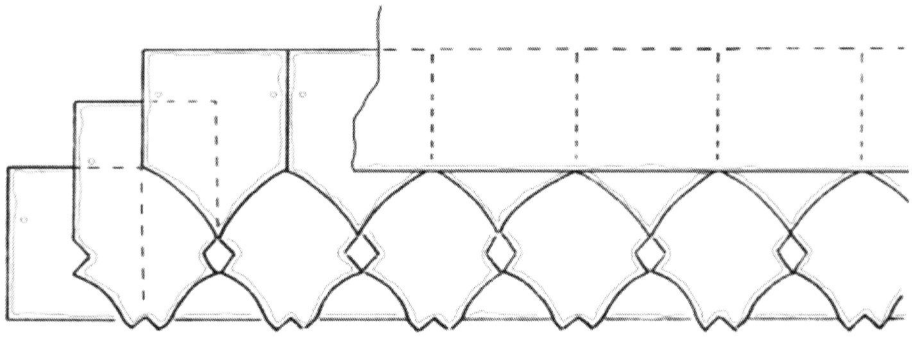

Abb. 2.116: Darstellung eines mehrförmigen geometrischen Schmuckgebindes (entdeckt in Goslar im Harz)

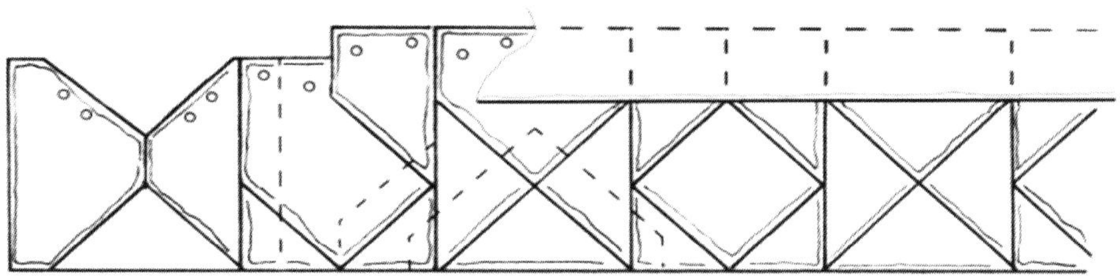

Abb. 2.117: Darstellung eines komplexen mehrförmigen geometrischen Schmuckgebindes (hergestellt aus 9 Einzelteilen)

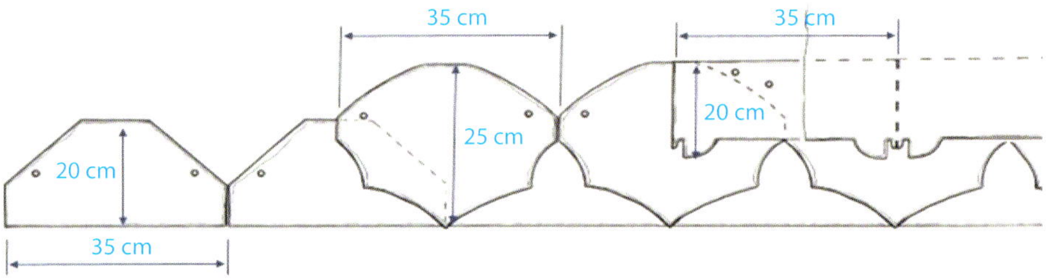

Abb. 2.118: Darstellung eines künstlerischen Schmuckgebindes, Fledermaus (hergestellt aus 4 Einzelteilen)

Abb. 2.119: Darstellung eines komplexen künstlerischen Ketten- oder Schmuckgebindes

2.7 Schiefer oder Faserzementplatten befestigen

Schiefer, aber auch kleinformatige Faserzementplatten werden stets genagelt (niemals geschraubt). Bei der Nagelung muss auf die richtige Lochung (Lochrichtung) geachtet werden. Der richtige Abstand der Löcher untereinander sowie der richtige Abstand vom Rand der Schiefer ist ebenfalls ein elementarer Bestandteil der Befestigung der Schiefer an Dach und Fassade.

Mindestanforderung der Befestigung:

Der Schiefernagel/-stift muss mindestens die Abmaße 4,8 × 32 mm mit einer Nagelkopfgröße von 9 mm aufweisen.

Jeder Deckstein muss mit mindestens 2 Nägeln/Stiften befestigt werden, ab einer Steingröße von 24 cm (Höhe oder Breite) mit mindestens 3.

Der Abstand des Lochs vom Rand des Schiefers sollte 2,5 cm nicht unterschreiten, die Löcher sollten die gegebene Überdeckungsbereiche ausnutzen (nur innerhalb der Höhen- und Seitenüberdeckung).

Beim Befestigen der Steine sollte immer ein unverschiebliches Dreieck entstehen, was bedeutet:

2 Haltenägel und ein Spann(zug)nagel

Es ist also zu empfehlen, dass zur Befestigung von Decksteinen (auch kleinen Formaten) 3 Nägel verwendet werden!

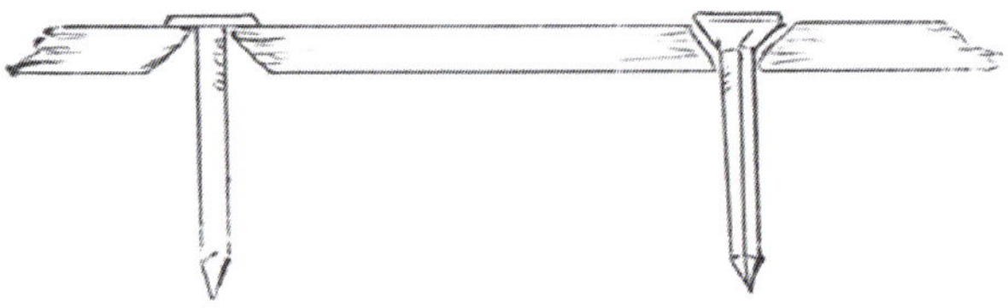

Abb. 2.120: Unterschied zwischen Schieferstift und Schiefernagel

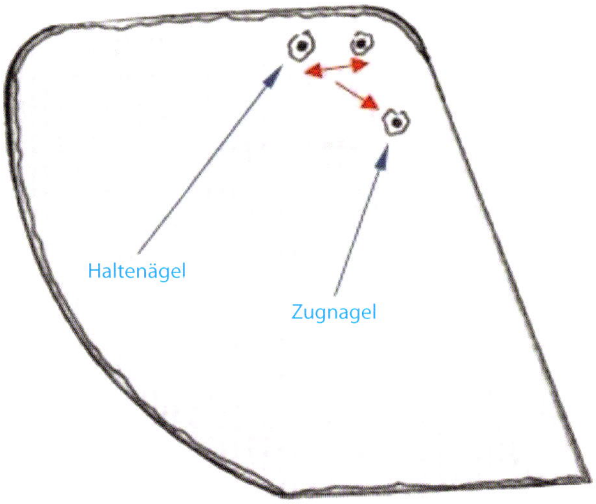

Abb. 2.121: Deckstein mit Befestigungslöchern

Handwerkstechnik der Schieferbefestigung

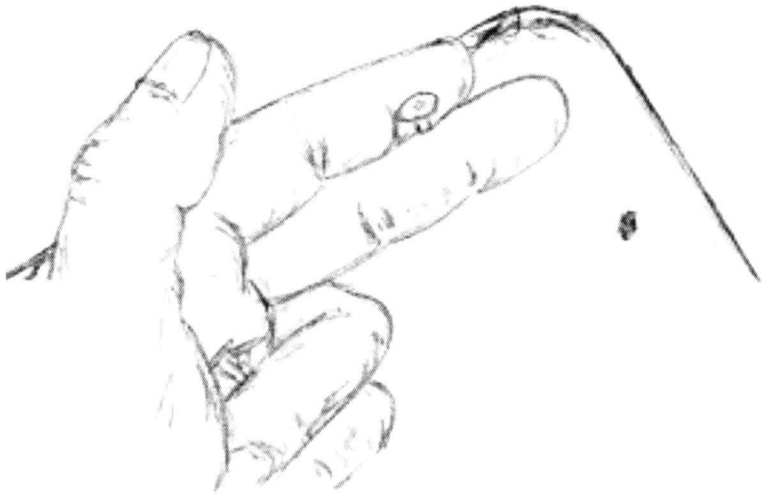

Abb. 2.122: Heften des Schiefers. Die Finger werden zum Schiefer und nicht zum Hammer gedreht.

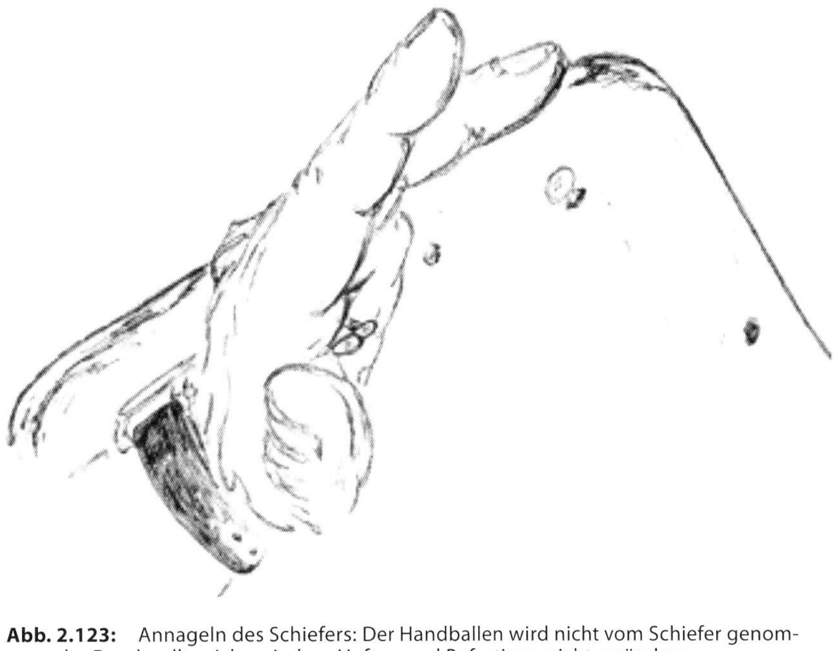

Abb. 2.123: Annageln des Schiefers: Der Handballen wird nicht vom Schiefer genommen, der Druck sollte sich zwischen Heften und Befestigen nicht verändern.

3 Sicherheitsdachhaken und Dachleitern

3.1 Grundlagen für die Planung und Montage von Sicherheitsdachhaken

Vorgaben aus DIN-Normen und anderen Vorschriften

Um die Sicherheit für alle Beschäftigten bei Arbeiten auf Dächern zu gewährleisten, ist es unerlässlich, Sicherheitsdachhaken gemäß den Vorgaben in der DIN EN 517 „Vorgefertigte Zubehörteile für Dacheindeckungen – Sicherheitsdachhaken“ (2006), der DIN 4426 „Einrichtungen zur Instandhaltung baulicher Anlagen – Sicherheitstechnische Anforderungen an Arbeitsplätze und Verkehrswege – Planung und Ausführung“ (2017) sowie der DGUV Information 201-056 „Planungsgrundlagen zur Auswahl von Absturzschutzsystemen auf Dächern“ (2025) sorgfältig zu planen und einzubauen.

Diese Sicherheitsdachhaken, auch Leiterhaken genannt, sollten ab einer Absturzhöhe von mehr als 3 Metern (> 3,0 m), einer Dachneigung von mehr als 22,5 Grad (> 22,5°) sowie einer Grundfläche größer (>) 50,0 m² eingebaut werden, so wie in der DGUV Vorschrift 38 „Bauarbeiten“ beschrieben.

Dachdecker sollten bei der Verwendung und dem Einbau von Sicherheitsdachhaken die geltenden Herstellervorgaben, die Vorschriften und Normen kennen und beachten, um später die Sicherheit bei Arbeiten auf Dächern auch dauerhaft zu gewährleisten. Dazu gehört die Einhaltung und Beachtung der BGI/GUV-I 666 (bzw. DGUV Information 201-056) für Anschlagpunkte auf Dächern.

Gemäß diesen Vorschriften dürfen auf Steildächern nur Sicherheitsdachhaken bis zu einer maximalen Dachneigung (DN) von 75° verbaut und genutzt werden.

Sicherheitsdachhaken können im Notfall verlässliche und robuste Lebensretter für alle Dachhandwerker sein. Diese Leiterhaken bestehen in der Regel aus einem „auf Zug“ geprüften und getesteten Hochleistungsstahl, der entweder verkupfert, verzinkt oder farblich beschichtet wurde. Leiterhaken können in der Regel mehrere hundert Kilogramm auffangen und halten. Diese Leiterhaken in Kombination mit Dachauflegeleitern verwandeln sich in eine stabilere Treppe und schaffen so eine sicherere und effizientere Umgebung für Dachdecker bei Arbeiten auf geneigten oder steilen Dächern.

Sicherheitsdachhaken werden nach DIN EN 517 in 2 wichtige Kategorien unterteilt und wie folgt unterschieden:

TYP A: Dachhaken, die nur für Zugkräfte der Falllinie geprüft wurden. Anwender müssen sich unterhalb des Sicherheitsdachhakens befinden.

Typ B: Diese Dachhaken können Zugkräfte aufnehmen, die in Richtung der Falllinie, entgegen der Fallrichtung oder in Querrichtung dachparallel wirken. Anwender können sich so bis um First, im Ortgangbereich und auf der anderen Dachseite bewegen.

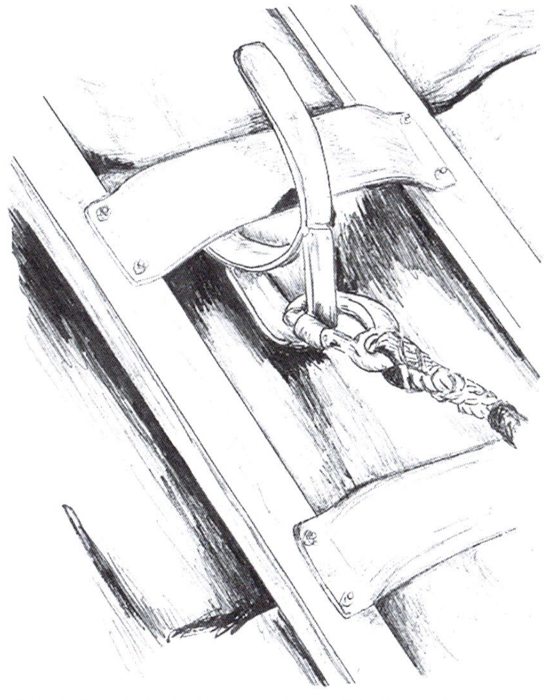

Abb. 3.1: Sicherheitsdachhaken mit Auflegeleiter

Bei Dächern mit Dacheindeckungen, die bei den zu erwartenden Arbeitsbedingungen keine ausreichende Sicherheit gegen Aus- oder Abrutschen bieten, ist der Einsatz von Dachdeckerauflegeleitern (die ohne eine zusätzliche Sicherung kurzfristig in Sicherheitsdachhaken verlegt werden) erforderlich.

Sicherheitsdachhaken dienen somit:

- zum Einhängen von Dachdeckerauflegeleitern,
- zum Befestigen von Dachdeckerstühlen oder Dachdeckerböcken,
- zum Einhängen von Dachschutzwänden und
- als Anschlageinrichtung für Seilsicherungs-PSAgA oder Anseilschutz.

Damit am Sicherheitsdachhaken auftretende Kräfte wirksam abgeleitet werden können, müssen diese nach den entsprechenden Herstellerangaben eingebaut werden.

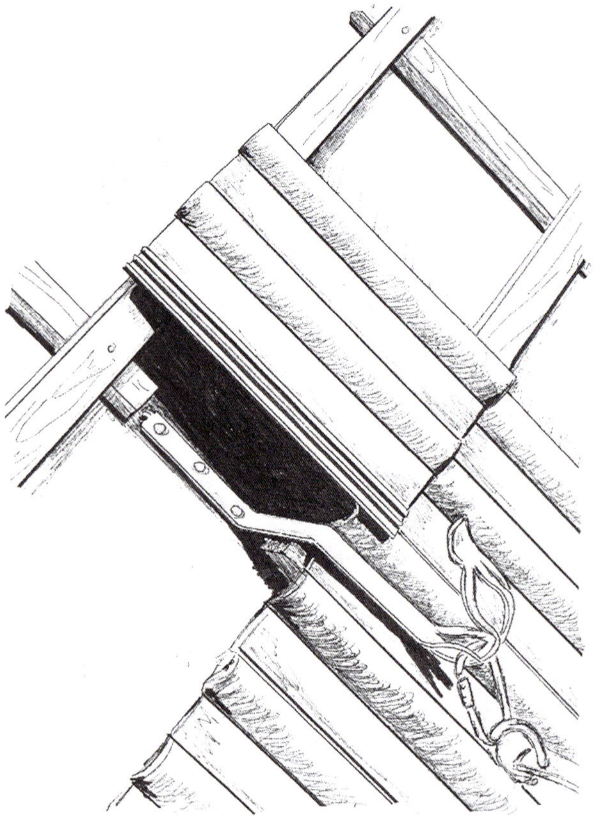

Abb. 3.2: Nach Herstellerangaben montierter Sicherheitsdachhaken

In der DIN EN 517 sind die Mindestanforderungen an Sicherheitsdachhaken festgelegt. Diese DIN beschreibt die Abmaße, Materialien sowie die Tragfähigkeit von Sicherheitsdachhaken und legt Art und Umfang der notwendigen Prüfungen für die Zertifizierung fest.

Die gesetzlichen Unfallversicherungsträger, zum Beispiel die Berufsgenossenschaft Bau (BG Bau) und die Deutsche Gesetzliche Unfallversicherung (DGUV), geben für die Planung bzw. Verteilung der Sicherheitsdachhaken verschiedene Hinweise und Empfehlungen zur Arbeitssicherheit heraus.

Die früheren Berufsgenossenschaftlichen Informationen (BGI), zum Beispiel BGI 5164, wurden größtenteils in der DGUV Information 201-056 übernommen und enthalten Empfehlungen zum Bedarf und zur Mindestausstattung auf Dächern sowie Grundsätze zu deren Wartung und Prüfung, außerdem werden Ausführungsvarianten für Flachdächer, flachgeneigte sowie für Steildächer vorgestellt.

Die DIN EN 795 „Persönliche Absturzschutzausrüstung – Anschlageinrichtungen" (2012) gilt nicht für Sicherheitsdachhaken im Sinne von Anschlageinrichtungen. Da aber keinerlei Vor- oder Maßgaben innerhalb der DIN EN 517 vorhanden sind, kann die zuvor genannte Norm (DIN EN 795) aber zumindest für eine Empfehlung herangezogen werden.

Dokumentationspflicht bei Einbau von Sicherheitsdachhaken oder Anschlagpunkten

Bei der Montage von Anschlagpunkten und Absturzsicherungen im Flachdachbereich wird seitens des Gesetzgebers eine umfangreiche Dokumentation gefordert. Am Steildach ist das nicht der Fall.

Doch auch beim Einbau von Sicherheitsdachhaken im Steildachbereich ist auf eine (freiwillige) Dokumentation zu achten. In diese Dokumentation sollten grundsätzlich Bilder (Fotos), Detailskizzen, Objektinformationen sowie der Name und die Position (im Betrieb) des Sicherheitsdachhaken einbauenden „Monteurs" aufgenommen werden.

Diese Dokumentation im Bereich eines Steildachs geht weit über die Forderungen aus Normen und Regeln hinaus.

Rechtliche Grundlagen zur Dokumentationspflicht

Auf der Grundlage von § 19 des Arbeitsschutzgesetzes erließ die damalige Bundesregierung am 07.08.1996 die Baustellenverordnung (BaustellV, BGBl. I S. 1246) mit dem Ziel einer „wesentlichen Verbesserung von Sicherheit und Gesundheitsschutz der Beschäftigten auf Baustellen". Darin sind wesentliche Planungs-, Mitteilungs- und Dokumentationspflichten geregelt.

Die DIN 4426 „Einrichtungen zur Instandhaltung baulicher Anlagen – Sicherheitstechnische Andorderungen an Arbeitsplätze und Verkehrswege – Planung und Ausführung" (2017) beschreibt konkret die Gestaltung von Arbeitsplätzen und Verkehrswegen; die allgemeinen Anforderungen zu deren Instandhaltung (baulicher Anlagen) werden in den Bauordnungen der Länder geregelt.

Ungeachtet des Vertragsverhältnisses zwischen dem Bauherrn und dem Dachdeckerbetrieb/Unternehmer muss gemäß Musterbauordnung (MBO) § 55 der Unternehmer Nachweise/Unterlagen zu den verwendeten Produkten sowie den angewandten Handwerkstechniken erbringen und auf der Baustelle vor- und/oder bereithalten. Einzelheiten werden in den Landesbauordnungen der Länder geregelt.

Normative (beschreibende/vorgebende) Grundlagen vor dem Einbau

Das Deutschen Institut für Bautechnik (DIBt) fordert für alle Anschlageinrichtungen und Absturzsicherungen, die zum dauerhaften Verbleib im Dach oder Bauwerk bestimmt sind, eine allgemeine bauaufsichtliche Zulassung (abZ). Dauerhafte Anschlageinrichtungen und Absturzsicherungen, zum Beispiel Personenanschlagpunkte, Seilsicherungssysteme und Schienensicherungssysteme, gelten laut DIBt als Bestandteil des Gebäudes.

Bei Arbeiten auf Dächern ist Sicherheit das oberste Gebot.

Aber: Dauerhaft montierte Sicherheitsdachhaken zur **Verwendung auf geneigten oder steilen Dächern**, die als (Personen-)Anschlagpunkt herangezogen werden können, gehören laut dem Deutschen Institut für Bautechnik (DIBt) **nicht zum Gebäude** und bedürfen **keiner bauaufsichtlichen Zulassung**.

3.2 Anordnung, Einbau und Montage von Sicherheitsdachhaken

Die von den gesetzlichen Unfallkassen empfohlenen Montageorte von „Leiterhaken" auf Steildächern sind recht unterschiedlich. Das nachfolgende Beispiel zeigt eine gängige und bewährte Variante zur Anordnung von Leiterhaken.

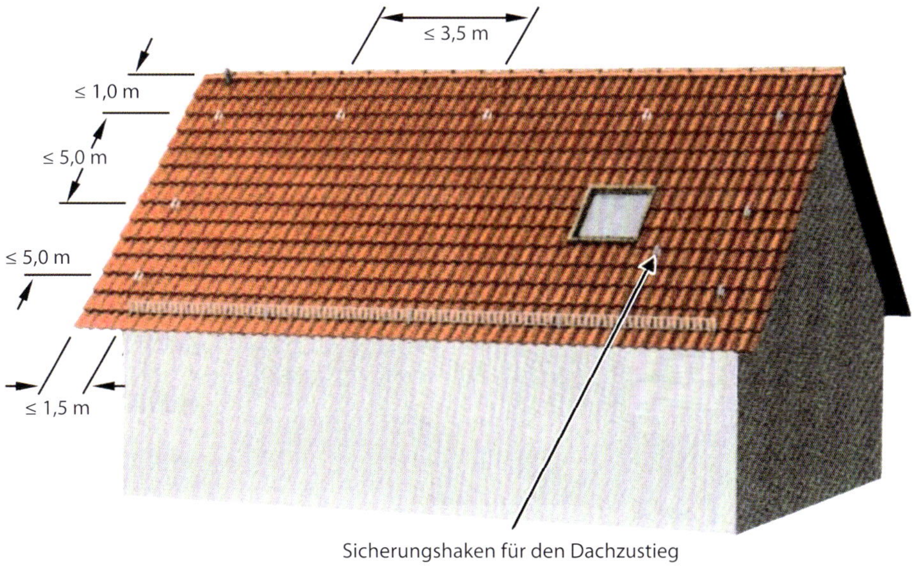

Abb. 3.3: Darstellung eines Satteldachs mit Anordnung von Sicherheitsdachhaken

Die gesetzlichen Unfallkassen halten sich zum Einbau von „Leiterhaken" auf Steildächern komplett bedeckt und verweisen auf die Herstellervorgaben zur Montage. Wichtig ist jedoch, dass ein „Leiterhakeneinbau auf dem Sparren" oder der Konterlatte stets der Variante „zum Einhängen" vorzuziehen ist.

Befestigungsmittel sind entweder Tellerkopfschrauben in entsprechender Länge und Dicke oder Kammnägel ebenfalls in entsprechender Länge und Dicke.

Druckpunkt auf der Traglatte

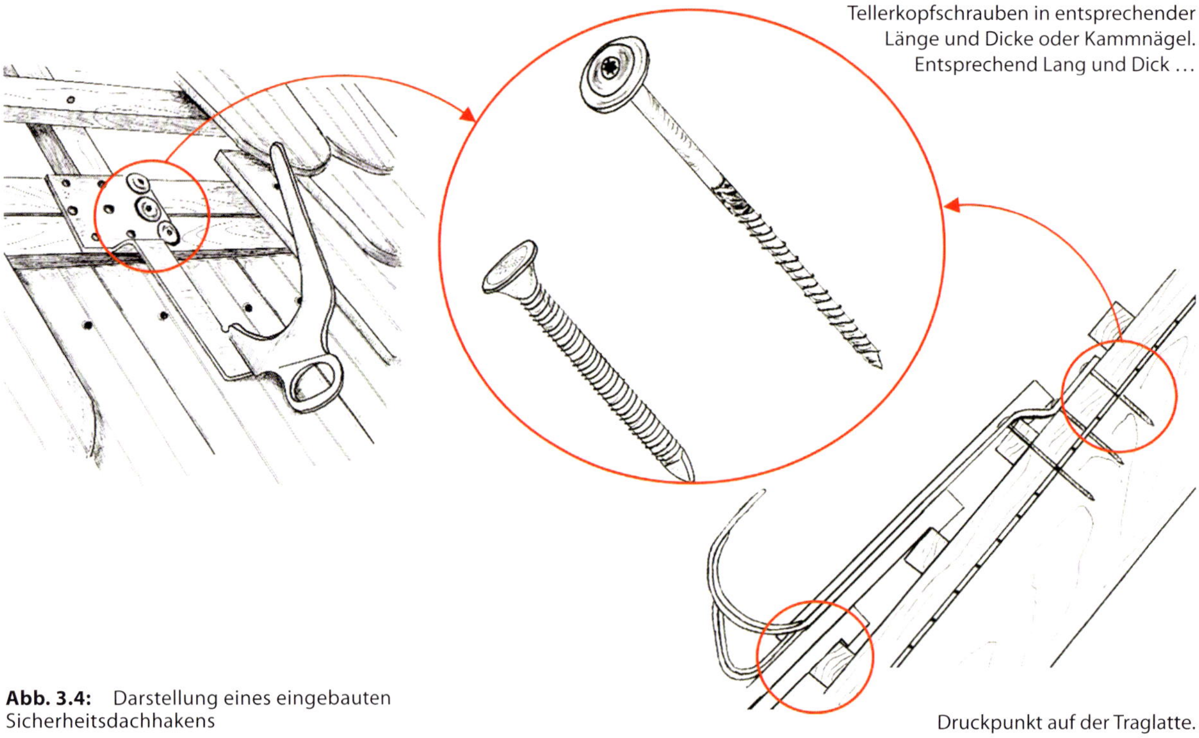

Abb. 3.4: Darstellung eines eingebauten Sicherheitsdachhakens

Für die Montage von Sicherheitsdachhaken ohne spezielle Zusatzfunktion wie Körperhaltevorrichtungen zum Beispiel zum Schneeräumen oder bei Dächern mit vielen Aufbauten sei zusammenfassend gesagt:

- Der Sicherungshaken am Dachzustieg muss zwingend Typ B nach DIN EN 517 entsprechen und darf höchstens 60,0 cm vom Zustieg entfernt sein.
- Auf Dächern, auf denen keine ausreichende Sicherheit gegen Abrutschen (z. B. aufgrund ihrer Dachneigung) gegeben ist, kommen Dachleitern/Dachauflegeleitern zum Einsatz. Dafür gilt ein Rastermaß der Sicherheitsdachhaken von
  - horizontal/waagerecht: 3,50 m,
  - vertikal/in Absturzrichtung: 5,00 m.
- Der Abstand zwischen First und Leiterhaken sollte kleiner/gleich 1,0 m sein. Wenn dieser Abstand von einem Meter deutlich unterschritten wird, muss darauf geachtet werden, dass die Dachauflegeleiter bei fachgerechter Nutzung den First nicht beschädigt.
- Bei Pultdächern ist der obere Abschluss ebenfalls eine Absturzkante, bei der Leiterhaken nach DIN EN 517, Typ B zwingend Anwendung finden müssen. Der Abstand des Leiterhakens von der Absturzkante sollte zwischen 2,0 und 2,50 m liegen.
- Vom seitlichen Dachrand, dem Ortgang, sollte der Leiterhaken nicht weiter als 1,50 m entfernt montiert werden.
- Wenn dauerhafte Anschlagvorrichtungen wie Personenanschlagpunkte, Seilsicherungssysteme und Schienensicherungssysteme gem. DIBt für regelmäßige Wartungs- oder Schneeräumarbeiten entlang der Traufen oder des Firstes montiert werden sollen, sind diese stets in Kombination mit Sicherheitsdachhaken zu planen und auszuführen.
- In schneereichen Regionen wird im Bereich dieser dauerhaften Anschlagpunkte ein geeignetes Schneerückhaltesystem nach DIN EN 1991-1-3 „Einwirkungen auf Tragwerke – Teil 1-3: Allgemeine Einwirkungen, Schneelasten" (2010) empfohlen, um eine Überlastung dieser Anschlagpunkte zu verhindern.

3.3 Dachleitern – Begehen von geneigten Dachflächen

Beim Begehen von Dachflächen ist wahrscheinlich jedem Dachdecker schon einmal aufgefallen, dass dies ab einer Neigung von etwa 30° sehr schwierig und je nach Witterung ab etwa 35° ohne Hilfsmittel ein freies Begehen unmöglich ist.

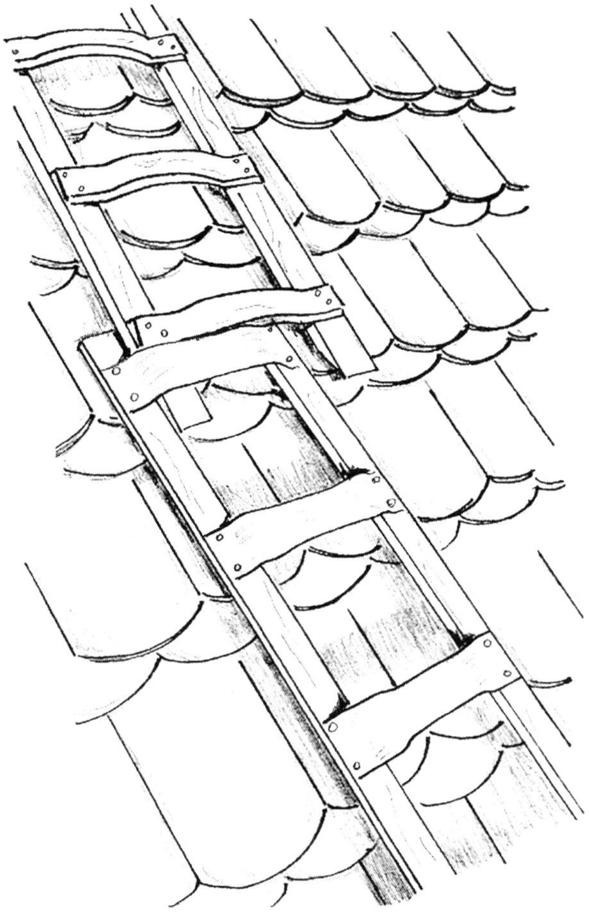

Abb. 3.5: Zusammengesteckte Dachleitern

Die gesetzlichen Unfallversicherer gehen sogar noch etwas weiter und fordern ab einer Dachneigung von 20°, dass eine Dachleiter (Dachauflegeleiter) verwendet werden muss. Die maximale Dachneigung für die Verwendung von Dachauflegeleitern beträgt 60°. Dachleitern/Dachauflegeleitern dürfen in Deutschland eine maximale Länge von acht Metern (8,0 m) aufweisen. Bei Aufstiegslängen über acht Meter sollte eine weitere Dachleiter neben die erste gelegt werden, um höher aufsteigen zu können.

Auf ein Zusammenstecken von Dachleitern an deren Enden oder das Einhängen einer der Leitern in eine Leiterhaken sollte aus Sicherheitsgründen verzichtet werden.

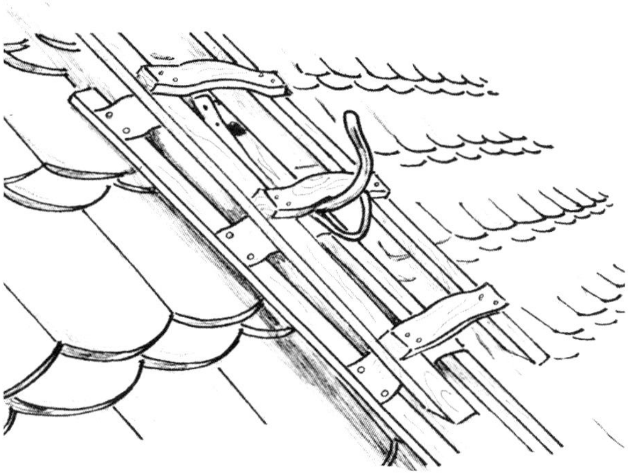

Abb. 3.6: Dachleitern, die mit einem Leiterhaken verbunden wurden

3.3.1 Wichtige Normen und Vorschriften zur Verwendung von Leitern

Verordnungen
Betriebssicherheitsverordnung (BetrSichV) „Verordnung über Sicherheit und Gesundheitsschutz bei der Verwendung von Arbeitsmitteln" (2015)

Normen
Normenreihe DIN EN 131 „Leitern" (2025)
Normenreihe DIN 4567 „Leitern für den besonderen beruflichen Gebrauch" (2025)

DGUV (Deutsche Gesetzliche Unfallversicherung) – Vorschriften und Regeln
DGUV Vorschrift 38 „Bauarbeiten" (2020)

TRBS (Technische Regeln für Betriebssicherheit)
TRBS 2121- 2 „Gefährdung von Beschäftigten durch Absturz bei der Verwendung von Leitern" (2018)

3.3.2 Sicherheitsgrundwissen zu Leitern/Anlegeleitern

Tipps für einen sicheren Umgang mit Leitern:

- Leiter nur gemäß den Anweisungen des Herstellers benutzen.
- Leiter maximal bis zur vom Hersteller angegebenen Länge ausziehen oder zusammenschieben.
- Bei Ausschiebe- oder Ausziehleitern auf freie Beweglichkeit der einzelnen Leiterteile sowie auf ordnungsgemäßes Einrasten der Sicherungen/Feststelleinrichtungen achten.

Sicherheitsüberprüfungen/Leiternprüfungen:

- Vor jeder Verwendung von Leitern: Kontrolle auf augenfällige Mängel (Sichtprüfung)
- Die im Betrieb geltende Gefährdungsbeurteilung regelt die regelmäßige Prüfung von Leitern. Eine befähigte sowie beauftragte Person zur Prüfung von Leitern und Tritten kümmert sich um Art, Umfang sowie Fristen der erforderlichen Kontrollen.
- Die Ergebnisse dieser Prüfungen müssen lückenlos dokumentiert und protokolliert (z. B. in einem Leiterkontrollbuch, einer Prüfliste) werden. Die Prüfung wird durch die Erteilung einer für jedermann sichtbaren genormten Prüfplakette bestätigt.

Sicherheitshinweise zur Benutzung von Leitern und Anlegeleitern:

Allgemeine Hinweise zur Benutzung von Leitern und Anlegeleitern

- Die Länge bzw. Höhe einer Anlegeleiter ist nicht generell geregelt oder begrenzt, jedoch gibt es Vorschriften für die zulässige Standhöhe und die Arbeiten, die darauf ausgeführt werden dürfen.
  Grundsätzlich gilt: Wenn Leitern als hochgelegener Arbeitsplatz dienen, dürfen sie eine maximale Standhöhe von 2 Metern bei dauerhaften Arbeiten aufweisen.
- Bei zeitweilig auszuführenden Arbeiten, die nicht länger als 2 Stunden dauern, ist eine maximale Standhöhe von bis zu 5 Metern zulässig.
- Leitern und insbesondere Anlegeleitern, die als Aufstiege zu Arbeitsplätzen dienen, sollten nur bei geringer Gefährdung und einer kurzen Verwendungsdauer eingesetzt werden. Als eine kurze Verwendungsdauer gilt nicht, wenn ständig auf- und abgestiegen wird.
- Anstell-/Anlegeleitern dürfen als Aufstiege nur Verwendung finden, wenn der zu überbrückende Höhenunterschied kleiner (≤) 5,00 m ist.
- Leitern werden in 2 grundlegende Typen eingeteilt:
  Stufenanlegeleitern, bei denen der Anstellwinkel zwischen 60 und 70 Grad liegen sollte, sowie
  Sprossenanlegeleitern mit einem Anlegewinkel von 65 bis 75 Grad.
- Leiter dürfen nur mit geeignetem, festem Schuhwerk betreten werden. Es ist darauf zu achten, dass sich verschmutzte Sohlen/Laufsohlen auf das Betreten der Sprossen nicht nachteilig auswirken. Anhaftungen an Schuhen dürfen den Auf- oder Abstieg nicht behindern oder beeinträchtigen.
- Die überkragenden obersten 3 Sprossen, also der letzte Meter, dienen dem Festhalten der Person vor dem Auftritt auf das Dach oder dem Zutritt zum Arbeitsort und dürfen nicht betreten werden.
- Im Betrieb sollten Beschäftigte im Umgang mit Leitern regelmäßig unterwiesen und dies sollte aktenkundig vermerkt werden. Es sind Betriebsanweisung zu erstellen und den Beschäftigten zugänglich zu machen.
- Leitern, die in einem Verkehrsbereich aufgestellt werden, sind zum Beispiel durch Absperrungen oder einen Posten gegen unbefugte Benutzung zu sichern.
- Bei Arbeiten an Dach und Fassade, also im Freien, sollten stets Umgebungs- und Witterungseinflüsse berücksichtigen werden. Dies können z. B. sein:
  - extreme Sonneneinstrahlung
  - Wind oder Sturm
  - starker Regen
  - Schnee- und Eisglätte

Zusätzliche Hinweise zur Benutzung von Leitern und Anlegeleitern

Beim Arbeiten auf oder von Leitern aus muss darauf geachtet werden, dass das Gewicht des mitgeführten Werkzeugs und Materials 10 kg nicht überschreitet. Außerdem sind wegen der größeren Windangriffsfläche auf einer Leiter das mitzuführende Material oder die mitzuführenden Gegenstände kleiner als einen Quadratmeter (1,0 m^2) zu halten.

Wenn von Anlegeleitern aus gearbeitet werden soll, müssen folgende Punkte beachtet werden:

- Bei Arbeitstechniken, die nur zu zweit ausgeführt werden können, steigen niemals 2 Personen auf dieselbe Leiter.
- Empfehlenswert ist es immer, mindestens 3 Punkte an der Leiter zu haben, egal ob Auf- oder Abstieg oder bei Arbeiten (3punkt-Methode).
- Beim Arbeiten von Leitern aus sollte man sich nicht seitlich aus der Leiter herauslehnen.

Auf das Arbeiten von Anlegeleitern aus ist komplett zu verzichten, wenn

- von den vorhandenen oder verwendeten Materialien und Arbeitstechniken zusätzliche Gefahren für den Handwerker ausgehen, z. B. bei Arbeiten mit Säuren, Lacken oder bituminösen Werkstoffen,
- Handmaschinen oder Werkzeuge mit beiden Händen bedient werden müssen, z. B. Kettensägen, Winkelschleifer oder etwa Hammer und Meißel.

3.3.3 Verwendung von Dachleitern/Dachauflegeleitern

- Beim Einhängen von Dachleitern in einen Leiter- oder Reparaturhaken muss darauf geachtet werden, dass die Leiter in die 2. Sprosse von oben eingehängt wird.
- Als Einhängepunkt für Dachleitern sollte in Deutschland ein Sicherheitsdachhaken nach DIN EN 517 dienen. Die eingehängte Dachleiter ist zusätzlich mit einem Befestigungsbügel zu sichern.
- Am Fußpunkt ist die Dachauflegeleiter mit geeigneten Mitteln gegen seitliches Verschieben um mehr als 30 cm zu sichern (z. B. durch die Verwendung von Sicherheitsdachhaken nach DIN EN 517).

3.3.4 Verwendung von Anlegeleitern

Es gibt einiges zu beachten, um mit Anlegeleitern den Zustieg auf ein Dach zu ermöglichen. Folgende Vorgaben sind zwingend einzuhalten:

- Beim Anstellwinkel von Leitern muss zwischen Sprossenleiter und Stufenleiter unterschieden werden. Generell sollten Winkel zwischen 60 und 75 Grad eingehalten werden, um einen sicheren Auf- und Abstieg in jeder Höhe sicherzustellen.
- Beim Anlegen an eine Kante, zum Beispiel eine Traufe (egal ob Dachrinne oder Leiterpunkt), muss die Leiter etwa einen Meter überstehen.
- Die maximale Arbeitshöhe sowie die maximale Zustiegshöhe (bei Verkehrswegen) dürfen 5 Meter nicht überschreiten.

Anstellen von Anlegeleitern

1. Untergrund, Aufstellfläche:

Die Leiter muss auf einem festen, ebenen Untergrund aufgestellt werden, um so ein Ver-/Abrutschen oder gar Umkippen zu verhindern. Idealerweise wird eine Standfußverbreiterung am Fußpunkt der Leiter und bei Bedarf eine Holmverlängerung verwendet.

Vermieden werden sollten Sand, Wiese/Rasen oder feuchte Erde als Untergrund für eine Leiter.

2. Anstellwinkel:

Sehr steil, aber auch sehr flach stehende Leitern können ein extrem hohes Unfallrisiko bergen. Die Anlegeleiter wird deshalb in einem Winkel von mindestens 60° und höchstens 75° angelehnt. Eine einfache Möglichkeit, diesen Winkel zu prüfen, ist die sogenannte Ellenbogenmethode:

- Man stellt sich mit einem Fuß quer zum Fußende der Leiter und
- stützt seine Hand in Brusthöhe in die Seite (sodass der abgespreizte Arm zum Körper in etwa in einem rechten Winkel steht).
- Berührt der Ellenbogen des abgespreizten Arms die Leiter, ergeben Körper/Arm und Leiter also ein rechtwinkliges Dreieck, ist der Aufstellwinkel richtig.

3. Überprüfen der Standsicherheit:

Stellen Sie, bevor die Anlegeleiter betreten wird, sicher, dass sie weder wackelt noch sich verdreht, sich verschiebt oder im Boden versinkt.

Abb. 3.7: Die Ellenbogenmethode

4. Anlegepunkte:

Eine Anlegeleiter sollte nur auf sicheren, lagestabilen und standsicheren Flächen Anwendung finden. Das können beispielsweise Wände, Traufen (Dachrinnen), bei Flachdächern/flachgeneigten Dächern Dachränder (Orte) oder Dachzustiegspunkte/Anleiterpunkte im Steildachbereich sein.

Bei der Erstellung von Dachzustiegspunkten sollten stets die Auflagen der örtlichen Bauämter, der Schornsteinfeger und/oder der örtlichen Feuerwehren beachtet werden. Wenn von diesen Stellen keine Forderungen bestehen und ein Anleiterpunkt als Dachzustieg montiert werden soll, dann ist zu beachten, dass dieser Tritt eine ausreichende Breite der Antritts-/Auftrittsfläche aufweist. Ausreichend ist eine Auftrittsbreite von etwa 40 cm plus Leiterbreite (ca. 36 cm).

Als Anlegepunkte für Leitern sind völlig ungeeignet und müssen unbedingt vermieden werden:

- lose Bretter,
- sehr alte (baufällige) gemauerte Giebelwände oder Giebelbekleidungen z. B. aus Schiefer oder Faserzement,
- Traufen mit freiem Überstand aus Dachziegeln/Schiefer oder Dachsteinen.

5. Sichern der Leiter und Selbstsicherung:

Vor dem Betreten der Dachfläche sollte unbedingt die Selbstsicherung an den dafür vorgesehenen Anschlagpunkten unter Verwendung einer persönlichen Schutzausrüstung (PSAgA) durchgeführt werden.

Zur Erinnerung:

- Der Anschlagpunkt sollte bei geneigten Dächern ein Sicherungshaken nach DIN EN 517, Typ B sein.
- Der Anschlagpunkt sollte in einem gut erreichbaren Radius von 60,0 cm um den Dachzustieg angebracht sein.

Abb. 3.8: Anlegepunkt als Dachzustieg

Abb. 3.9: Darstellung zum Anlegen der Selbstsicherung und zum Mindestüberstand der Anlegeleiter im Bereich der Traufe

Auf einen entsprechend großen Überstand der Anlegeleiter über den Anlegepunkt (bei Dachzugängen über die Traufe) hinaus ist zu achten. Man bedenke:

- Metall auf Metall (Aluminiumleiter an Dachrinne z. B. aus VZ-Stahl, Zink, Alu oder Kupfer) rutscht extrem schnell und bei Belastung entsprechend leicht.
- Bei Anlegeleitern mit einem sehr geringen Überstand (über z. B. eine Dachrinne) besteht die Gefahr, dass durch das bauteilbedingte Verbiegen der Leiter und das Nachgeben der Dachrinne bei jedem Schritt die Leiter Richtung Fassade abkippt und bei großen Dachüberständen gefährliche Unfälle passieren können.
- Die Leitern sollten zusätzlich mit geeigneten Spanngurten, Traversen oder Dachrinnenhaltebügeln gesichert werden, um ein Verrutschen oder Umkippen zu verhindern.

4 Dachflächenfenster

4.1 Tageslicht oder Sonnenlicht

Tageslicht, insbesondere Sonnenlicht, ist einer der wichtigsten Faktoren bei der Schaffung und Gestaltung von Wohnräumen. Häufigkeit und Qualität des einfallenden Tages- oder Sonnenlichts haben einen bedeutenden Einfluss auf die „innere Uhr", also den chronobiologischen Rhythmus, der vom natürlichen Sonnenlicht geprägt wird.

Helle, von Tageslicht durchdrungene Räume, idealerweise mit direkter Sonneneinstrahlung, schaffen ein positives Wohnraumklima und wirken sich stimmungssteigernd aus. Der Mensch benötigt Sonnenlicht nicht nur für biochemische Prozesse, z. B. die Vitamin-D-Umwandlung, er zieht aus diesem Sonnenlicht auch eine Fülle von Informationen über die Tageszeit oder den Zustand der Atmosphäre, also das Wetter.

4.2 Planung und Einbau von Dachflächenfenstern

Tageslichthelle Räume finden sich bei Neubauten oft in großen ausgebauten Dachgeschossen oder Dachwohnungen und sind dem natürlichen Licht ohne Verschattung durch Nachbarbebauung oder Bäume ausgesetzt. Dachfenster erfüllen die Aufgabe, solche tageslichthellen Räume zu schaffen, in vorbildlicher Weise. Dank ihrer Neigung zum Himmel lassen Dachflächenfenster deutlich mehr Licht in einen Raum als senkrecht stehende Fenster z. B. an Gauben oder Giebeln.

Abb. 4.1: Lichtausbeute Dachliegefenster

Abb. 4.2: Lichtausbeute Walmdachgaube

Ein Dachflächenfenster oder ein Dachliegefenster bietet im Vergleich zu einem gleich großen senkrecht stehenden Fenster etwa eine doppelt so große Lichtausbeute. Mit Dachflächenfenstern lassen sich also helle und freundliche Innenräume von Dachwohnungen oder Dachgeschossen individuell verwirklichen und anspruchsvoll gestalten.

Bei der Planung der Anordnung von Dachfenstern sind eine vernünftige Lichtausbeute, also ein Lichtkonzept, sowie eine ordentliche Lüftung (Lüftungskonzept) zu beachten. In die Planung und Erstellung eines Lichtkonzepts werden bei Neubauten Ingenieure oder Architekten, die sowieso an diesem Projekt arbeiten, einbezogen; dem Dachdecker oder dem Dachhandwerker bleibt oft nur der Einbau dieser Dachflächenfenster nach dem Leistungsverzeichnis.

Derzeit werden die meisten Dachfenster nachträglich eingebaut, nämlich bei:

- bei Dachsanierungen,
- Dachgeschossausbauten,
- Renovierungen des Dachgeschosses oder der Dachwohnung, aber auch
- im Tausch gegen verschlissene Dachfenster.

In diesen Fällen muss natürlich auch die geforderte Mindestlichtfläche in Wohnräumen laut Landesbauordnung eingehalten werden, auch wenn diese im Bestand nicht eingehalten war.

Private Bauherren, aber auch Hausverwaltungen vertrauen im Regelfall dem Dachdecker und gehen davon aus, dass die Lichtflächen im Bestand ausreichend groß sind. Für den Dachdecker gehört die Umsetzung der oft hohen Ansprüche der Bauherrenschaft zu seiner professionellen täglichen Arbeit. Dazu gehören auch detaillierte Kenntnisse im Bereich der Planung von Lichtkonzepten und die richtige Auswahl und Montage der Dachflächenfenster. Dafür eröffnen nahezu unbegrenzte Kombinationsmöglichkeiten von Dachflächenfenstern und Zusatzelementen dem Dachdecker oder Planer einen großen kreativen Spielraum.

Daher werden bei Bestandsdächern nur selten Ingenieure oder Architekten für die Erstellung von Lichtkonzepten hinzugezogen. Das bedeutet, dass zusätzlich zum Einbau der Dachflächenfenster der Dachdecker auch die Planung hinsichtlich Größe, Einbauort sowie Einbauhöhe übernimmt. Es ist also wichtig, Hinweise zur Dimensionierung und zur zu erwartenden Nutzung der Dachflächenfenster zu geben.

Eine Beratung des Bauherrn durch den Dachdecker zum Thema Lichtflächen in Wohnräumen sollte stets in einem schriftlichen Protokoll dokumentiert werden, das dann von beiden Vertragsparteien unterzeichnet wird.

4.2.1 Tageslichtflächen von Dachfenstern

Mindestlichtflächen für Räume gem. Landesbauordnungen (LBO)

In Wohn- oder Aufenthaltsräumen muss nach den geltenden Landesbauordnungen anders als bei Nebenräumen (WC, Bad/Dusche Abstellräumen u. Ä.) eine Mindestlichtfläche vorgesehen und eingehalten werden. Für Nebenräume, also Räume, die nicht für einen dauerhaften Aufenthalt konzipiert sind, gibt es keinerlei gesetzliche Vorgaben oder Empfehlungen.

Diese Landesbauordnungen geben immer nur ein Minimum an Fenster-, Tageslichtflächen oder Sichtachsen/-flächen vor.

Die Mindestlichtfläche richtet sich nach der Raumgröße und beträgt je nach Bundesland zwischen einem Zehntel und einem Achtel der Grundfläche des Raums. Der Begriff „Mindestlichtfläche“ bezieht sich also stets auf die Fenstergröße, das Rohbaumaß (die Außenkante in der Höhe) und die Glasfläche in der Breite der Fenster.

Als Grundfläche wird bei Räumen das Fertigmaß der Rauminnenwände angenommen und bei Räumen mit geneigten Wänden die Grundfläche der Räume ab 1,50 m Höhe.

Tabelle 4.1: Aktueller Mindestlichtanteil gemäß Landesbauordnungen (LBO) der Bundesländer

Bundesland (alphabetisch geordnet)	Mindestlichtanteil im Verhältnis zur Raumgrundfläche	Mindestlichtfläche in Prozent (%) im Verhältnis zur Raumgrundfläche
Baden-Württemberg	1/10	10
Bayern	1/8	12,5
Berlin	1/8	12,5
Brandenburg	1/8	12,5
Bremen	1/8	12,5
Hamburg	1/8	12,5
Hessen	1/8	12,5
Mecklenburg-Vorpommern	1/8	12,5
Niedersachsen	1/8	12,5
Nordrhein-Westfalen	1/8	12,5

Bundesland (alphabetisch geordnet)	Mindestlichtanteil im Verhältnis zur Raumgrundfläche	Mindestlichtfläche in Prozent (%) im Verhältnis zur Raumgrundfläche
Rheinland-Pfalz	1/10	10
Saarland	1/8	12,5
Sachsen	1/8	12,5
Sachsen-Anhalt	1/8	12,5
Schleswig-Holstein	1/8	12,5
Thüringen	1/8	12,5

Rechenbeispiel zur Mindestlichtfläche:

Um die Grundfläche, also das wirkliche Grundmaß zur Ermittlung der Mindestlichtfläche zu erhalten, müssen mehrere Arbeits-/Rechengänge durchgeführt werden.

Gegeben:

Länge: 12,0 m
Breite: 8,0 m
Höhe Drempel: 1,5 m
Dachneigung: 35° (auf der „Länge“ des Raums)

Einfache Flächenberechnung nach der Formel:

$$\text{Grundfläche} = \text{Länge} \times \text{Breite}$$

Rechnerische Grundfläche: 96,0 m²

Von der rechnerischen Grundfläche muss der „tote“ Raum abgezogen werden, also die Tiefe bis zum Kniestock/den Drempel. Dies geschieht mittels einer recht einfachen Formel:

$$\text{Tiefe} = \frac{\text{Höhe}}{\tan \text{DN}} = \frac{1{,}50\ \text{m}}{\tan 35^\circ}$$

rechnerische Tiefe: 2,14 m

Fläche „toter“ Raum = Länge × Tiefe
rechnerische Fläche „toter“ Raum: 25,71 m²

Grundfläche/wirkliches Grundmaß:
rechnerische Grundfläche: 96,00 m²
rechnerische Fläche „toter“ Raum: – 25,71 m²

Grundfläche/wirkliches Grundmaß: = 70,29 m²

Die maßgebende Grundfläche beträgt 70,29 m². In Brandenburg wird eine Mindestfensterfläche von 12,5 % gefordert, d. h.:

$70{,}29\ \text{m}^2/100 \times 12{,}5 = 8{,}79\ \text{m}^2$ Alternativrechnung: $70{,}29\ \text{m}^2 \times 0{,}125 = 8{,}79\ \text{m}^2$

Nach dieser Rechnung muss eine Gesamtfensterfläche von mind. 8,79 m² im Bauvorhaben vorgesehen werden. Wenn senkrechte Fenster z. B. an Gauben oder Giebel vorhanden sind, werden diese gemäß Landesbauordnung mit ihrem kompletten Flächenanteil zu 100 % angerechnet.

Um eine optimale Ausleuchtung des Raums mit Sonnenlicht zu erzielen, sollten stets größere Fensterflächen als die Mindestlichtflächen gewählt werden, denn Verschattungen durch Bäume oder Nachbarbebauung, aber auch die Kanalisierung des Lichts - gerade bei senkrechtstehenden Fenstern in Gauben oder Fassaden - sind im vorhergehenden Rechenbeispiel nicht berücksichtigt.

Mindestlichtflächen für Räume (Empfehlung nach DIN EN 17037)

Um immer für ausreichend Tageslicht und Frischluft zu sorgen, wurde erstmals eine neue, europaweit geltende Tageslichtnorm entwickelt, die weit über die Forderungen der Landesbauordnungen hinausgeht. Es ist bekannt und durch verschiedene Studien hinreichend belegt, dass sich Sonnenlicht positiv auf die Leistungsfähigkeit, die Gesundheit, das Wohlbefinden sowie die Stimmung der Menschen auswirkt.

Die europäische Tageslichtnorm DIN EN 17037 „Tageslicht in Gebäuden" soll die bestmögliche Tageslichtqualität in Innenräumen sicherstellen. Im Vergleich mit den Landesbauordnungen führt dies zu einer Verdoppelung der geforderten Tageslichtmenge.

4.2.2 Ermittlung der Tageslichtmenge nach DIN EN 17037

Als Tageslichtmenge wird in der DIN EN 17037 mindestens 1/5 bis 1/4 der Raumgröße für Wohn- oder Aufenthaltsräume empfohlen. Dies entspricht also einer Fensterfläche von 20 – 25 % der Raumgrundfläche.

Ermittlung, Bestimmung oder Festlegung der Fenstergröße

Bei der Auswahl der Fenstergröße sollten neben den für Wohn- und Aufenthaltsräume gemäß LBO geforderten Mindestlichtflächen auch die Wünsche und Ansprüche der Bauherrenschaft stets berücksichtigt werden.

Je nach Nutzung der Räume können unterschiedlichste Fenstergrößen angemessen sein. Da für Nebenräume wie WCs oder Abstellräume keine gesetzlichen Vorgaben für die Fenstergrößen bestehen, können sich Fensterlänge und -breite nach den baulichen Gegebenheiten richten. Oft werden dort kleinere Fenster gewählt, die zum Beispiel als Dachliegefenster in den vorhandenen, lichten Sparrenabstand eingebaut werden zu können.

In Wohn- oder Aufenthaltsräumen von Dachwohnungen ist es dagegen häufig notwendig, den lichten Sparrenabstand an die gewählte Fensterbreite anzupassen. Dies geschieht mittels sogenannter „Fensterwechsel" oder „Sparrenwechsel".

Dabei ist es wichtig, dass die waagerechten „Wechselhölzer" so weit von der Fensteroberoder Fensterunterkante entfernt eingebaut werden, dass oben ein waagerechtes und unten ein senkrechtes „Stellbrett" montiert werden kann.

Der ideale lichte Sparrenabstand für Dachflächen-/Dachliegefenster ergibt sich aus der Fensterbreite (der Breite des kompletten Fensters mit Einbaurahmen) zuzüglich eines Abstands von etwa 4,00 bis 6,00 cm für eine geeignete Wärmedämmung (zur Verhinderung einer Wärmebrücke) am Fensterrahmen.

Abb. 4.3: Fensterwechsel

Ermittlung der Fensterlänge

In Wohn- Aufenthaltsräumen soll ein ausreichendes Maß an Tageslicht, an Frischluft sowie an Sichtverbindungen/Sichtachsen von innen nach außen sichergestellt werden. Dazu werden nach DIN 5034 „Tageslicht in Innenräumen" (2021) folgende Einbauhöhen empfohlen:

- Die Sturzhöhe bzw. die Oberkante eines Senkrecht-/Fassadenfensters sollte etwa 2,20 m über dem (Fertig-)Fußboden liegen.
- Die Unterkante eines „Normalfensters", also ohne Absturzsicherung oder festes Unterteil (Festverglasung), sollte 0,90 m über dem (Fertig-)Fußboden liegen.

Aus diesen Forderungen der Mindesteinbauhöhen ergibt sich eine Fenstermindesthöhe an senkrechten Bauteilen von 1,30 m.

Für Dachfenster/Dachflächenfenster gelten prinzipiell die gleichen Regeln zu den Einbauhöhen. Die Ober- und Unterkanten des Fensters können jedoch geringfügig abweichen (niedriger/höher), weil beim Einbau von Dachfenstern oft auf die Konstruktion und die Eindeckbarkeit (Dachziegel, Schiefer, Schindeln u. Ä.) Wert gelegt wird. Außerdem wird bei Dachfenstern (nicht bei Lichtkuppeln) dank ihrer Neigung ein ausreichender Sichtkontakt nach oben, also zum Himmel, gewährleistet.

- Empfohlen wird eine Einbauhöhe an der Oberkante des Fensterflügels mit Oberbedienung von etwa 2,00 m.
- Die Fensterunterkante sollte gem. den Mindestanforderungen in der DIN 5034-6 bei Fenstern mit Obenbedienung bei 0,90 m liegen.
- Als Ausnahme werden Fenster mit Handgriffbedienung an der Unterkante des Fensterflügels genannt. Diese sollten eine Einbauhöhe von 1,20 m nicht unterschreiten.

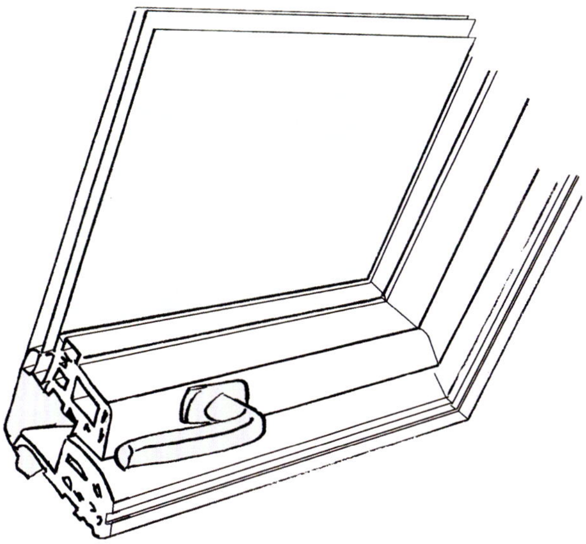

Abb. 4.4: Dachfenster mit Handgriffbedienung an der Unterkante des Fensterflügels

Die abweichenden Einbauhöhen von Dachfenstern mit Handgriffbedienung an der Unterkante und Fenstern mit Obenbedienung dienen der Absturzsicherung gegen unkontrolliertes Öffnen des Dachfensters durch Kleinkinder sowie einer bequemen Bedienbarkeit durch „durchschnittlich" große Menschen.

Die Länge von Dachflächen- oder Dachliegefenstern ergibt sich stets aus den geforderten Einbauhöhen (Ober- und Unterkante) sowie der bestehenden Dachneigung.

Tabelle 4.2: Dachfensterlängen in Abhängigkeit von der Dachneigung

	Benötigte Fensterlänge bei	
	Obenbedienung	**Untenbedienung**
Fensteroberkante:	200 cm	
Fensterunterkante:	90 cm	120 cm
Dachneigung in Grad		
≥ 25°	235 cm	164 cm
≥ 30°	199 cm	139 cm
≥ 35°	175 cm	122 cm
≥ 40°	157 cm	110 cm
≥ 45°	144 cm	101 cm
≥ 50°	134 cm	94 cm
≥ 55°	126 cm	89 cm
≥ 60°	120 cm	85 cm
≥ 65°	116 cm	83 cm
≥ 70°	113 cm	81 cm
≥ 75°	111 cm	80 cm
≥ 80°	110 cm	80 cm
≥ 85°	110 cm	80 cm
≥ 90°	110 cm	80 cm

Ermittlung der Fensterbreite

Bis vor einigen Jahren forderte die DIN 5034 eine Mindestfensterbreite von senkrechtstehenden Fenstern/senkrechten Fenstern von 55 % der Raumbreite (als reine Glasfläche/lichtes Scheibenmaß) und bei Dachliegefenstern von 50 % der Raumbreite (lichtes Scheibenmaß). Bei dieser Fensterbreite zählt anders als bei der Fensterhöhe nicht der Fensterflügel, also das Außenmaß inkl. Rahmen, sondern die reine Glasfläche/Glasbreite.

Dies führte verständlicherweise zu teils massiven Komplikationen, da die Einrahmungen der Fensterflügel eine Umsetzung der DIN verhinderten. Außerdem kamen die Industrie und auch das produzierende Handwerk an ihre Grenzen, was die Machbarkeit und die Bedienfreundlichkeit bei der Umsetzung dieser Norm angeht.

Ein Rechenbeispiel zu dieser Norm bei senkrechtstehenden Fenstern:

Eine Raumbreite von 7,0 m erfordert bei 55 % eine Fensterbreite (Glasbreite) von 3,85 m. Die Fensterbreite (3,85 m) multipliziert mit der Fensterhöhe von 1,30 m (Oberkante Fenster: 2,20 m – Höhe Unterkante Fenster: 0,90 m) ergibt eine Scheibengröße von 5 Quadratmetern (5,005 m^2).

Als Vergleich sei für Dachliegefenster nun folgendes Rechenbeispiel genannt:

Eine Raumbreite von 7,0 m erfordert bei 50 % eine Fensterbreite (Glasbreite) von 3,50 m. Die Fensterbreite (3,50 m) soll jetzt multipliziert mit der Fensterhöhe werden. Die Fensterhöhe beträgt bei 35° DN und einer Oberhandbedienung 1,75 m (siehe hierzu Tabelle 4.2). Fensterbreite (3,50 m) mal Fensterhöhe (1,75 m) ergeben eine Fensterfläche von 6,125 m^2!

Heutzutage sind die meisten Fensterbreiten in Abhängigkeit von der Fensterhöhe durch die Industrie vorgegeben. Das heißt, oftmals sind die Fensterbreiten anhand der Fensterhöhen über das Verhältnis des Goldenen Schnitts ermittelt worden.

Ausnahmen können sich aufgrund von Auflagen der Ämter für Denkmalpflege ergeben, die von aktueller Normgebung oder Zeitgeist abweichende Fensterverhältnisse fordern können.

4.3 Funktionen von Wohnraumfenstern

Neben dem Lichteinfall und der freien Sicht in die Umwelt sorgen Fenster im Normalfall auch für eine vernünftige und effektive Belüftung der Wohn- oder Aufenthaltsräume.

Menschen haben auch in ihren Wohnungen das elementare Bedürfnis nach „frischer Luft". Greifbare Definitionen, was man unter „frischer Luft" zu verstehen hat, gibt es jedoch nicht. Der Schweizer Arzt und Forscher Prof. Dr. Etienne Grandjean beschreibt in seinem Buch „Wohnphysiologie, Grundlagen gesunden Wohnens" (Zürich, 1973) die Luftqualität in Wohnräumen in Abhängigkeit von folgenden Einflüssen::

- Ausdünstungen und Geruchsbildung, verursacht von Lebewesen aber auch von Farben, Lacken, Kunststoffen oder Holzwerkstoffen,
- Wasserdampfbildung in Küchen, Bädern oder im Bereich von Öfen,
- Wärmeabgabe von technischen Geräten, Heizungen oder Öfen,
- Sauerstoffverbrauch und CO_2-Produktion durch die Atmung von Lebewesen oder bei der Benutzung von Brennöfen (z. B. Kachelöfen, offene Kamine),
- Vorhandensein von Bakterien und Viren, egal ob diese durch Krankheiten, Feuchtigkeitsanfall oder Tiere eingeschleppt wurden,
- Luftverunreinigungen, die von außen in den Wohnraum eindringen (z. B. Autoabgase, Industrieanlagen oder landwirtschaftliche Betriebe), aber auch infolge von Vorgängen/Tätigkeiten in den Räumen selbst (z. B. Hobby und Modellbau) auftreten.

Je nach Umfang der Beeinträchtigungen ist das Lüften dieser Räume von mehr oder weniger großer Bedeutung. Während es in Altbauten einen ständigen Luftaustausch aufgrund normaler konstruktiver Undichtigkeiten der Fenster, Türen und sogar Wänden zwangsläufig gegeben hat, ist heute wegen moderner Bauweisen eine doch recht große Fugendichtheit gegeben. Daher ist ein bewusstes Lüften durch das Öffnen der Fenster notwendig.

4.3.1 Belüftung bzw. Luftaustausch

Luftaustausch durch Luftdruck

Die Hauptursache für einen funktionierenden Luftaustausch ist das immer bestehende Druckgefälle, das dazu führt, dass die Luft stets von der höheren zur tieferen Luftdruckzone strömt. Im Bereich von Dachwohnungen bedeutet dies, dass auf der vom Wind angeströmten Seite (also im Außenbereich) ein Luftüberdruck und auf der vom Wind abgewandten Seite ein Luftunterdruck entsteht. Die Folge ist das Einströmen von Außenluft in die Wohn- oder Aufenthaltsräume und das zeitgleiche Ausströmen von Raumluft in den Außenbereich.

Luftaustausch durch Konvektion

Eine weitere Form der Luftbewegung ist die Konvektion:

„Warme Luft steigt immer auf und wird unten durch nachströmende kühlere Luft ersetzt. Zwischen den warmen und den kalten Bereichen entsteht immer ein Luftzug."

Dieses Prinzip des Luftaustausches ist sehr deutlich bei geöffneten Dachfenstern im Winter feststellbar. Im unteren Fensterbereich strömt oft sehr kalte Luft ein, im oberen Bereich strömt die warme Luft aus dem Zimmer heraus. Oftmals ist dies an Bewegungen von Gardine oder Rollo oder am Flackern der Kerzenflamme im Bereich der Fenster deutlich erkennbar.

Neben dem Temperaturgefälle zwischen dem Innenraum und dem Außenbereich benötigt die „thermische" Lüftung eine recht hoch gelegene Ausström- und eine möglichst tief gelegene Einströmöffnung.

Diesen einfachen Anforderungen der thermischen Lüftung mit 2 getrennten Öffnungen entsprechen Dachfenster mit Schwingflügelfunktion in besonderer Weise.

Die möglichen Öffnungsquerschnitte sind bei Dachfenstern mit Schwingflügelfunktion über den Öffnungswinkel von ganz geöffnet bis auf einen schmalen Luftspalt reduziert sehr fein regulierbar.

Angeklappte Fassadenfenster oder Dachfenster mit Klappflügelausführung, die nur einen oberen oder unteren Drehpunkt haben, sind im Vergleich zu den Dachfenstern mit Schwingflügelfunktion für die Lüftung deutlich ungünstiger, da entweder die Zuluftöffnung unten oder der Luftabzug oben fehlt.

Bei komplett geöffneten „Klapp-" oder Fassadenfenstern ist der geforderte thermische Luftaustausch automatisch und generell gegeben.

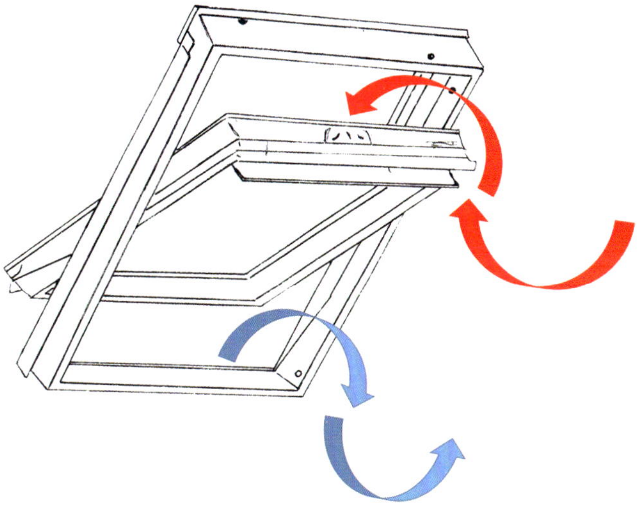

Abb. 4.5: Ein geöffnetes Schwingflügelfenster sorgt für eine optimale thermische Luftzirkulation.

Stoßlüften

ist die Lüftungsmöglichkeit, bei der am wenigsten thermische Energie verloren geht. Ein gleichzeitiges komplettes Öffnen aller Fenster sollte auf 5 bis zehn Minuten beschränkt bleiben, da sonst die Räume unnötig auskühlen, oder sich zu sehr erwärmen.

Beim Stoßlüften wird die warme Luft im Innenraum schnell durch kühlere Außenluft ersetzt. Die Innenwände der Räume kühlen dank der zeitlichen Begrenzung des Lüftens nicht so schnell ab, sodass nur wenig Wärme nach außen abfließt.

Dauerlüften

ist in bestimmten Situationen ausgesprochen wünschenswert, z. B. in:

- Neubauten (baubedingte Restfeuchtigkeit in den Materialien oder Baukörpern),
- Küche, Bad, Saunabereich oder WC (Ausdünstungen, Geruchs- oder Wasserdampfbildung),
- Schlafzimmern (Wasserdampfbildung durch Schwitzen Sauerstoffverbrauch durch die Atmung der Schlafenden),
- Wohnräumen (z. B. Rauchen oder Sauerstoffverbrauch durch die Nutzung von Feuerstellen/Öfen, Kamine).

Einen ständigen Luftaustausch können die in der Mitte des Flügels gelagerten Schwingfenster leisten und sind damit den deutlich teureren Klappfenstern überlegen. Dieser Fenstertypus bietet eine Zirkulationsstellung, bei der Zuluft/Frischluft unten durch das Fenster ein- und Abluft/verbrauchte Luft oben durch das Fenster ausströmen kann.

Moderne Wohnraum-/Dachflächenfenster verfügen über sogenannte Dauerlüftungsklappen, die geöffnet werden können, während das Fenster vollkommen verriegelt bleibt. Vorteilhaft ist bei diesen Lüftungsklappen, wenn sie Luftfilter besitzen, die Staub, Flugschnee oder Insekten abhalten.

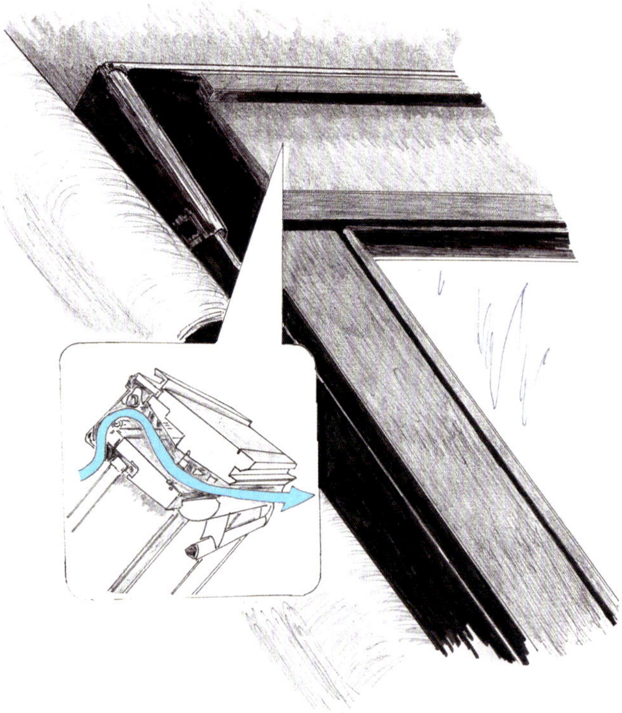

Abb. 4.6: Dauerlüftung an einem Dachliegefenster

Eine solche Dauerlüftungsklappe ermöglicht es, den Raum auch bei längerer Abwesenheit ständig zu belüften, also permanent einen geringen Luftstrom zu erzeugen und damit einen ständigen Luftaustausch zu gewährleisten.

4.3.2 Ausblicke, Aussicht

Die dritte Hauptfunktion der Fenster in Wohnbereichen besteht in der Schaffung ausreichenden Sichtkontakts zwischen drinnen und draußen. Dieser Sichtkontakt ist ebenso wie Belichtung und Belüftung von Wohnräumen für das Wohlbefinden der Menschen elementar. Bei einem Blick aus dem Fenster können Gelände, Vegetation und das lebendige Geschehen um das Haus oder die Wohnung herum wahrgenommen werden. Der Ausblick aus einem Fenster lässt also die Menschen am äußeren Geschehen teilhaben und verhindert so ein Gefühl des Eingeschlossenseins. Wichtig dabei ist, dass der Blick nur auf den Boden oder nur zum Himmel nicht ausreicht. Fenster müssen also groß genug sein, um den Blick auf die ganze Umwelt zu ermöglichen. Außerdem wird das jeweilige Wettergeschehen mit Sonne, Nebel, Regen, Schnee, Sturm oder Hagel über ein Fenster in den Innenraum vermittelt.

Einbauhöhen von Wohnraumfenstern für ordentliche Ausblicke

Maßgeblich für einen guten Ausblick ist neben der Breite der Fenster auch die Lage des oberen und unteren Durchblickpunktes. Die DIN 5034 definiert die Mindestanforderungen für Ausblicke aus Wohn- oder Aufenthaltsräumen. Die Angaben über die Ober- und die Unterkante der Fenster beziehen sich dabei stets auf deren Fensternischen im Mauerwerk, also auf die Außenabmessungen der Fensterrahmen. Angaben in der Norm über die Breite von Fenstern beziehen sich stets auf die Scheibenabmaße.

Einbauhöhen von Wohnraumdachfenstern

Für Wohndachfenster/Wohnraumdachfenster wird empfohlen, die Fensteroberkante in Höhe von 200 cm vom Fertigfußboden aus anzuordnen. Dies gewährleistet neben einer freien Sicht nach draußen auch die gute Erreichbarkeit der oft oben vorhandenen Bedienelemente. Entscheidend für den Ausblickkomfort aus Dachflächenfenstern ist die Lage der Fensterunterkante. Liegt diese zu hoch, ist die Sicht auf Landschaft, Bäume, Umgebung sowie das lebendige Geschehen beeinträchtigt.

Für Dachfenster gilt stets die Regel: Je niedriger die Unterkante der Fenster liegt, desto größer ist der Ausblickkomfort.

Als Mindeststandard sollte die Empfehlung der DIN 5034 auch für die Lage von Dachfenstern gelten. Das heißt, die Außenkante der Blendrahmen sollte nicht mehr als 90 cm über dem Fertigfußboden liegen. Dies entspräche einer Scheibenunterkante bei ca. 105 cm – niedrig genug, um im Sitzen einen Ausblick in die Umgebung zu haben. Diese Fensterunterkante (Unterkante Blendrahmen) von 90 cm kann jedoch nur bei Dachfenstern mit oben angeordneten Bedienelementen empfohlen werden, denn nur dann ist eine ausreichend bequeme Bedienung der Fenster gewährleistet.

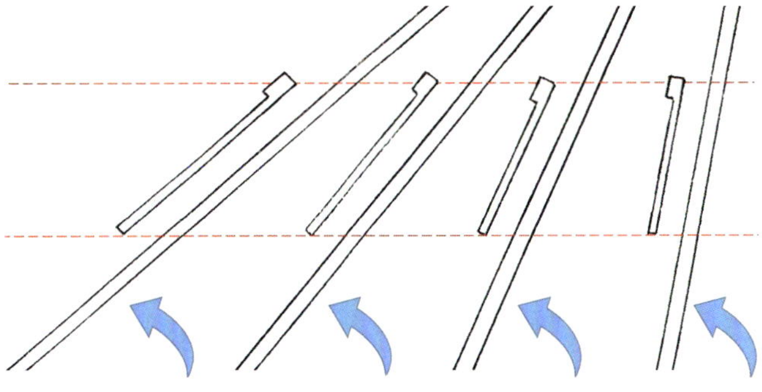

Abb. 4.7: Einbauhöhen: Oberkannte Fenster 2,0 m, Unterkante Fenster 0,9 m

Werden Dachflächenfenster mit unten angeordneten Bedienelementen eingebaut, empfiehlt es sich, unter Berücksichtigung der Tabelle 4.2 die Fensterlänge so zu wählen, dass die Fensterunterkante (Unterkante des Blendrahmens) bei einer Einbauhöhe von 200 cm nicht tiefer als 120 cm liegt.

Die Scheibenunterkante würde dann entsprechend bei etwa 135 cm liegen. Bei Dachflächenfenstern mit einer unten angeordneten Bedienung wäre der Blick nach draußen im Sitzen dann nicht mehr möglich. Die unten angebrachten Bediengriffe sind jedoch so noch bequem erreichbar. Der ungehinderte Ausblick (also die freie Sichtachse) ist bei solchen Dachfenstern nur bei Verwendung von Zusatzelementen als Verlängerung nach unten gegeben.

Besonderheiten beim Einbau von Wohnraumdachfenstern

Befinden sich Heizkörper unterhalb eines Dachfensters, empfiehlt es sich, eine Fensterbank – wenn vorhanden – so zu konstruieren, dass diese die vom Heizkörper aufsteigende Warmluft direkt vor die Scheibe führt. Diese Art der Fensterbankkonstruktion reduziert im Winter die Kälte und damit die Tauwasserbildung an dieser Scheibe.

Eine Innenverkleidung oder ein Innenfutter als Anschluss des Dachfensters an den Innenausbau des Raums sollte in hellen Farben, am besten in Weißtönen, ausgeführt werden, denn diese bringen mehr Helligkeit in den Raum.

Außerdem sollten optimale Einbauwinkel der Innenraumverkleidung/des Innenfutters gewählt werden, um eine möglichst große Lichtausbeute sowie die gewünschten positiven physikalischen Effekte zu erzielen.

Abb. 4.8: Optimale Winkel des Innenfutters, oben in Waage, unten im Lot

Abb. 4.9: Suboptimale Winkel der Innenverkleidung, winklig zum Fenster

4.4 Anschluss des Fensters an die Dachkonstruktion

Nach der Montage des Dachflächenfensters ist es wichtig, dass sämtliche Anschlüsse an die Dacheindeckung so erfolgen, dass keine Feuchtigkeit zwischen Dacheindeckung und Dachfenster eindringen kann. Welche Maßnahmen für den Anschluss des Dachflächenfensters an das Dach erforderlich sind, hängt von der Art der Dachkonstruktion und der Art der Dacheindeckung ab.

Es ist dabei unbedingt auf einen sauberen, fachgerechten Anschluss zu achten, damit es später nicht zu Unzulänglichkeiten bei der Regensicherheit und/oder zu Folgeschäden kommt. Der fachgerechte Anschluss von Dachfenstern ist oft sehr anspruchsvoll. Dafür empfehlen die DIN 4108-7 sowie das ZVDH-Merkblatt „Einbauteile bei Dachdeckungen" vorkonfektionierte Folien.

4.4.1 Einbau und Anschluss des Dachfensters

Unterspannung/Unterdeckung

Ist zwischen Dämmung und Dachziegel noch eine zusätzliche Entwässerungsebene (z. B. eine Unterspann-/Unterdeckbahn) angeordnet, muss diese Bahn zunächst rings um das Fenster herum auf die Traglattung aufgetragen werden. An den Blendrahmen des Fensters wird eine weitere Folie als zusätzliches/separates Bauteil, von vielen auch als Falten- oder Schottenrock bezeichnet, angeschlossen.

Diese Unterspannbahnen sollen die Winddichtigkeit des Dachs herstellen und verhindern, dass bei einer Undichtigkeit der Dachhaut (z. B. wegen beschädigter oder herausgefallener Dachziegel) Niederschlagswasser in die Unterkonstruktion (also die Wärmedämmebene) des Dachs eindringt. Dieser Anschluss sollte nach Fertigstellung die Anforderungen der DIN 4108 Beiblatt 2 erfüllen.

Wird die Unterspann-/Unterdeckbahn nicht korrekt an das Fenster angeschlossen, kann während der Bauphase oder im Schadensfall auf der Unterspannbahn herabfließendes Wasser am Fenster in die Dachkonstruktion eindringen und diese durchfeuchten.

Hinterlagskehle/Hinterlagsschlaufe/zusätzliche Maßnahme

Oberhalb des eingebauten Dachfensters sollte eine nach einer Seite schräg verlaufende Tasche oder Schlaufe aus Folie ausgebildet werden. Anstelle einer solchen Hinterlagsschlaufe aus Folie kann ein zusätzlicher Feuchtigkeitsschutz auch mit Metall- oder Kunststoffprofilen ausgebildet werden, wie sie einige namhafte Industriepartner als Serviceleistung in ihrem Lieferprogramm haben. Diese zusätzlichen Maßnahmen in Form von Hinterlagskehlen oder -schlaufen sollen das von oben herabfließende Niederschlagswasser über dem Fenster auffangen und seitlich an ihm vorbeileiten.

Es ist zu beachten, dass diese Hinterlagskehlen für eine angemessene Wasserstreuung breit genug ausgebildet werden. Das heißt, diese Kehlen sollten etwa 30 bis 40 cm breiter als das Fenster sein, was wiederum bedeutet, dass die Konterlattenebene für einen ungehinderten Wasserfluss geöffnet werden muss.

Abb. 4.10: Hinterlagskehle im Bereich der Unterkonstruktion (Konterlattenebene)

Fensteranschluss, Anschluss der Traglattung an Dachfenster

Die Traglattung sollte stets so aufgetragen werden, dass auf der letzten Latte unterhalb des Dachfensters noch die entsprechende Ziegel-/Schieferreihe oder bei Biberschwanzziegeln die Doppelschicht (das Kronengebinde) ohne das Bearbeiten von Deckwerkstoffen durchgedeckt werden kann.

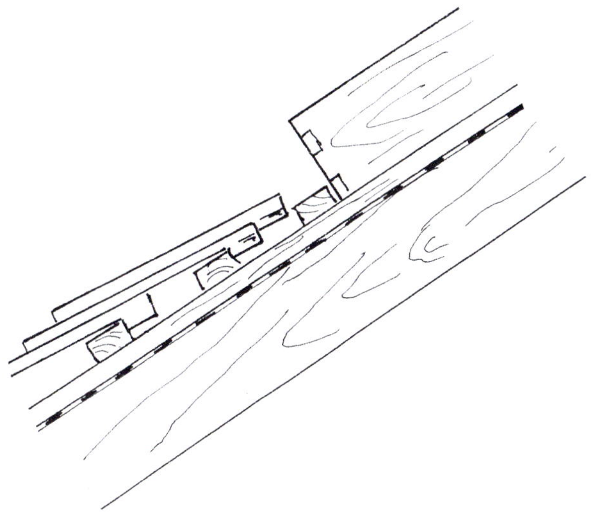

Abb. 4.11: Latte mit Ziegeln unterhalb des Fensters

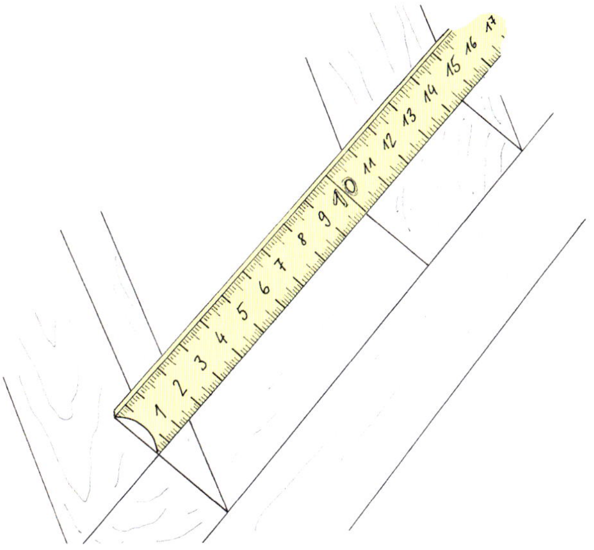

Abb. 4.12: Latten mit lichtem Abstand und Zollstock

Bei den seitlichen Traglattenanschlüssen muss darauf geachtet werden, dass die im Regelwerk des Deutschen Dachdeckerhandwerks beschriebenen lichten Lattenabstände unterhalb von Kehlen (Kehlblechen) eingehalten werden. Die Lattenstücke sollten etwa 1,5 bis 2,0 cm vom Blendrahmen entfernt bleiben.

Die Traglattung hinter dem Fenster muss durch Streck- oder Hilfslattung so hergestellt werden, dass die im Regelwerk des Deutschen Dachdeckerhandwerks beschriebenen lichten Lattenabstände unterhalb von Kehlen (Kehlblechen) auch eingehalten werden.

Abb. 4.13: Abbildung einer Hilfslattung seitlich am Dachfenster

Eindeckrahmen, Anschluss der Dacheindeckung an Dachfenster

Wenn die Unterspannbahn an den Blendrahmen und die Traglattung an das Fenster angeschlossen ist, wird der Übergang zwischen Dachfenster und Dachfläche mittels eines sogenannten „Eindeckrahmens" hergestellt.

Der Eindeckrahmen ist ein Zubehörteil, das auf den Dachfenstertyp und die Dachfenstergröße exakt abgestimmt wurde. Er nimmt das Wasser auf, das auf der Dacheindeckung herabfließt, und leitet es um das Fenster herum nach unten ab.

Eindeckrahmen gibt es für die verschiedensten Deckwerkstoffe, also für Dachziegel/Betondachsteine, für Dachziegel oder Betondachsteine mit besonders hoher Welle, für sehr flache Deckwerkstoffe wie Schiefer, Schindeln oder Biberschwanzziegel.

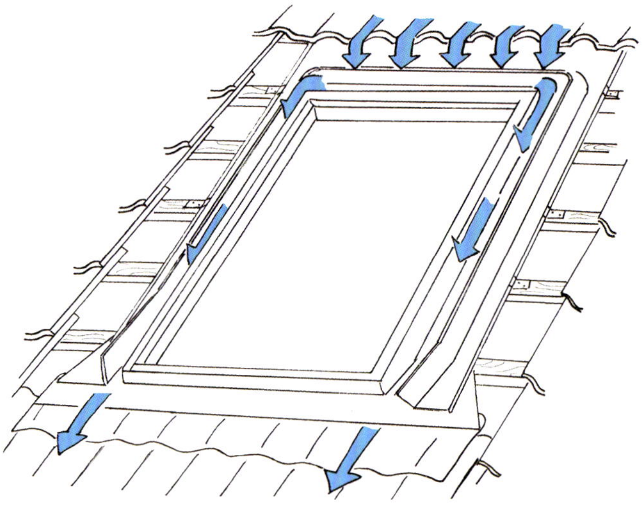

Abb. 4.14: Eindeckrahmen mit Umleitung des Wassers

Für die Verwendung von Eindeckrahmen ist nur eine ableitende Dacheindeckung wichtig, deshalb gibt es diese sogar für Stehfalzdächer, natürlich zum Einfalzen. Die Materialien für Eindeckrahmen können je nach Verwendungszweck und Kundenwunsch stark variieren. Es gibt beispielsweise Eindeckrahmen aus Aluminium natur, Aluminium farbig lackiert, Kupfer, Zink (blank und vorbewittert).

Montage des Eindeckrahmens an Dachflächenfenstern

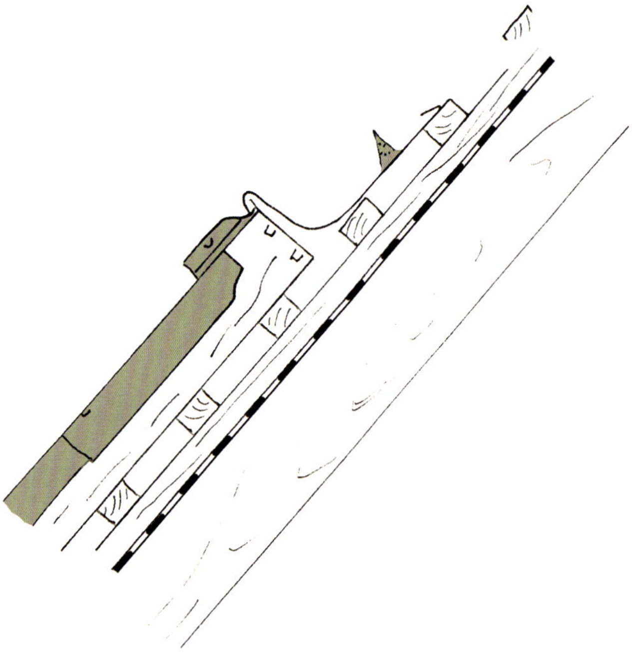

Abb. 4.15: Hinterlagskehle des Eindeckrahmens

Eindeckrahmen werden - wie die Dacheindeckung - stets von unten nach oben montiert.

- Als erstes werden die Dachziegel (oder andere Deckwerkstoffe wie Schiefer/Schindeln) bis unter das Dachfenster gedeckt, danach wird das Unterteil (die sogenannte Schürze) des Eindeckrahmens auf die Ziegel gedeckt und am Fenster montiert.
- Als Nächstes folgen die Seitenteile, die als Kehlen oder Schichtstücke ausgebildet sein können.
- Zum Schluss wird das Oberteil montiert, das auch als Hinterlagskehle bezeichnet wird.

Nach der Montage, des Eindeckrahmens kann das Dach eingedeckt bzw. die Dacheindeckung vollständig an das Dachflächenfenster angeschlossen werden.

4.4.2 Wahl des richtigen Fenstertyps

Von verschiedensten kleinen oder großen Fensterherstellern werden sich ähnelnde, aber auch höchst unterschiedliche Typen von Dachfenstern angeboten. Nachfolgend werden die wichtigsten dieser doch recht unterschiedlichen Fenstertypen genannt und deren Vor- und Nachteile angesprochen.

Zu den Dachfenstern gehören Kaltdachfenster sowie Wohnraumfenster. Egal ob Kaltdach- oder Wohnraumfenster: das wichtigste Unterscheidungsmerkmal ist ihre Art des Öffnens.

Kaltdachfenster

Zu den Kaltdachfenstern zählen die klassischen Blechfenster und Blechdachausstiege. Diese Fenster dienen der Belichtung von Dach- oder Schwitzböden sowie als Ausstieg oder Zugang zum Dach für Wartungs- und Reparaturarbeiten. Kaltdachfenster gibt es aus Metall (z. B. verzinkter Stahl, Kupfer) und aus verschiedensten Kunststoffen.

Wohnraum- oder Warmdachfenster

Zu ihnen gehören alle Dachfenster, die in beheizte Räume, z. B. Wohn- oder Aufenthaltsräume, eingebaut werden können, ohne bauphysikalischen Schaden anzurichten. Diese Dachfenster werden anhand der Art des Öffnens unterschieden.

Als Wohnraumfenster werden im Allgemeinen folgende Fenster bezeichnet:

- Schwingfenster mit mittlerem Drehpunkt oder einem Drehpunkt oberhalb der Mitte
- Klappschwingfenster, die eine Kombination aus einem klassischen Schwingfenster und einem klassischen Klappfenster sind.
- Klappfenster mit Drehpunkt am oberen Rand des Fensters. Die Bedienung erfolgt immer über eine Drehgriffbedienung am unteren Rand des Fensters.
- Schiebe- oder Panoramafenster, die geöffnet werden, indem der Fensterflügel seitlich (links oder rechts) über die Dachfläche geschoben wird.
- Hebe- und Schiebefenster, die sich über den Drehpunkt am oberen Rand des Fensters öffnen lassen. Die Bedienung erfolgt immer mittels Drehgriffbedienung am unteren oder seitlichen Rand. Nach dem Öffnen des Dachfensters wie bei einem Klappfenster wird der Fensterflügel seitlich (links oder rechts) über die Dachfläche geschoben.
- Fenster mit Türfunktion: Sie dienen dem sicheren und schnellen Zugang zur Dachfläche als Wartungs- oder Fluchtweg.

Schwingfenster

In deutschen Dächern werden fast ausschließlich Schwingfenster mit mittlerem Drehpunkt verbaut. Diese Schwingfenster werden meistens mittels obenliegender Griffleiste bedient. In der Planung für Wohn- oder Aufenthaltsräume sollte stets die Position von Möbeln oder Arbeitsplatten vor den Fenstern berücksichtigt werden. Dank der obenliegenden Einhandbedienung kann das Dachfenster trotzdem bequem geöffnet werden.

Ein Vorteil von Schwingfenstern ist, dass sie sich von innen wie von außen bequem reinigen lassen. Mit einem unkomplizierten Handgriff sind beide Fensterflächen (also innen und außen) problemlos und sicher für die Reinigung zugänglich gemacht.

Schwingfenster können auch mit einer besonders niedrigen Fensterunterkante eingebaut werden, was einen freien Blick nach draußen auch im Sitzen erlaubt.

Außerdem ermöglichen Schwingfenster die Realisierung von großen bis sehr großen Fenster- oder Glasflächen ohne ein störendes mittiges Rahmenelement. Solch ein mittiges oder sehr kräftiges Rahmenelement kann oft den freien Blick nach draußen stören.

Schwingfenster lassen sich trotz großer Fenster- oder Flügelgröße bequem, sicher und ohne großen Kraftaufwand öffnen, reinigen und schließen.

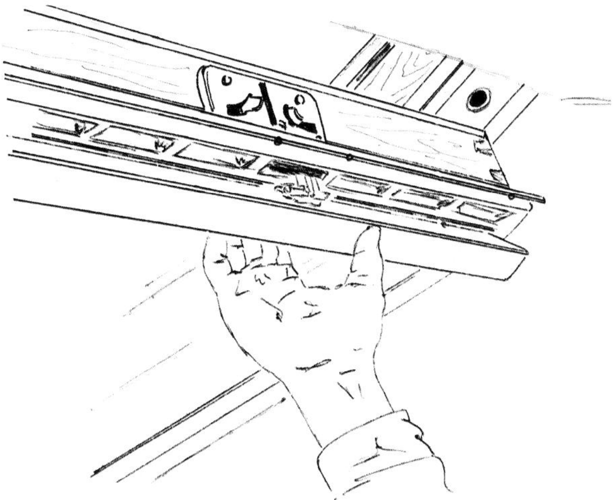

Abb. 4.16: Darstellung einer Obergriffbedienung.

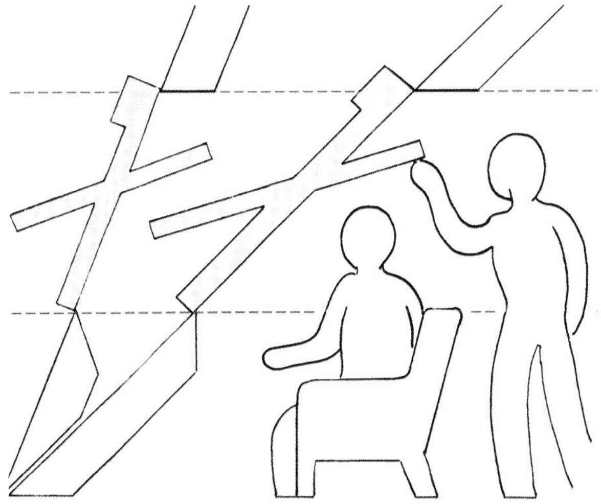

Abb. 4.17: Vorteile der niedrigen Fensterunterkante beim Schwingfenster

Vorteile von Schwingfenstern

Schwingfenster haben baubedingt einen sehr geringen und platzsparenden Öffnungsmechanismus, der sehr schlanke Fensterflügel erlaubt. Diese schlanken Fensterflügel bewirken natürlich auch einen größeren Lichteinfall und gewähren einen besseren Ausblick die Umgebung. Zudem ist die in Schwingfenstern verbaute Mechanik deutlich weniger störanfällig.

Wetterschutz

Unter dem Gesichtspunkt des Wetter- oder Regenschutzes haben Schwingfenster im geöffneten Zustand, also beim Lüften, die deutlich günstigeren Eigenschaften, da die Öffnungsweite oder der Öffnungswinkel sehr gut den jeweils an die herrschenden Witterungsbedingungen angepasst werden kann und der Schwingflügel stets als schützendes „Dach“ über der Fensteröffnung fungiert.

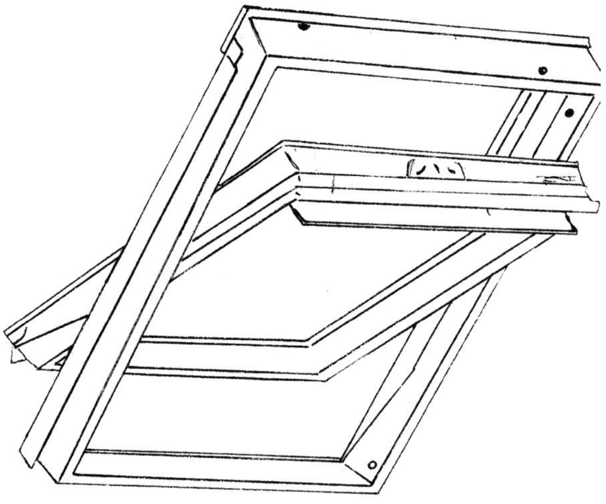

Abb. 4.18: Ein Schwingfenster erlaubt stets einen ungestörten Ausblick und eine optimale Luftzirkulation.

Lüftungseigenschaften

Schwingfenster nutzen in geöffnetem Zustand optimal die Luftbewegung der Konvektion, also die natürliche Zirkulation von warmer und kalter Luft. Diese Lüftungseigenschaften sind eindeutig „das Vorteilspaket“ dieser Fensterkonstruktionen.

Schwingfenster mit hohem Drehpunkt

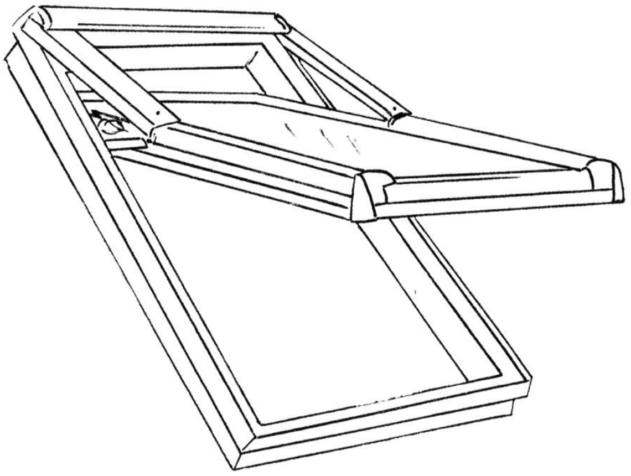

Abb. 4.19: Dachfenster mit erhöhtem Drehpunkt, ein sogenanntes Hochschwingfenster, in geöffnetem Zustand

Dachfenster mit einem hohen Drehpunkt, also die Hochschwingfenster, haben eine analoge Funktionsweise wie die „normalen“ Schwingfenster. Der Drehpunkt dieser Fenster liegt jedoch im oberen Drittel; dadurch entsteht, scheinbar, eine deutlich größere Öffnung.

Dieser erhöhte Drehpunkt ermöglicht einen angenehmeren Ausblick aus dem Dachfenster, und bei geöffnetem Fenster ist die Bewegungsfreiheit deutlich größer.

Klappschwingfenster

Das Klappschwingfenster ist eine moderne, zeitgemäße, aber deutlich teurere Variante des klassischen Schwingfensters. Es besitzt zusätzlich zur Schwingfunktion die Klappfunktion, die es erlaubt, das Fenster auf der gesamten Größe nach außen zu klappen. Klappschwingfenster werden meistens mittels eines am unteren Ende des Fensters liegenden Bediengriffs und für die Schwingfunktion zusätzlich mittels einer obenliegenden Griffleiste bedient.

Der freie Zugang zu dieser Art Dachfenster sollte nicht durch Möbel oder Arbeitsplatten verstellt werden, damit der Handgriff leicht erreichbar ist. Die Funktion des Klappens wird durch eine ausgefeilte Mechanik der Industriepartner deutlich erleichtert. Für die Reinigung des kompletten Fensterflügels sind diese Fenster mit zusätzlichen Reinigungsstellungen ausgestattet, wobei die Außenseite nach innen geklappt und dann bequem geputzt werden kann.

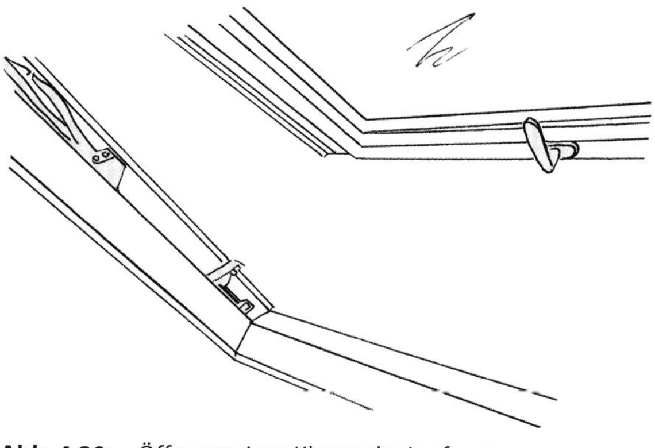

Abb. 4.20: Öffnung eines Klappschwingfensters

Vorteile von Klappschwingsfenstern

Bei einem freien und ungestörten Zugang zu dieser Art Dachfenster entsteht ein besonders großzügiger Ausblick am offenen Fenster. Dieser großzügige Ausblick wird durch den großen Öffnungswinkel dank des am Oberteil des Fensters befindlichen Drehpunkts erzielt.

Klappschwingsenster sollten nur mit Zusatzelementen nach unten eingebaut werden, um auch einen entsprechenden Ausblick nach unten, also zur Straße oder in den Hof, zu ermöglichen.

Wetterschutz

Klappschwingfenster haben in Bezug auf Wetter- oder Regenschutz im Vergleich zu den Schwingfenster im geöffneten Zustand, also beim Lüften, deutlich schlechtere Eigenschaften, da bei dem größeren Öffnungswinkel eine stärkere Gefahr besteht, dass Regen oder Schnee vom Wind in den Innenraum getrieben werden kann.

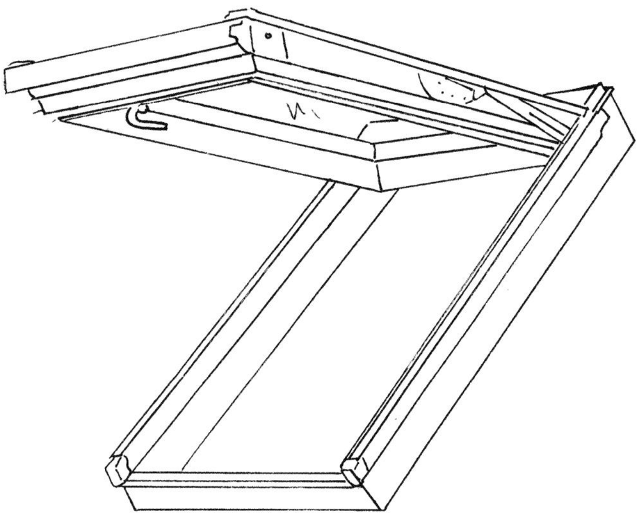

Abb. 4.21: Klapp- oder Klappschwingfenster im komplett geöffneten Zustand

Lüftungseigenschaften

Klappschwingfenster können in leicht geöffnetem Zustand leider nicht die ideale Konvektion erzeugen, und auch der Luftaustausch mittels Luftdruck funktioniert nicht so gut.

Um eine ordentliche Lüftung der Wohnung oder Aufenthaltsräume zu gewährleisten, muss das Klappschwingsenster stets komplett geöffnet werden, was an Tagen mit Niederschlägen eher als Nachteil gewertet werden muss.

Dachschiebefenster

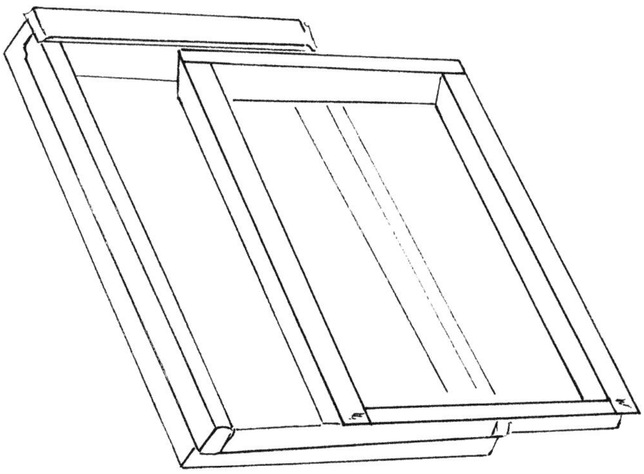

Abb. 4.22: Schematische Darstellung eines Dachschiebefensters im geöffneten Zustand

Schiebefenster sind hinsichtlich Komfort und Handhabung die modernsten und attraktivsten Dachflächenfenster.

Sie lassen sich meistens kinderleicht bedienen und bieten geöffnet oder geschlossen stets einen exzellenten Blick aus den Räumen in die Umgebung.

Dennoch haben diese Fenster einige gewaltige Nachteile. Zum einen ist bei geöffnetem Fenster nicht der geringste Wetterschutz gegeben, und bei schlechtem Wetter kann gar nicht gelüftet werden, zum anderen ist die Montage von Hitzeschutz- oder einbruchhemmenden Rollläden unmöglich.

Wetterschutz im Vergleich

Am ungünstigsten schneiden unter dem Gesichtspunkt Wetterschutz beim Vergleich dieser 3 Hauptfenstertypen die Schiebefenster ab. Durch sie kann es ungehindert in den Raum hineinregnen, wenn sie nicht rechtzeitig geschlossen werden.

4.4.3 Bedienvarianten Dachflächenfenster

Dachfenster bzw. Dachflächenfenster gibt es in den unterschiedlichsten Bedienvarianten. Sie werden von der Industrie als Elektro-, Solarfenster, automatische oder manuelle Fenster angeboten. Manche Hersteller statten sie sogar mit sogenannter intelligenter Sensorsteuerung aus. Diese Sensorsteuerung öffnet und schließt die Dachfenster, Rollläden oder Sonnenschutzprodukte je nach Außentemperatur, Feuchtigkeit bzw. Luftfeuchtigkeit und sogar CO_2-Gehalt der Luft. Deshalb sorgen diese Produkte für ein optimales Wohn-/Innenraumklima.

Die meisten Dachfenster sind mit den von ihren Herstellern angebotenen Rollläden und Sonnenschutzprodukten kombinierbar.

4.4.4 Materialvielfalt Dachflächenfenster

Dachfenster gibt es aus den unterschiedlichsten Materialien. Je nach Produktionsland und Kundenwunsch können die Fensterrahmen aus Kunststoff, Hohlkammerkunststoff, aus Kunststoff mit Holzkern, aus Holz, nahtlos mit Polyurethan (PU) umgossen, aus eloxiertem Aluminium oder sogar komplett aus Stahl bestehen.

Generell gilt, dass Dachfenster eine gute Wärmedämmung aufweisen und unempfindlich gegenüber Feuchtigkeit sein sollten. Holzfenster erfordern eine regelmäßige Pflege und sind bei guter Wartung sehr langlebig. Kunststofffenster sind nahezu wartungsfrei, langlebig und in vielen Formen und Farben erhältlich.

Verglasung

Es gibt Dachfenster in den verschiedensten Verglasungsverfahren oder -varianten, die natürlich stets entsprechend den jeweiligen Anforderungen ausgewählt werden sollten.

4.5 Wichtige Normen und technische Richtlinien

Zusammenfassend sind im Folgenden die technischen Richtlinien und Normen gelistet, die für eine fachgerechte Montage von Dachfenstern zur Schaffung von ausreichend Tageslicht zu beachten sind:

- Anforderungen aus dem aktuellen ZVDH-Regelwerk, hier v.a. dem „Merkblatt Einbauteile bei Dachdeckungen"
- DIN 4108-7 „Wärmeschutz und Energie-Einsparung in Gebäuden – Teil 7: Luftdichtheit von Gebäuden"
- Hauptanforderungen aus dem Gebäudeenergiegesetz (GEG)
- Empfehlungen der Normenreihe DIN 5034 „Tageslicht in Innenräumen" als Mindeststandard für die Lage der Fensterunterkante
- Empfehlungen der Europäische Tageslichtnorm DIN EN 17037 „Tageslicht in Gebäuden"
- Anforderungen aus der jeweiligen Landesbauordnung (LBO)
- DGUV- Information 215-211 „Tageslicht am Arbeitsplatz und Sichtverbindung nach außen"

5 Klempnerei – Anschluss von Fenstern in Fassadenflächen mit Schiefer oder Faserzementplatten

Der Anschluss von Fassadenfenstern in aufgehenden Bauteilen wie Gauben, Türmen oder Dachspießen ist eine Grundvoraussetzung für die Erstellung einer funktionstüchtigen Wandgestaltung mit kleinformatigen Deckwerkstoffen wie Schiefer oder Faserzementplatten.

Die wichtigsten Merkmale dieser seitlichen, oberen und unteren Fensterabschlüsse sind eine gleichmäßige Ansicht, die Gewährleistung der thermischen Längenausdehnung sowie die Einhaltung der Überdeckungen, um die Regensicherheit der Fassadenfläche sicherzustellen.

5.1 Seitliche Abschlüsse

Das Aufdecken der seitlichen Abschlüsse erfolgt bei nahezu jeder Deckart mit Schiefer bzw. Faserzementplatten unter Beachtung der Mindesthöhen- und -seitenüberdeckung nach den aktuellen Regeln der Technik.

Abb. 5.1: Schematische Darstellung einer komplett eingedeckten Fensterlaibung in der geschlauften Deckung mit Eckschnitt – Schablonen aus Schiefer. Die seitlichen Abschlüsse wurden hier auslaufend gedeckt.

Die Ausbildung einer kompletten Fensterlaibung (einfache Ausführung in Blech):

Eine klempnermäßig hergestellte Fensterlaibung besteht aus mindestens 4 Teilen:

- obere Laibung mit „traufseitigem" Anschluss,
- seitliche Laibung mit Wandanschluss links,
- seitliche Laibung mit Wandanschluss rechts,
- untere Laibung, Fensterblech/Fensterbank.

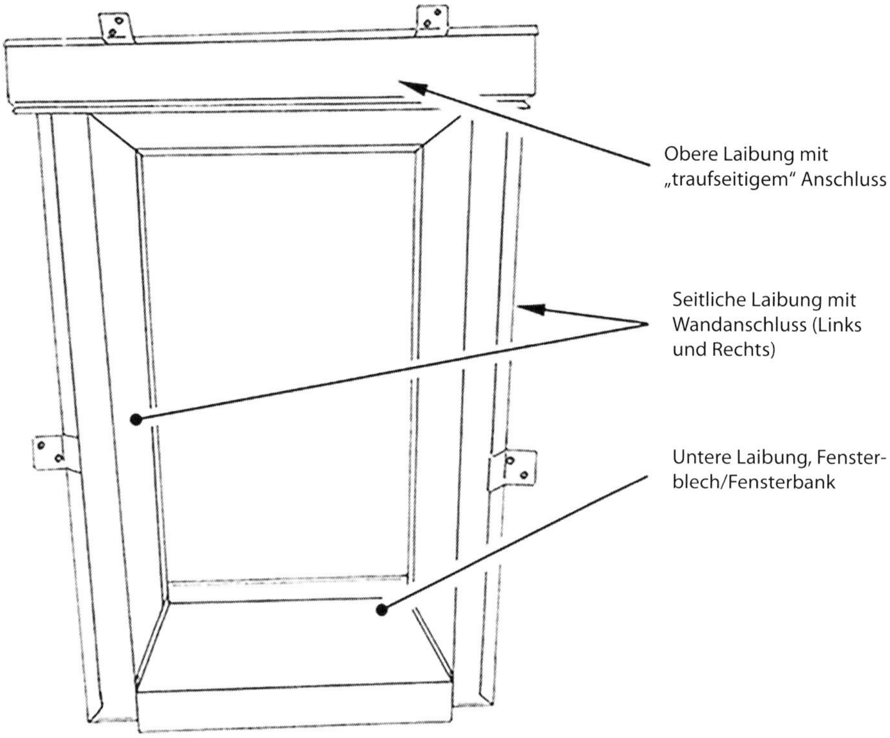

Abb. 5.2: Schematische Darstellung einer Fenstereinfassung aus Metall

Werkzeuge für die Ausbildung von Fensterlaibungen

Die wichtigsten Werkzeuge zur Erstellung von einfachen Anschlüssen aus Metall sind (von links nach rechts):

1. Schonhammer aus Kunststoff oder Holz
2. (Klempner-)Rundzange
3. (Klempner-)Flachzange
4. Eckfalzzange
5. Abgewinkelte Falzzange 40° (wenn möglich, schmal)
6. Universal-/Idealschere (links)
7. Universal-/Idealschere (rechts)

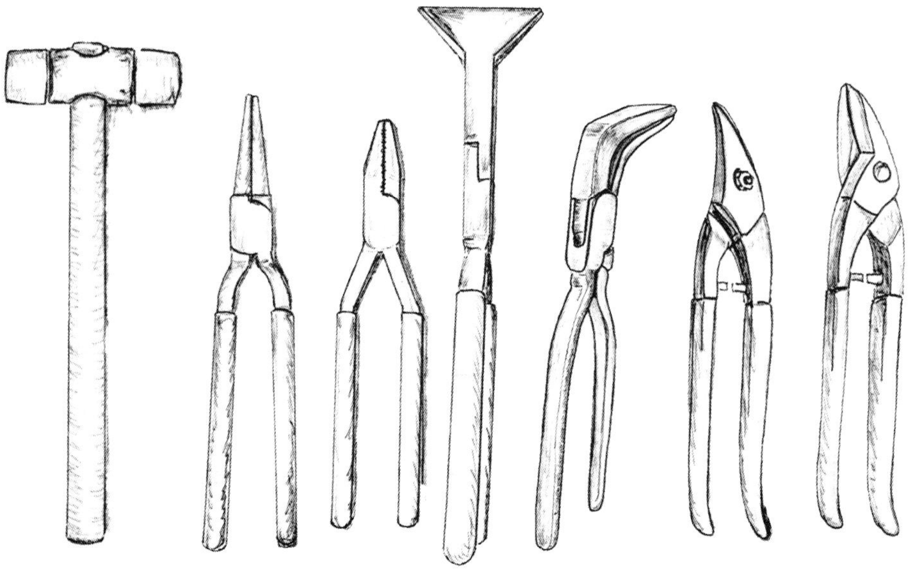

Abb. 5.3: Schematische Darstellung verschiedener Klempnerwerkzeuge

5.2 Handwerkliches Herstellen einer Fensterbank (einfache Ausführung in Blech)

Um eine Fensterbank herzustellen, sollte als erstes die Fassadenfläche unterhalb des Fensters an dieses herangedeckt werden. Idealerweise wird die Fläche unterhalb des Fensters so eingeteilt, dass der Kopf des Schiefers oder der Faserzementplatte an der Fensteröffnung endet.

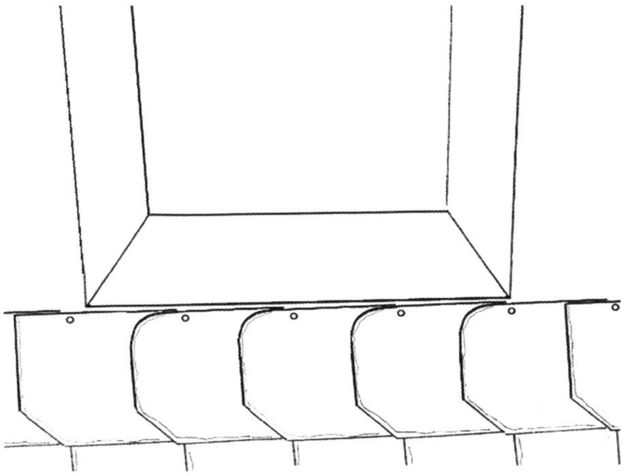

Abb. 5.4: Vordecken der Fassadenfläche

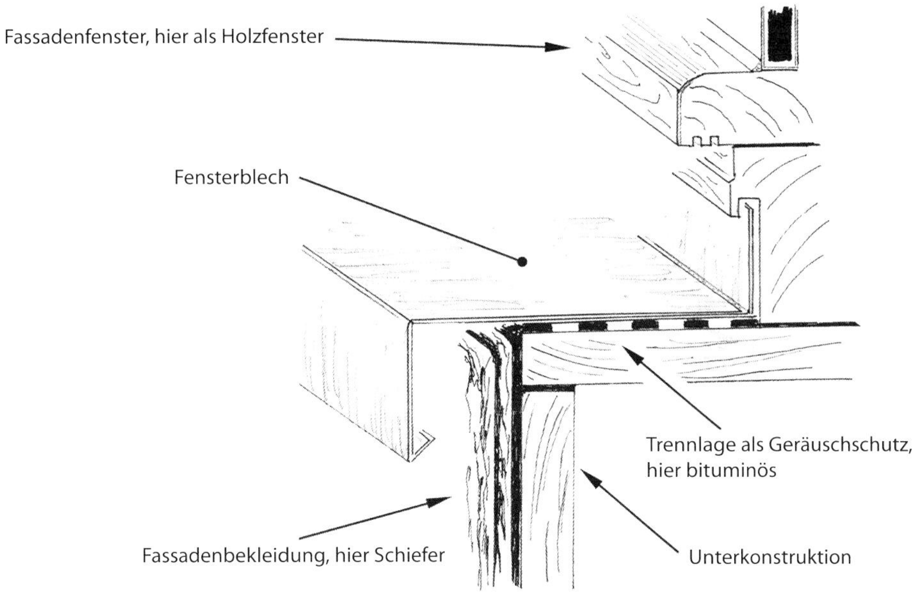

Abb. 5.5: Querschnitt durch einen Fensterbankanschluss

Für die saubere Herstellung der Fensterbank muss vor der Produktion in der Werkstatt eine Abwicklung angefertigt werden. Für diese Abwicklung müssen einige wichtige Maße bekannt sein:

- die Fensteranschlusshöhe,
- die Laibungstiefe,
- die Mindesthöhenüberdeckung der Fassadeneindeckung (so lang wird der Wetterschenkel)

und

- der Mindestüberstand der Fensterbank über die Fassade (konstruktiver Wetterschutz).

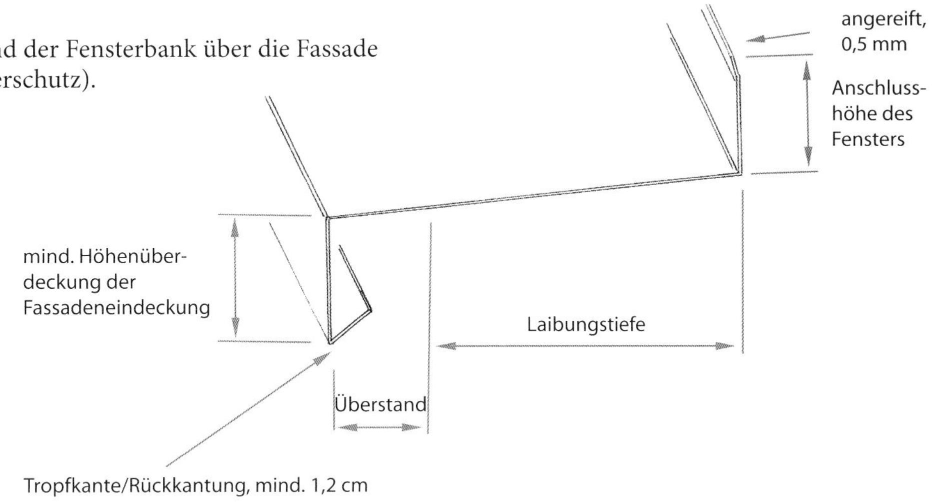

Abb. 5.6: Abwicklung einer Fensterbank

Die Fensterbank selbst wird so hergestellt, dass sie eine stabile Grundfestigkeit ohne zusätzliche Hilfsmittel besitzt.

Dies geschieht im Allgemeinen durch die Herstellung von Quetschfalten am vorderen (der Tropfkante) sowie am hinteren Abschluss (der Aufkantung am Fensteranschluss).

Abb. 5.7: Darstellung einer fertiggestellten Fensterbank mit Quetschfalte an der vorderen Tropfkante (am vorderen Abschluss) sowie am hinteren Anschluss (der Aufkantung am Fenster)

Handwerkliche Herstellung von Quetschfalten an Fensterbänken

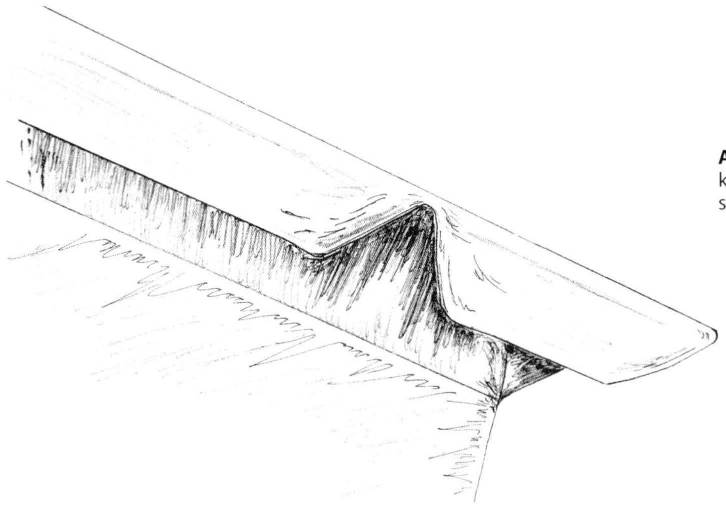

Abb. 5.8: Im Winkel von etwa 45° wird die Rückkantung der Tropfkante in Richtung Kantung ausgeschnitten.

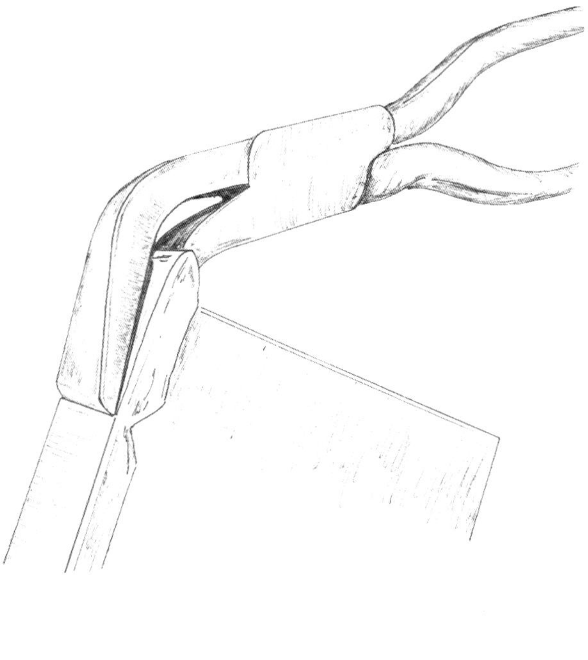

Abb. 5.9: Dann wird dieser Wetterschenkel an entsprechender Linie vorsichtig in Richtung des Bauwerks händisch gekantet.

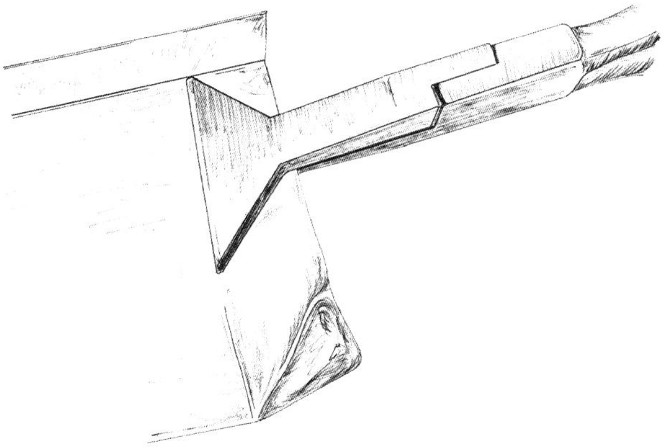

Abb. 5.10: Detail 1: Mit der Eckfalzzange wird die seitliche Aufkantung vorsichtig in mehreren Arbeitsgängen (mind. 3) aufgestellt.

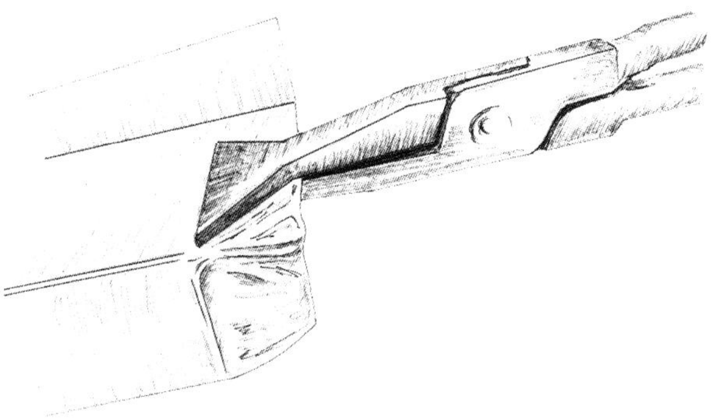

Abb. 5.11: Detail 2: Mit der Eckfalzzange wird die seitliche Aufkantung vorsichtig in mehreren Arbeitsgängen (mind. 3) aufgestellt.

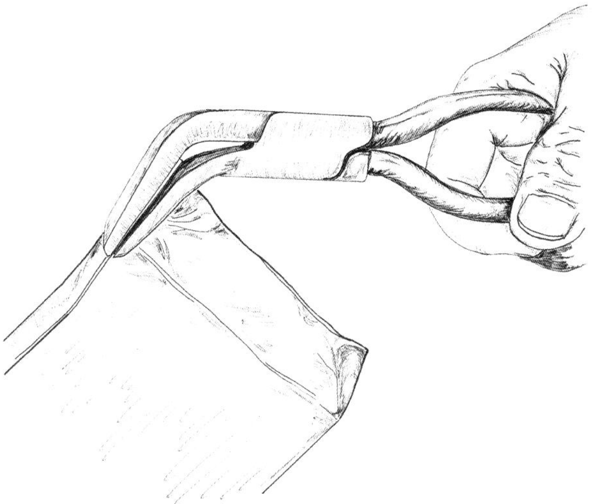

Abb. 5.12: Der hintere fensterseitige Anschluss wird mit der schmalen Falzzange – vor dem kompletten Aufstellen der seitlichen Anschlüsse – vorgekantet.

Abb. 5.13: Stückweises Aufstellen des seitlichen Anschlusses unter Beachtung der Winkligkeit (90°) des Wetterschenkels sowie der fensterseitigen Aufkantung

Abb. 5.14: Beim Aufstellen des seitlichen Anschlusses muss darauf geachtet werden, dass die Quetschfalte mit ihrer Öffnung nach oben hergestellt wird, um ein Hinterlaufen des Bauteils mit Wasser zu verhindern.

Abb. 5.15: Wenn die Fensterbank gewendet wird, ist nun erkennbar, dass die Öffnung der Quetschfalte nach oben zeigt und dass die Rückkantung der Tropfkante auch am seitlichen Abschluss nicht zerdrückt wurde.

Um die Fensterbank fertigzustellen, müssen noch Anreifungen an den aufgehenden Kanten hergestellt werden. Diese sollen eine Kapillarbildung unterbinden bzw. brechen. Ihre Herstellung geschieht wie folgt:

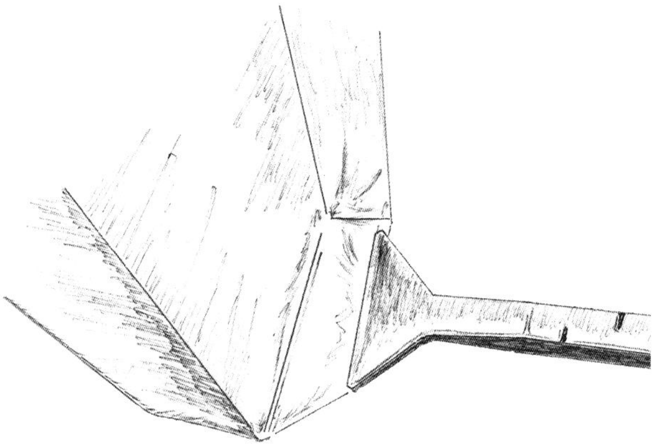

Abb. 5.16: Mit einer geeigneten Deckzange wird der Reif an allen aufgehenden und überdeckten Rändern der Fensterbank hergestellt.

Abb. 5.17: Fertiggestellter seitlicher Anschluss einer Fensterbank mit Quetschfalten

Nach Fertigstellung der Fensterbank sollte die Montage so erfolgen, dass die thermische Längenausdehnung ungehindert erfolgen kann. Das bedeutet, dass die Befestigung der Fensterbleche mit Schiebehaften an den seitlichen Aufkantungen hergestellt werden sollte.

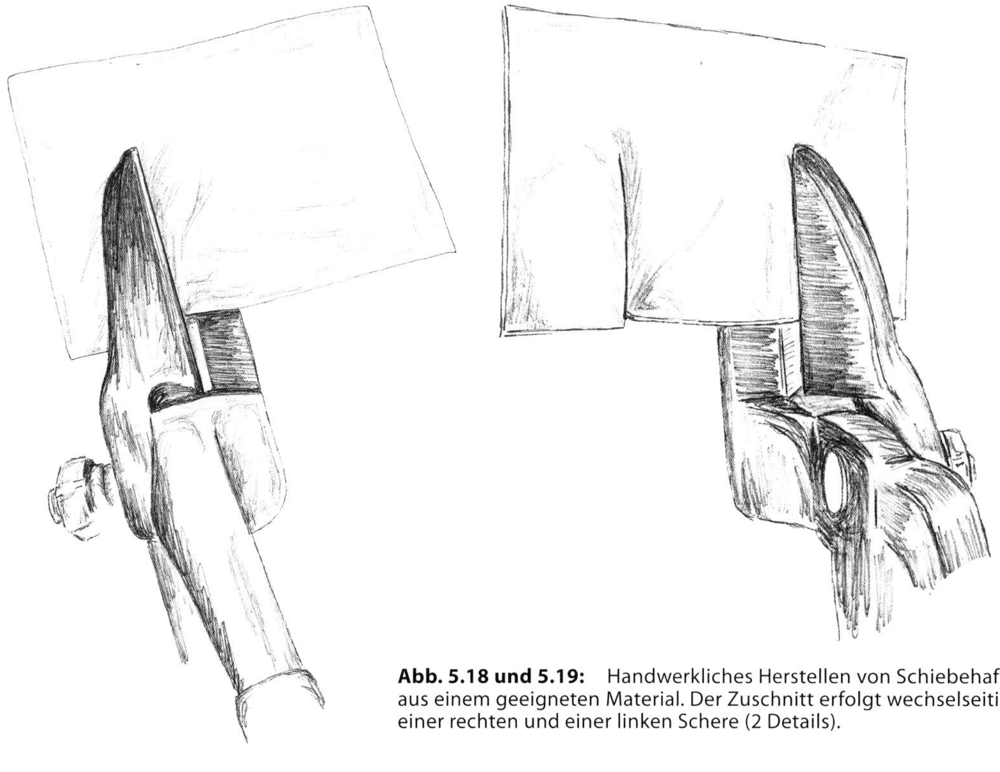

Abb. 5.18 und 5.19: Handwerkliches Herstellen von Schiebehaften aus einem geeigneten Material. Der Zuschnitt erfolgt wechselseitig mit einer rechten und einer linken Schere (2 Details).

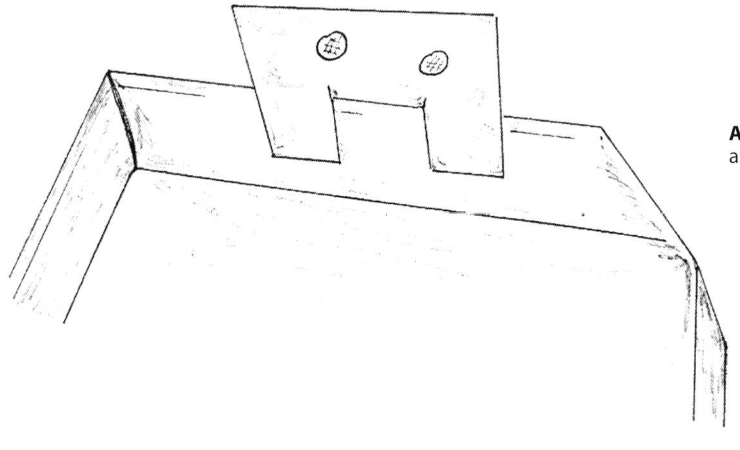

Abb. 5.20: Montage des Schiebehaftes an der seitlichen Aufkantung

5.3 Handwerkliches Herstellen der seitlichen Fensterlaibungen

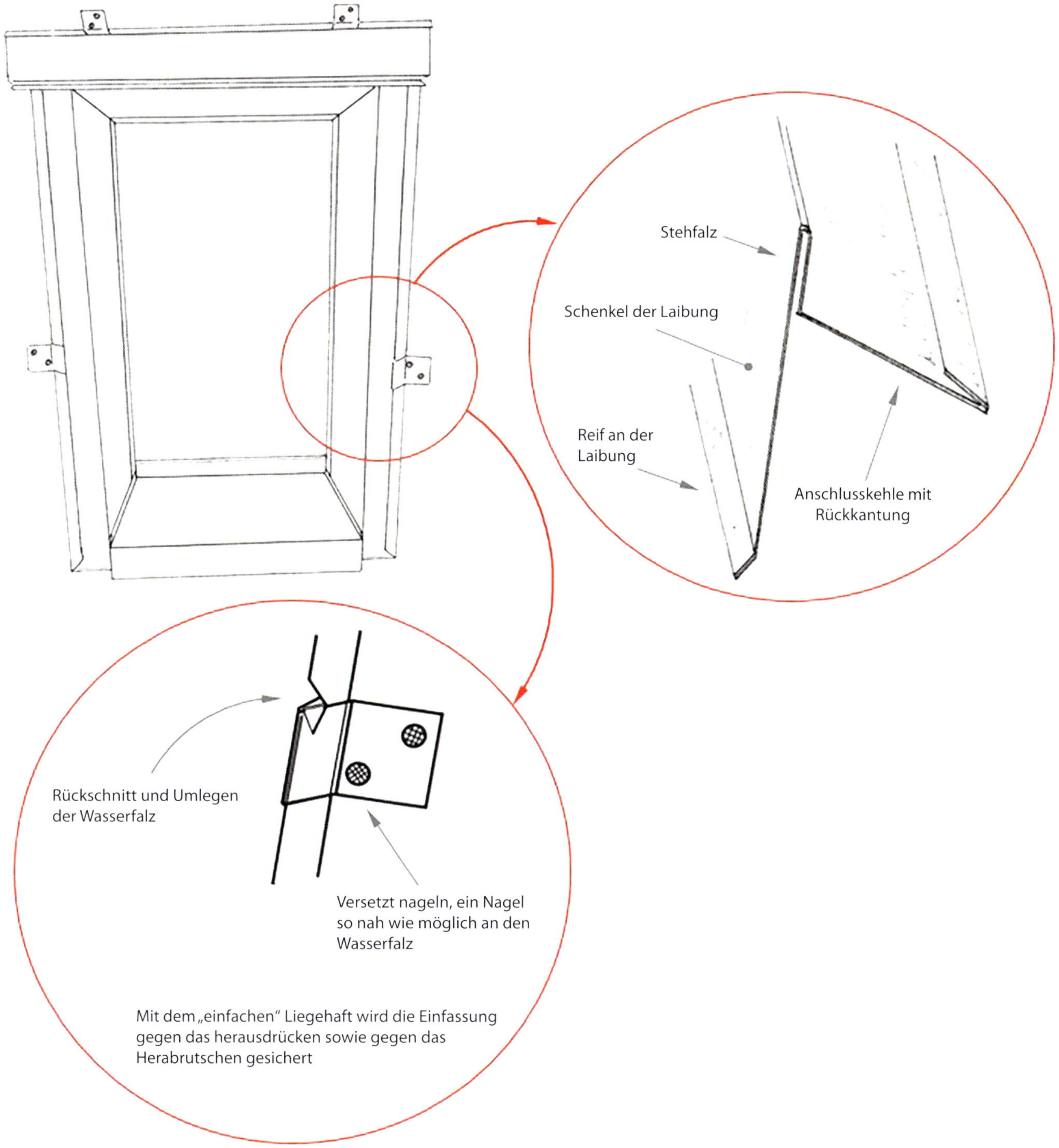

Abb. 5.21: Seitlicher Fensteranschluss, seitliche Laibung (3 Details)

Die Abmaße der einzelnen Schenkel an der Laibung ermittelt man wie folgt:

- Die Stehfalz sollte etwa die Höhe des Deckmaterials aufweisen.
- Der Schenkel der Laibung sollte die Laibungstiefe plus die Höhe der Stehfalz minus etwa 3 mm aufweisen.
- Der Reif der Laibung sollte ungefähr 10° aufweisen und etwa 5 bis 8 mm sein.
- Die Anschlusskehle darf das Maß von 5,0 cm nicht unterschreiten.
- Die Rückkantung, also der Wasserfalz, darf 1,2 cm nicht unterschreiten.

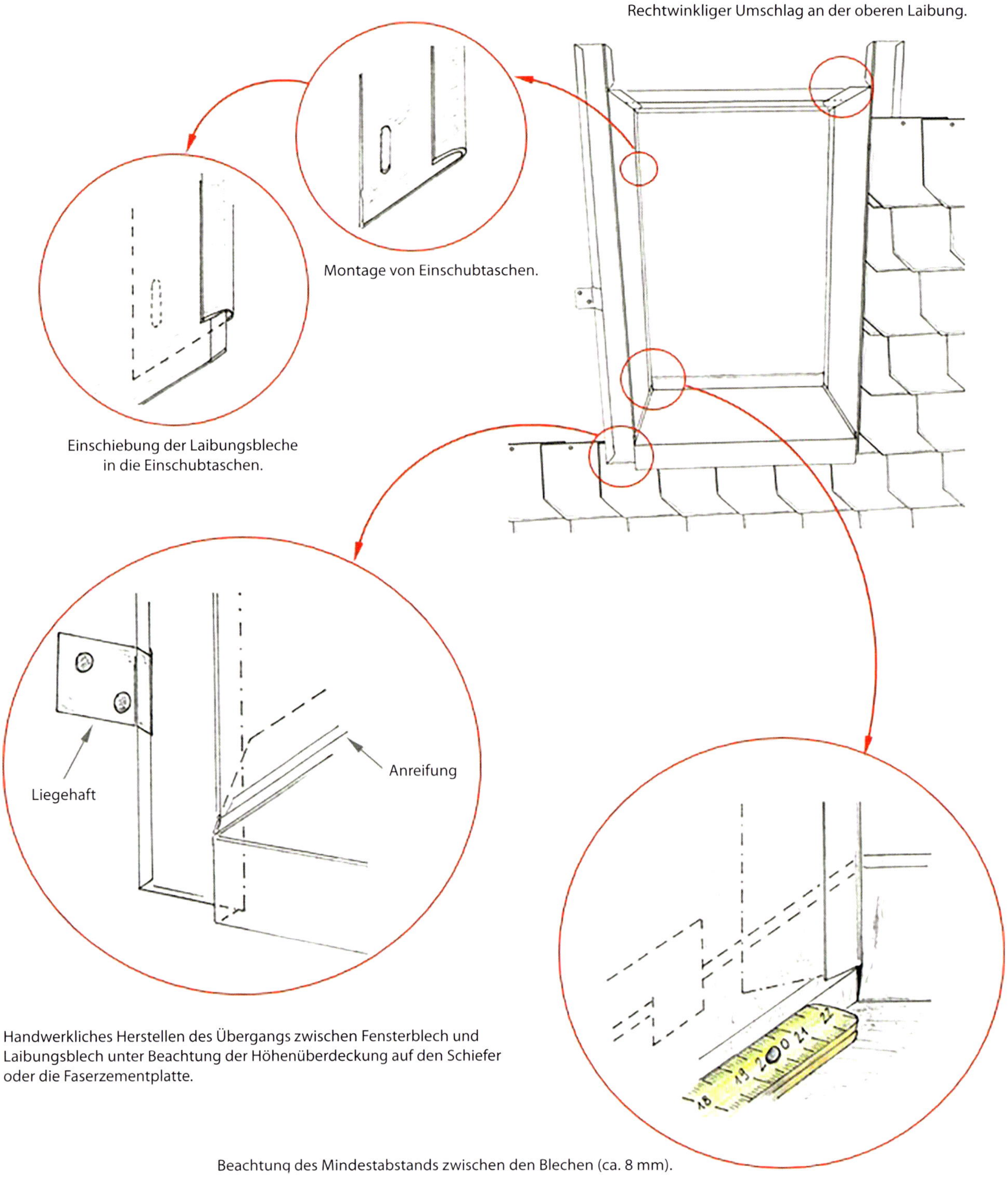

Abb. 5.22: Handwerkliche Montage des seitlichen Fensteranschlusses (5 Details)

5.4 Handwerkliches Herstellen des Übergangs zwischen Fensterblech und Laibungsblech

Beim Herstellen des Übergangs muss zunächst die Höhenüberdeckung auf den Schiefer oder die Faserzementplatte beachtet werden. Der Mindestabstand zwischen den Blechen beträgt ca. 8 mm.

Wenn die Fensterlaibungen sauber moniert wurden, werden diese Wandkehlen bis zur Oberkante des Fensters eingedeckt. Bei Gauben oder kleinen Fassaden wird die Höhe des Fensters separat eingeteilt, um oberhalb mit einer ganzen Platte/einem ganzen Stein anzukommen.

Nachdem die seitlichen Anschlüsse aufgedeckt wurden, wird die obere Laibung angefertigt und montiert.

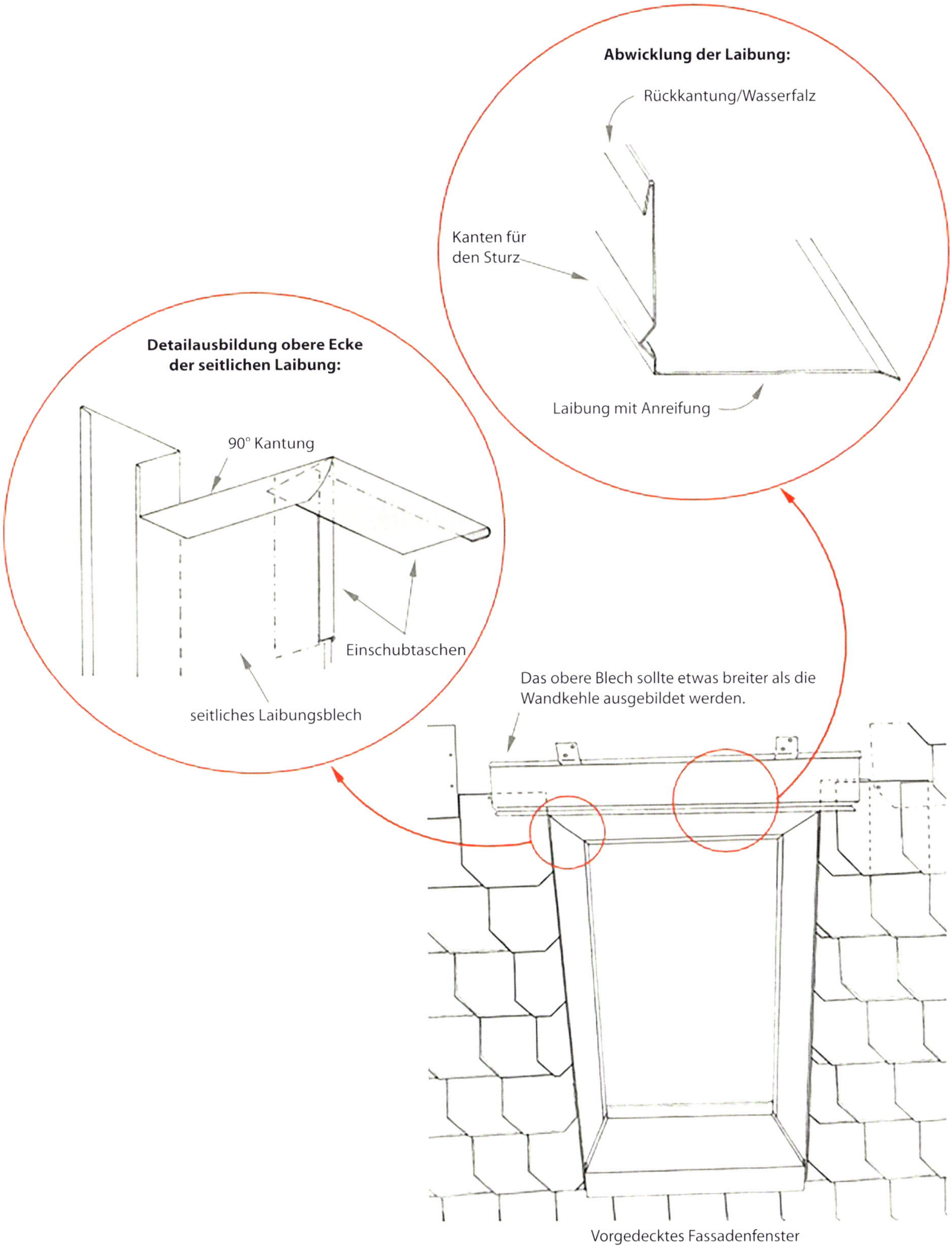

Abb. 5.23: Obere Laibung (3 Details)

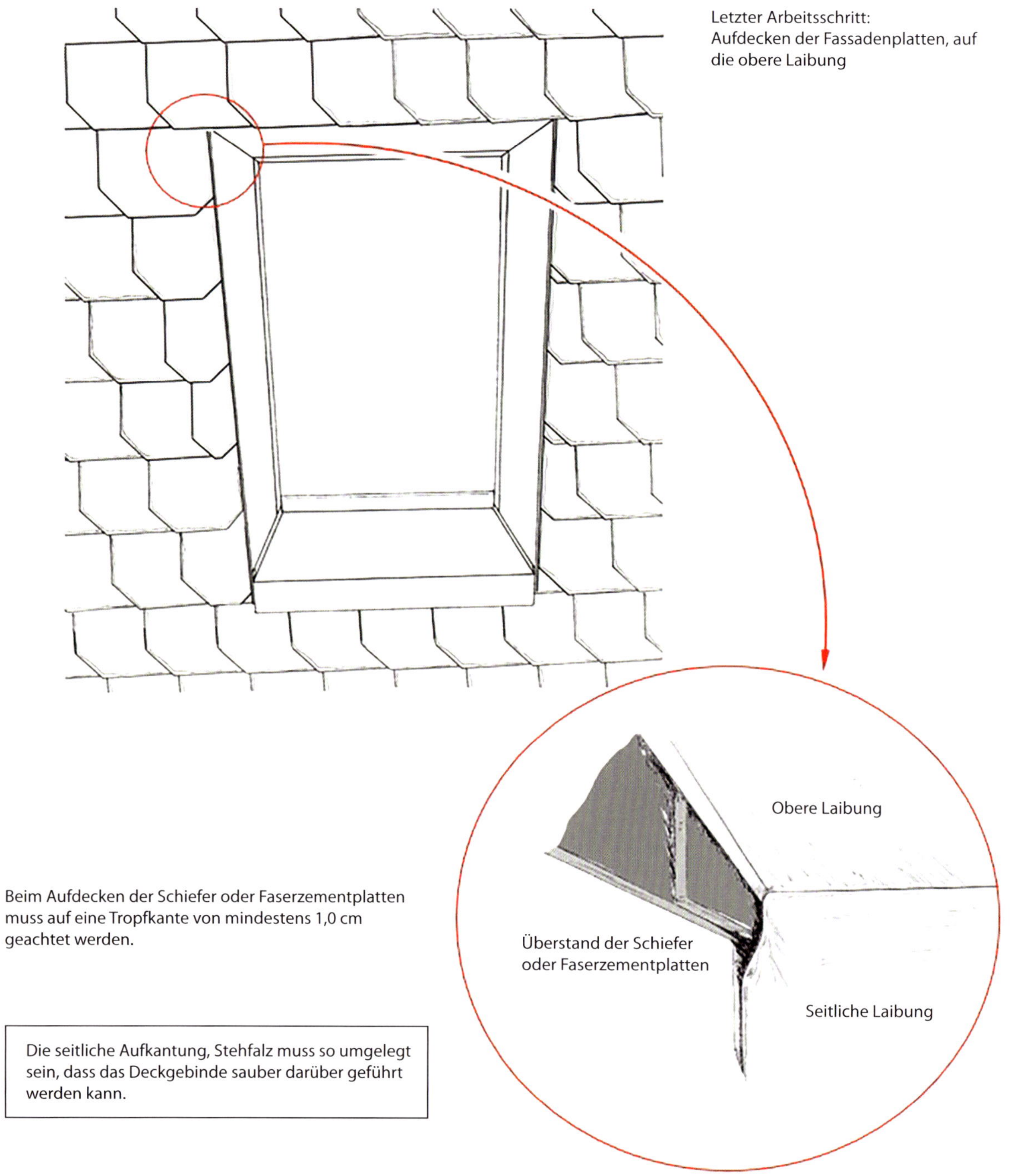

Abb. 5.24: Fertiggestellte Fassade in der geschlauften Deckung mit auslaufenden Anschlüssen

5.5 Obere Laibung (letzter Arbeitsschritt)

Beim Aufdecken der Schiefer- oder Faserzementplatten muss auf eine Tropfkante von mindestens 1,0 cm geachtet werden.

Überstand der Schiefer- oder Faserzementplatten

Seitliche Laibung:

Die seitliche Aufkantung (Stehfalz) muss so umgelegt sein, dass das Deckgebinde sauber darüber geführt werden kann.

Bei der Herstellung von Anschlüssen aus Metall wie Fensterlaibungen muss stets auf eine saubere Ausführung der Arbeiten geachtet werden. Die einzelnen Arbeitsschritte können je nach Erfahrungsschatz des Handwerkers variieren.

6 Klempnerei – Dachrinne

6.1 Allgemeines zur Dachentwässerung

Wird das auf Dächern anfallende Regenwasser direkt auf den Boden abgeleitet, ist das wegen der größeren anfallenden Wassermenge zum einen unangenehm für darunter durchgehende Personen, und zum zweiten wird entweder der Boden weggespült, das Mauerwerk (die Fassade) durchnässt oder die Gründung des Bauwerks vom Boden her durch aufspritzendes Wasser durchfeuchtet.

Besonders auf Hauptgebäuden, Gebäuden mit wenig oder gar keinem Dachüberstand sowie bei der Stadtreihenbebauung ist daher das Anbringen von entsprechend geeigneten Auffangvorrichtungen für die Ableitung von Regenwasser obligatorisch.

Das auf Dächern anfallende Niederschlagswasser muss so abgeleitet werden, dass keine Teile des Gebäudes dauerhaft durchnässt werden.

Geeignete Auffangvorrichtungen zur Ableitung von Regenwasser:

- Hängedachrinne in halbrunder oder eckiger Form
- Saumdachrinne als Aufdachrinne
- Aufdachrinne als Liegerinne
- Einlegerinne (Zierladenrinne, Attikarinne, Dachgräben oder Schedrinnen)

Verschiedene Vorrichtungen für die Dachentwässerung können:

- über den Fachhandel als Fertigteile aus Blech, Holz, Kunststoffen oder Faserzement erworben werden,
- handwerklich aus geeigneten Blechen, z. B. Kupfer, nichtrostendem Stahl (Edelstahl), Zink oder Zinklegierungen, Aluminium (Natur oder beschichtet) oder aus Stahl (beschichtet oder verzinkt) selbst hergestellt werden,
- aus Holz (klassische Holzdachrinnen) im Fachhandel erworben werden,

oder aber

- aus Holz mit entsprechendem Oberflächenschutz aus Bitumen, verschiedensten Kunststoffen, Blei oder Feinblechen handwerklich erstellt werden.

6.2 Vorgehängte Dachrinnen (sog. Hängerinnen)

Die gebräuchlichste Vorrichtung zur Sammlung und Ableitung von Regenwasser von Dächern ist die vorgehängte Dachrinne.

Handelsübliche, industriell gefertigte Dachrinnen mit halbrundem oder eckigem Querschnitt sind mit den Zuschnitten 200, 250, 285, 333 und 400 mm erhältlich.

Diese verbreitetste Form der Rinnenausbildung besitzt zur Versteifung an der vorderen Kante eine Wulst (Durchmesser zwischen 14 und 22 mm) sowie hinten eine Rückkantung von 10 bis 15 mm.

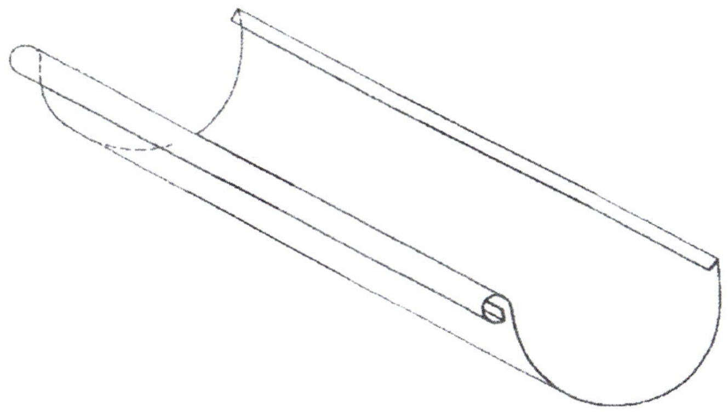

Abb. 6.1: Halbrunde Dachrinne

Dank der Wulst und des hinteren Rückumschlags besitzt diese Art von Rinne eine extrem hohe Stabilität.

Diese Variante der Dachentwässerung ist aufgrund ihrer recht einfachen Herstellung und Verarbeitung in Mitteleuropa die gebräuchlichste, um auf den Dachflächen gesammeltes Regenwasser ohne Gefahr für das Gebäude abzuleiten.

Für handelsübliche, industriell gefertigte Dachrinnen gibt es zahlreiches Zubehör, z. B. Rinnenkopfstücke (Böden), Innen- und Außenecken (90°), Lötstutzen, Einhängestutzen und Rinnenkessel. Zur Aufnahme temperaturbedingter Längenausdehnungen werden von der Industrie Neopren-Dilatationspassstücke angeboten.

Besonderheiten vorgehängter Dachrinnen

In schneereichen Gebieten (z. B. in Gebirgen) sollten Dachrinnen so angebracht werden, dass eventuell abrutschendes Eis oder abrutschender Schnee (Schneebretter) sie nicht beschädigt.

Das höchste Rinneneisen (der Hochpunkt) darf also nicht über die Oberkante, die Fluchtlinie, der Dacheindeckung überstehen.

In Gebirgslagen, wo mit besonders viel Schneeaufkommen zu rechnen ist, kann zur Verstärkung der Dachrinne auf beiden Seiten des Sparrens seitlich ein Hochkanthaken angebracht werden.

Eine weitere Variante zur Unterstützung der Lagestabilität der Rinne ist die Montage von Rinnenübereisen oder Rinneneisen mit Spreize. Um die Wulst gegen Zerdrücken durch schiebendes Eis oder Schnee zu sichern, kann ein Rundstab mit geeignetem Durchmesser eingeschoben werden.

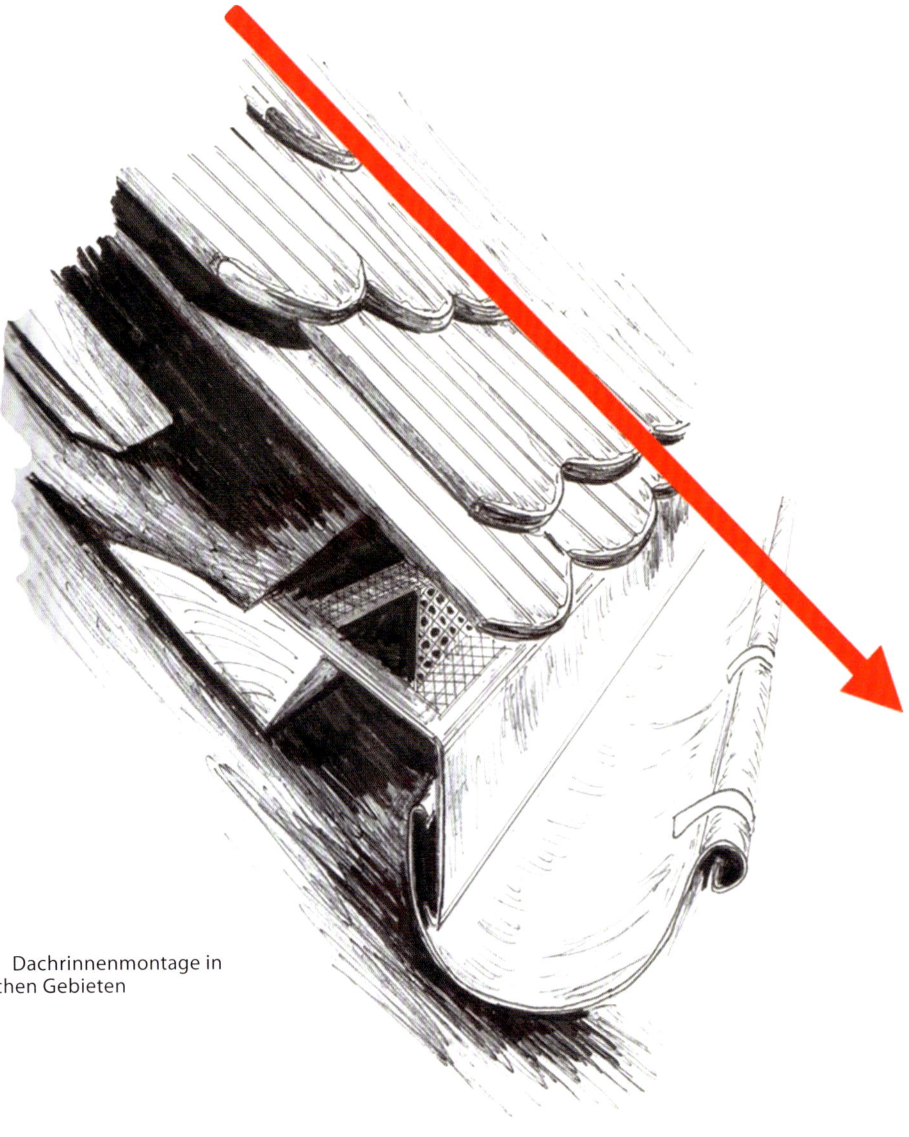

Abb. 6.2: Dachrinnenmontage in schneereichen Gebieten

6.2.1 Rinnengrößen, Abmessungen, Zuschnitte

Um die optimale Rinnengröße zu ermitteln, sollte stets die Regenspende berechnet werden, da zu große oder zu kleine Rinnendurchmesser eine Selbstreinigung der Rinnen und ihrer Fallrohrleitungen be- oder verhindern können.

Abmessungen, Zuschnitte

Die Bezeichnungen der Rinnengrößen aus Metall ergeben sich aus den Abwicklungen und den Zuschnittbreiten der Dachrinnen (siehe Tabelle 6.1). Ausgehend von einer Metalltafel mit den Maßen 1,0 × 2,0 m in Längsrichtung können die Rinnen ohne entsprechende Metallreste hergestellt werden. Eine 6-teilige Rinne hat dabei einen Zuschnitt von 333 mm, eine 10-teilige Rinne einen Zuschnitt von 200 mm.

Formeln zur Berechnung von Zuschnittgrößen und Teilungen

Formel zur Ermittlung der Zuschnittbreite

$$\frac{\text{Tafellänge (mm)}}{\text{Teilung (Stück)}} = \textbf{Zuschnittbreite}\ \text{(mm)}$$

Formel zur Ermittlung der Teilung

$$\frac{\text{Tafellänge (mm)}}{\text{Zuschnittbreite (mm)}} = \textbf{Teilung}\ \text{(Stück)}$$

Tabelle 6.1: Abmaße, Bemessung von halbrunden Dachrinnen

Teilung	Zuschnitt in mm	Abmessungen einer halbrunden Rinne					Mindest-metalldicke
		R	*d*	*e*	*f*	*A* cm²	*s*
10	200	40,0	16	5	8	25	0,65
8	250	52,5	18	7	10	43	0,65
7	285	63,53	18	7	10	63	0,70
6	333	76,5	20	9	11	92	0,70
5	400	96,0	22	9	11	145	0,70

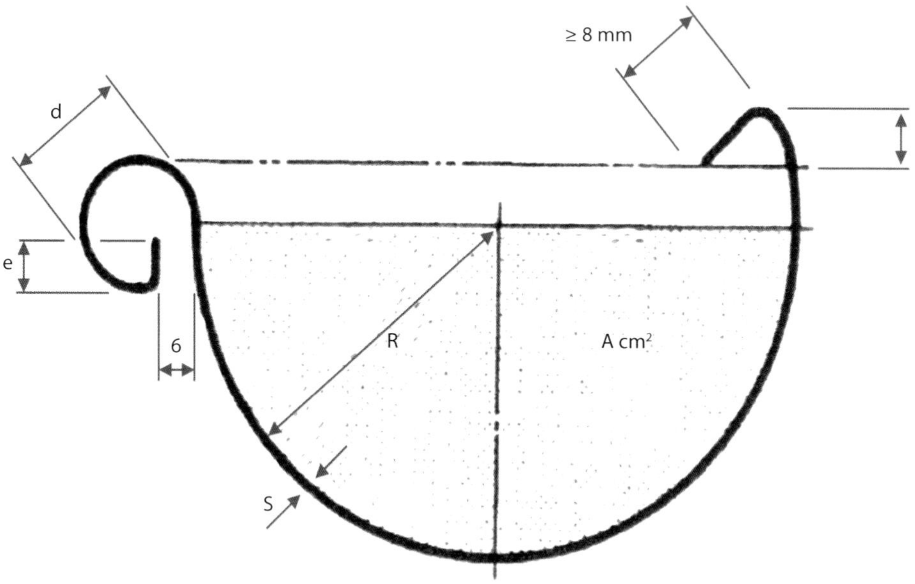

Abb. 6.3: Bemaßung einer halbrunden Dachrinne

Bezeichnungen

Die Dimensionen von Dachrinnen sind in verschiedenen Normen und Richtlinien (z. B. im ZVDH-Regelwerk) festgelegt. Vorgehängte Dachrinnen und Regenfallrohre sind nach den europäischen Normen DIN EN 612 und DIN EN 12056-3 mit folgenden Angaben zu bezeichnen:

- Querschnittsform und Beschreibung des Erzeugnisses,
- Nummer dieser Norm (z. B. DIN EN 612),
- Identifizierungsblock, bestehend aus:
  - der Zuschnittbreite der Dachrinne bzw. dem Durchmesser oder dem Querschnitt des Fallrohrs in mm,
  - der Art des Materials, durch Angabe des Kurzzeichens und dem Buchstaben der Klasse.

Beispiel:
Bezeichnung einer 6teiligen Dachrinne aus Kupfer:
Halbrunde Hängerinne EN 612 – 333 – Cu – X

Werkstoffe für halbrunde und kastenförmige Dachrinnen aus Metall

- Kupfer (Cu) nach DIN EN 1172 „Kupfer und Kupferlegierungen – Bleche und Bänder für das Bauwesen"
- Zink (Zn) nach DIN EN 988 „Zink und Zinklegierungen – Anforderungen an gewalzte Flacherzeugnisse für das Bauwesen"
- Aluminium (Al) nach DIN EN 1396 "Aluminium und Aluminiumlegierungen – Bandbeschichtete Bleche und Bänder für allgemeine Anwendungen – Spezifikationen"

Nahtverbindungen von Dachrinnen

- Zinkrinnen: Die Querverbindungen von Dachrinnen aus Zink oder Zinklegierungen werden um mind. 10 mm überdeckt und stets weich verlötet.
- Kupferrinnen können hart verlötet werden und benötigen dafür eine Überdeckung von 3 bis 5 mm. Die Überdeckung beim Weichlöten beträgt mindestens 20 mm und muss zusätzlich vernietet werden.
- Alurinnen werden um mind. 20 mm überlappt und vernietet oder aber verfalzt. Zusätzlich können die Verbindungen durch die Einlage von geeigneten Fugendichtstoffen abgedichtet werden.
  Aluminiumrinnen können auch stumpf gestoßen verschweißt oder mit speziellem Lötzinn im Flammverfahren weich gelötet werden. Beim Weichlöten beträgt die Überdeckung das 5fache der Materialstärke.
- Stahlrinnen: Wenn der Stahl verzinkt ist, kann die Nahtverbindung im Weichlötverfahren mit einer zusätzlichen Vernietung hergestellt werden. Die Überdeckung beträgt mindestens 20 mm.
- Rinnen aus nichtrostendem Stahl können im Weichlötverfahren mit einer zusätzlichen Vernietung verbunden werden. Die Überdeckung beträgt mindestens 20 mm.

Längenausdehnung bei Dachrinnen

Zur Aufnahme temperaturbedingter Längenausdehnungen sind bei geraden Längen in Abständen von höchstens 15,0 m Dehnungsausgleichstücke einzubauen.

- Bei Außenecken halbiert sich die Strecke auf 7,5 m,
- bei Innenecken beträgt die Strecke maximal ein Viertel, also 3,75 m.

Bei Dachrinnen mit einem Zuschnitt größer als 500 mm beträgt dieser Abstand bei gerader Länge höchstens 10,0 m und bei Details einmal die Hälfte sowie ein Viertel – genau wie oben beschrieben.

Befestigung der Keilbohle/der Traufschalung

Bei der Befestigung der Keilbohle oder der Traufschalung müssen wie überall im Holzbau der Randabstand, der Abstand der Befestiger untereinander sowie die Mindesteindringtiefe der Befestigungsmittel beachtet werden.

Tabelle 6.3: Randabstände und Abstände der Befestiger untereinander (nach DIN EN 1995-1-1 in vereinfachter Ansicht)

Befestigung des Holzes ...	*d* kleiner/gleich 5 mm	*d* größer/gleich 5 mm
in Faserrichtung	10 × *d*	12 × *d*
rechtwinklig zur Faser	5 × *d*	5 × *d*
beanspruchtes Hirnholzende	15 × *d*	15 × *d*
unbeanspruchtes Hirnholzende	10 × *d*	10 × *d*
beanspruchter Rand		10 × *d*
unbeanspruchter Rand	5 × *d*	5 × *d*

d: Durchmesser des Verbindungsmittels

Tabelle 6.4: Mindesteindringtiefe der Befestigungsmittel (laut Regelwerk des ZVDH, vereinfacht)

Befestigungsmittel ...	Mindesteindringtiefe in das Tragwerk	Dicke des Befestigungsmittels = Befestigungsabstand zu den Rändern
Nägel oder Drahtstifte	12 × *d*	>5 × *d*
Holzbauschrauben, Schrauben	8 × *d*	>5 × *d*

d: Durchmesser des Verbindungsmittels

Definition zur Tabelle

Der Durchmesser des Verbindungsmittels (der Schraube oder des Nagels) richtet sich nach der Dicke des zu befestigenden Werkstoffs und wird durch die Befestigungsabstände zu den Rändern definiert. Der Abstand zu allen seitlichen Rändern darf das 5fache der Dicke des Befestigungsmittels nicht unterschreiten!

Einlassen der Rinneneisen in die Keilbohle

Beim Einlassen der Rinneneisen in die Unterkonstruktion ist auf die Mindesteindringtiefe der Befestigungsmittel für die Rinneneisen sowie auf die Mindestdicke der Tragkonstruktion (Keilbohle oder Traufschalung) zwingend zu achten. Ein Unterschreiten der jeweiligen Mindestanforderungen ist nicht zulässig.

Auf die Mindesteindringtiefe der Befestiger sowie auf die Mindestdicke des Holzes ist stets zu achten.

Bei Unterschreitung eines dieser Werte kann/muss direkt auf die Konterlatte oder den Sparren gegangen werden.

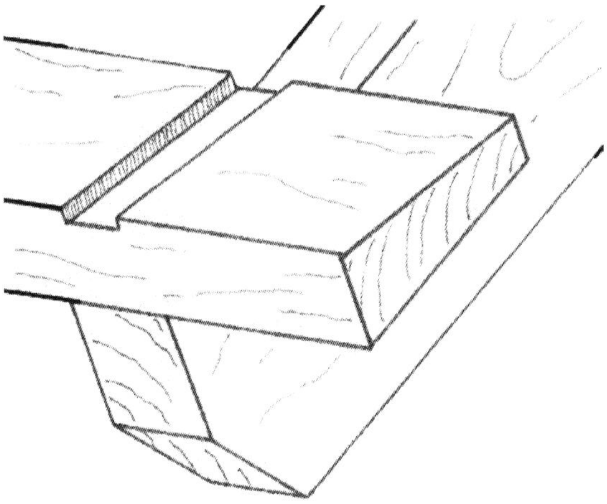

Abb. 6.8: Auf den Sparren ausgestemmter Befestigungspunkt der Rinneneisen

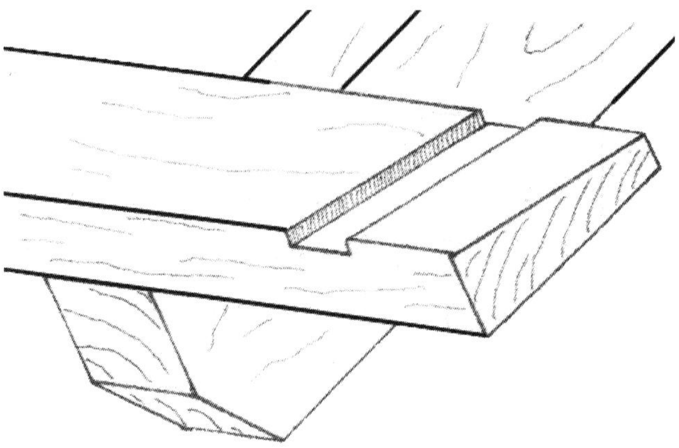

Abb. 6.9: Zwischen den Sparren ausgestemmter Befestigungspunkt der Rinneneisen

6.4 Rinneneisen

6.4.1 Allgemeines

Der Abstand der Rinnenhaken (Rinneneisen) ist so zu wählen, dass keinerlei Verformungen der Dachrinne auftreten. Es gibt eine Vielzahl von Eisen mit regionalem Bezug sowie für die unterschiedlichsten Anwendungsfälle.

Rinneneisen können von oben auf eine Unterkonstruktion (z. B. Keilbohle), direkt auf die Sparren/Konterlatte, mit gedrehten Eisen (Hochkanteisen) seitlich an den Sparren oder als spezielle Eisen für die Stirnbrettmontage befestigt werden.

Das Material der Rinneneisen ist nach den verwendeten Werkstoffen der Dachrinne auszuwählen.

6.4.2 Abmessung der Rinneneisen

Rinneneisen gibt es in diversen Größen, Dicken und Längen. Die Abmessungen (Bemaßungen) der verschiedenen Rinnenhaken richten sich stets nach den klimatischen und/oder örtlichen Anforderungen sowie nach den verschiedenen Rinnen-Nenngrößen.

Der Bereich der Wulst ist regional oft recht unterschiedlich ausgebildet. Und alle diese regionalen Eisen weisen zwar die erforderlichen Längen und Dicken auf, sind jedoch weder im Regelwerk des ZVDH noch in der Norm verzeichnet. Aus diesem Grund ist die Tragfähigkeit dieser Rinneneisen vor der Verarbeitung nachzuweisen.

Laut Regelwerk des ZVDH gibt es Rinnenhalter/-eisen, die zur Fixierung der vorderen Wulst sowie im Bereich der Rückkantung eine „Feder" besitzen. Des Weiteren werden Eisen beschrieben, die zur vorderen Fixierung eine „Nase" und nur hinten eine „Feder" aufweisen.

Prinzipskizze, Darstellung verschiedener Rinneneisentypen

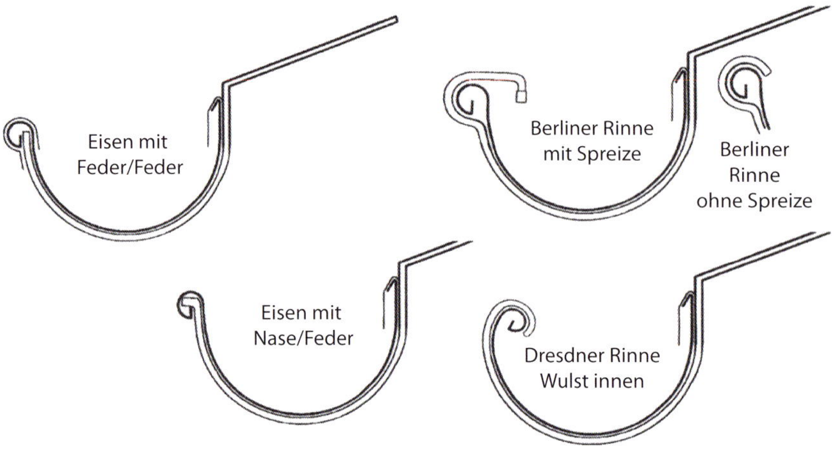

Abb. 6.10: Darstellung verschiedener Rinneneisen

Die gängigsten Rinneneisentypen in Mitteldeutschland

Die in unserer Region am meisten verbreiteten Rinneneisen entsprechend der Klasse L (leichte Belastung) mit einer Prüflast von 500 N.

Die wichtigsten Abmaße: Eisendicke = 4,0 mm
Eisenbreite = 30,0 mm

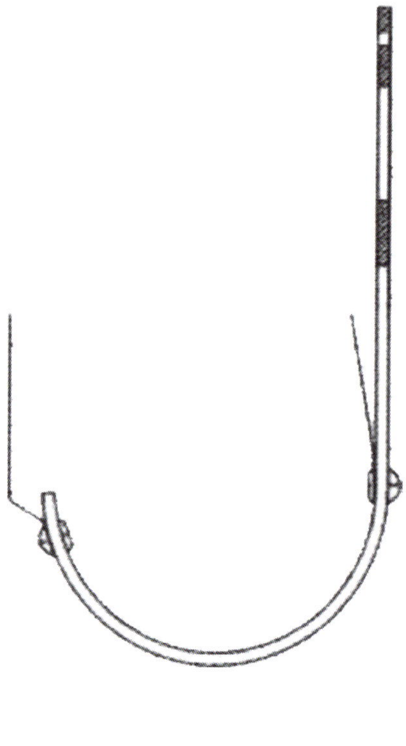

Abb. 6.11: Rinneneisen, Feder/Feder

6.4.3 Gefälle der Dachrinne

Um Schmutzablagerungen in den Dachrinnen weitgehend zu verhindern, sollten sie möglichst mit einem gleichmäßigen Gefälle (empfohlen 1,0 bis 3,0 mm pro 1,0 m Rinne) hin zu den Abläufen verlegt werden. Das Gefälle der Dachrinne wird hergestellt, indem die Rinnenhalter im entsprechenden Winkel gebogen werden.

Eine gefällelose Montage der Dachrinne ist laut ZVDH-Regelwerk zulässig!

Es ist zu berücksichtigen, dass infolge einer nicht zu verhindernden Veränderung der Unterkonstruktion oder des Einbaus von industriell gefertigten Bewegungsausgleichen eine Behinderung des Wasserablaufs oder gar stehendes Wasser möglich ist. Dies ist gem. BGB und VOB kein Mangel.

Überhöhung der Dachrinne

Die Rinnenvorderkante, also die Wulst, muss tiefer als die Hinterkante (Rinnenrückkantung) liegen. Die Wulst dient zur Versteifung sowie als Tropfkante bei einem eventuellem Überlaufen.

Die Rückkantung der Dachrinne muss mindestens 1,0 cm höher als die Wulst montiert werden (damit bei Verstopfungen der Fallrohre/Bogen durch Zweige, Laub oder Eis das Niederschlagswasser nicht an die Fassade des Gebäudes dringen kann).

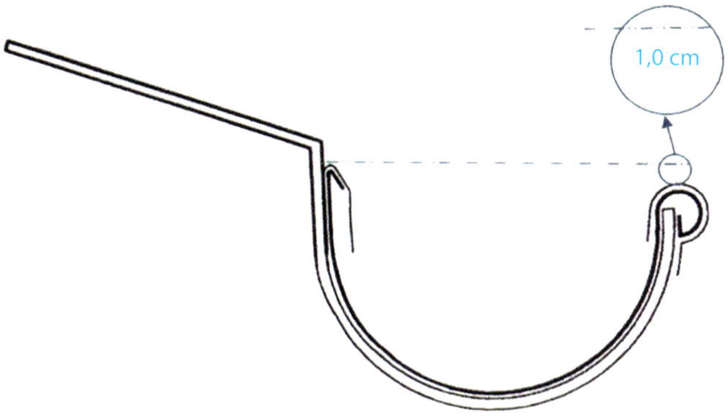

Abb. 6.12: Überhöhung der Rinneneisen

Bei der Montage der Dachrinne ist zu beachten, dass sich die Rinne innerhalb der Rinneneisen frei bewegen kann, um temperaturbedingte Längenänderungen auszugleichen. Der unsachgemäße Einbau der Dachrinne kann zu Beschädigungen an den Verbindungspunkten (z. B. Lötnähten) der Rinne führen.

6.4.4 Montage der Rinneneisen

Bei ihrer Montage ist auf eine gleichmäßige Fluchtrichtung der Rinneneisen zu achten. Diese Flucht wird erreicht durch die Verwendung einer Schnur, die direkt im entstehenden Wasserlauf (oft an den Eisen durch Punkte/Löcher/Ritze oder kleine Tropfnasen gekennzeichnet) sowie im Bereich der Vorderkante des Eisens gespannt wird.

Das Spannen der Schnur erfolgt nach der Ermittlung des bestehenden Gefälles der Unterkonstruktion sowie der Montage des ersten (Hochpunkt) und letzten (Tiefpunkt) Rinneneisens. Der Höhenunterschied zwischen dem ersten und dem letzten Eisen wird über die Länge der Traufe und das maximale Gefälle errechnet.

Bei der Befestigung der einzelnen Rinneneisen müssen mindestens 2 Befestigungsmittel Anwendung finden, die geschraubt, geklammert oder genagelt werden dürfen.

Handwerkliches Zurichten und Montieren der Rinneneisen

Bevor die Rinneneisen angeschlagen werden, muss zuerst der maximale Biegeradius des Rinneneisens ermittelt werden.

Unter Verwendung eines „Rinneneisenbiegers" wird dann das erste Eisen (als Muster) hergestellt.

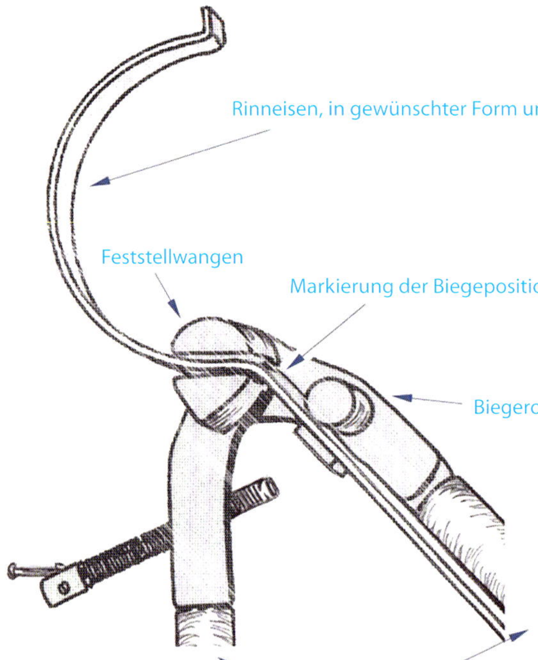

Abb. 6.13: Darstellung und Erläuterung eines Rinneneisenbiegers

Festlegung von Ort und Wandanschluss im Bereich von Kehlen oder Tiefpunktdehnern

Die Rinne sollte nicht mehr als 20,0 cm frei über das letzte Eisen stehen.

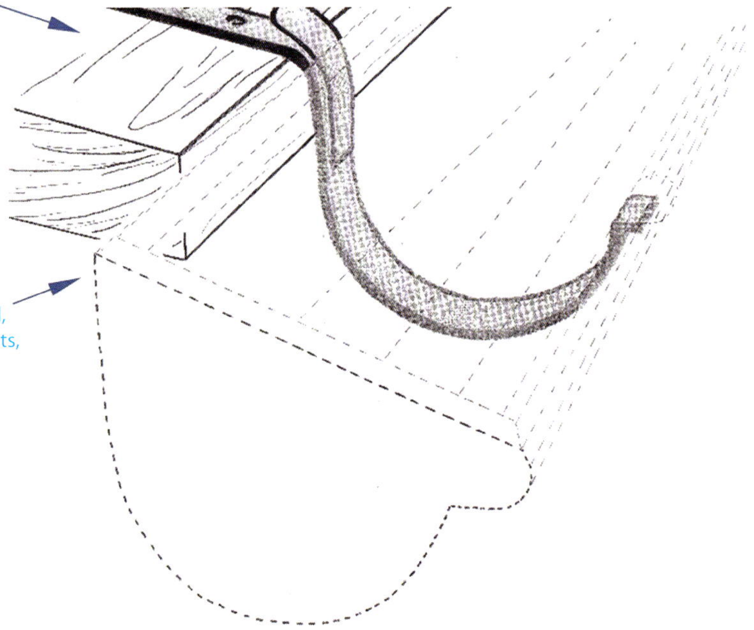

Abb. 6.14: Seitlicher Abstand des ersten Rinneneisens zum Ort

Wenn die äußere Position des Rinneneisens bestimmt ist, wird der Abstand zur Unterkonstruktion festgelegt. Dieser kann gemessen oder mit einem geeigneten gleichbleibenden „Abstandswerkzeug" ermittelt werden.

Dieser festgelegte Abstand wird nur am ersten und am letzten Eisen angelegt.

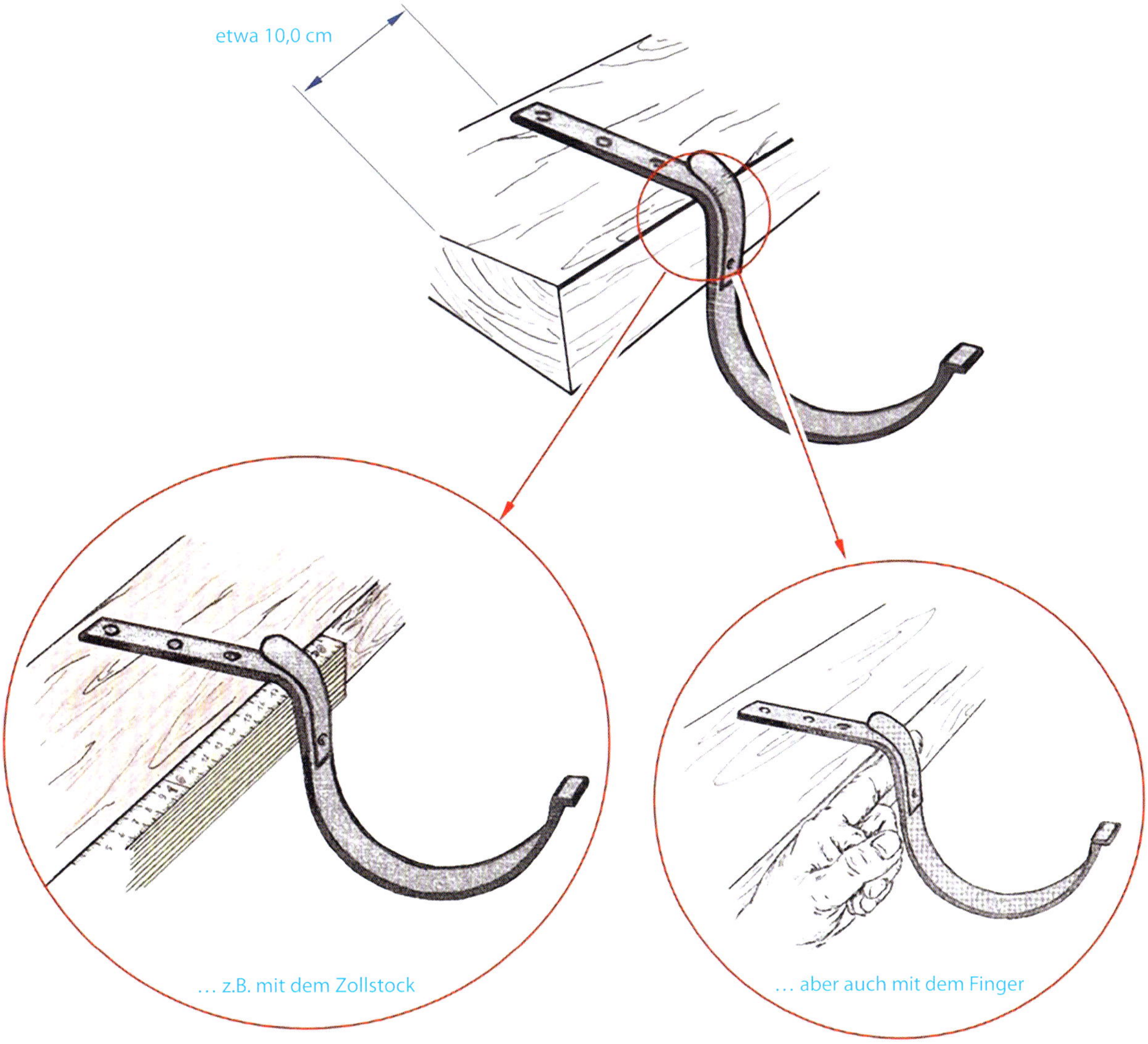

Abb. 6.15: Ermittlung der Rinneneisenabstände zur Unterkonstruktion

Nach der Montage des ersten und des letzten Rinneneisens wird eine Schnur gespannt.

Diese Schnur gibt das Gefälle sowie den Abstand zur Unterkonstruktion vor.

Sie sollte mindestens im Wasserlauf der Rinneneisen sowie im Bereich der Wulst gezogen werden.

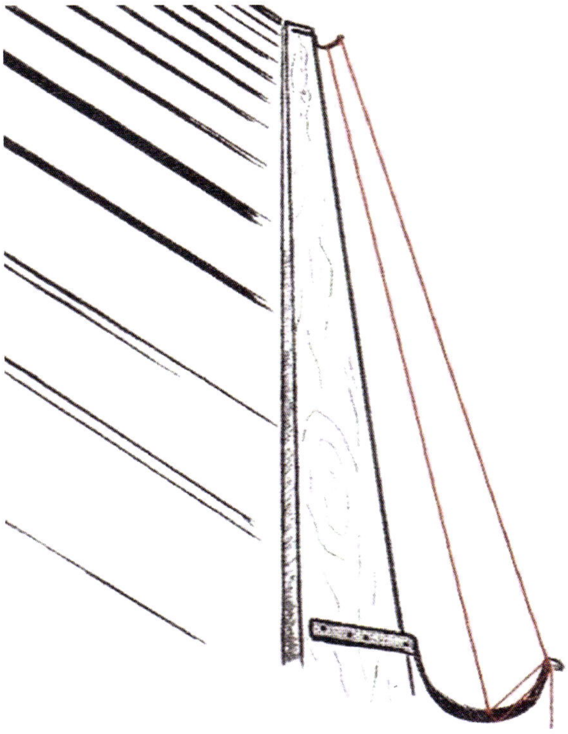

Abb. 6.16: Gespannte Schnüre für die Dachrinne

Nach dem Spannen der Schnüre wird der Rinneneisenabstand ermittelt und festgelegt. Dieser Abstand muss für jeden Entwässerungsabschnitt, z. B. bei allseits abgewalmten Dächern, bei Kehlen, bei Gauben oder bei Tiefpunktdehnern, gesondert ermittelt und festgelegt werden.

Zur Ermittlung von Abständen der Rinneneisen kann folgender Rechenweg dienen:

- Ermittlung der Zahl der Eisen:

$$\text{Zahl der Rinneneisen} = \frac{\text{Abstand zwischen dem ersten und dem letzten Eisen}}{\text{maximale Rinneneisenabstand}}$$

- Ermittlung des tatsächlichen Eisenabstands:

$$\text{Tatsächlicher Eisenabstand} = \frac{\text{Abstand zwischen dem ersten und dem letzten Eisen}}{\text{Zahl der Rinneneisen}}$$

Die ermittelten Maße (Werte) werden dann auf der Traufe angerissen. Dadurch entsteht ein gleichmäßiger Abstand der Rinneneisen.

Dann werden die Rinneneisen mit der vorderen Kante (Feder oder Nase) und gleichzeitig mit dem Wasserlauf an die entsprechende Schnur gehalten. An der Traufbohle wird dann die Biegekante angerissen.

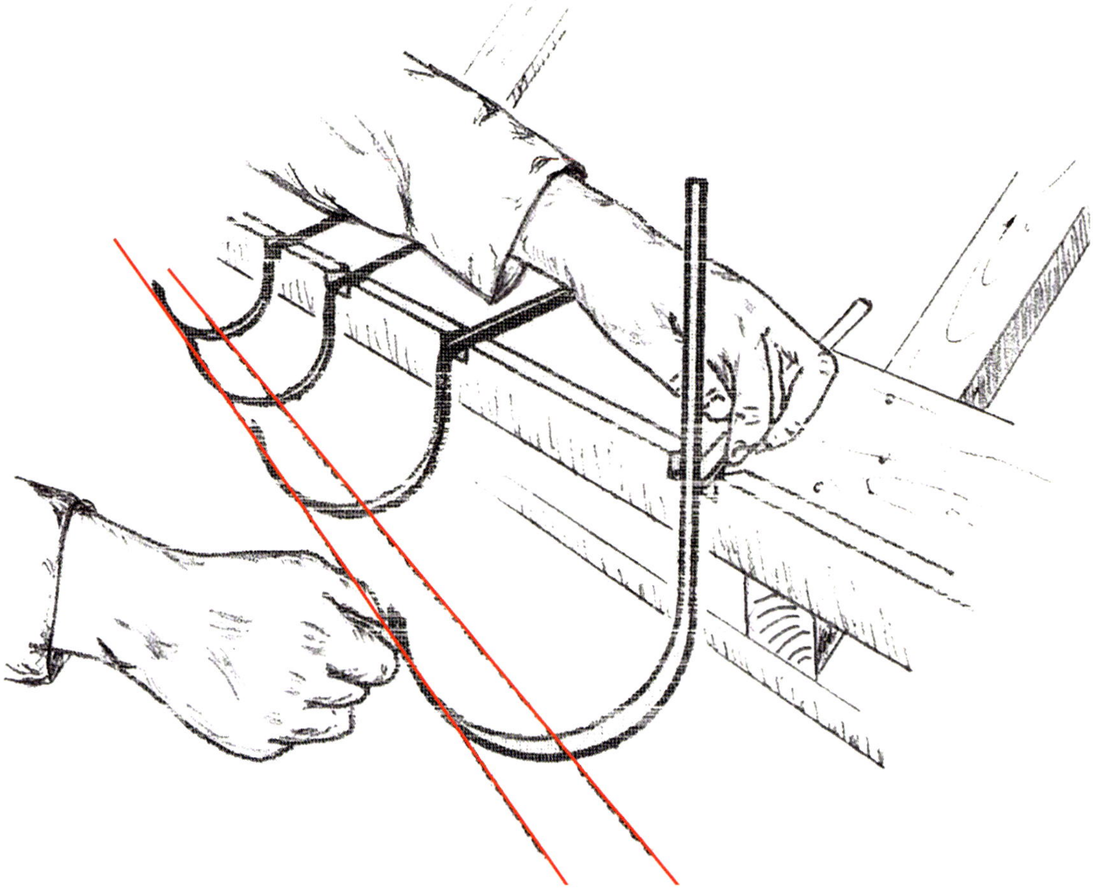

Abb. 6.17: Anreißen der Rinneneisen

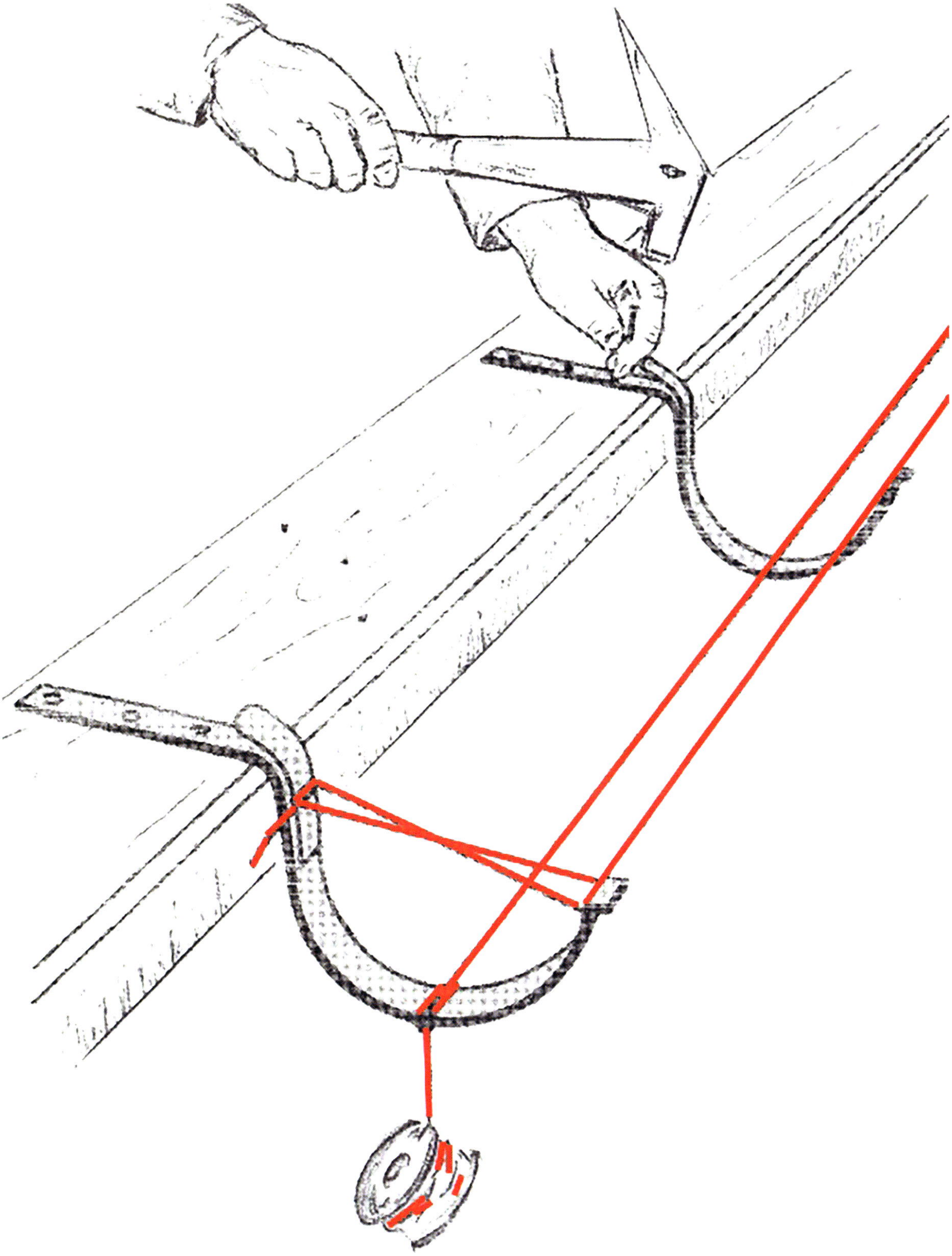

Abb. 6.18: Montage der abgerichteten Rinneneisen durch Annageln oder Anschrauben

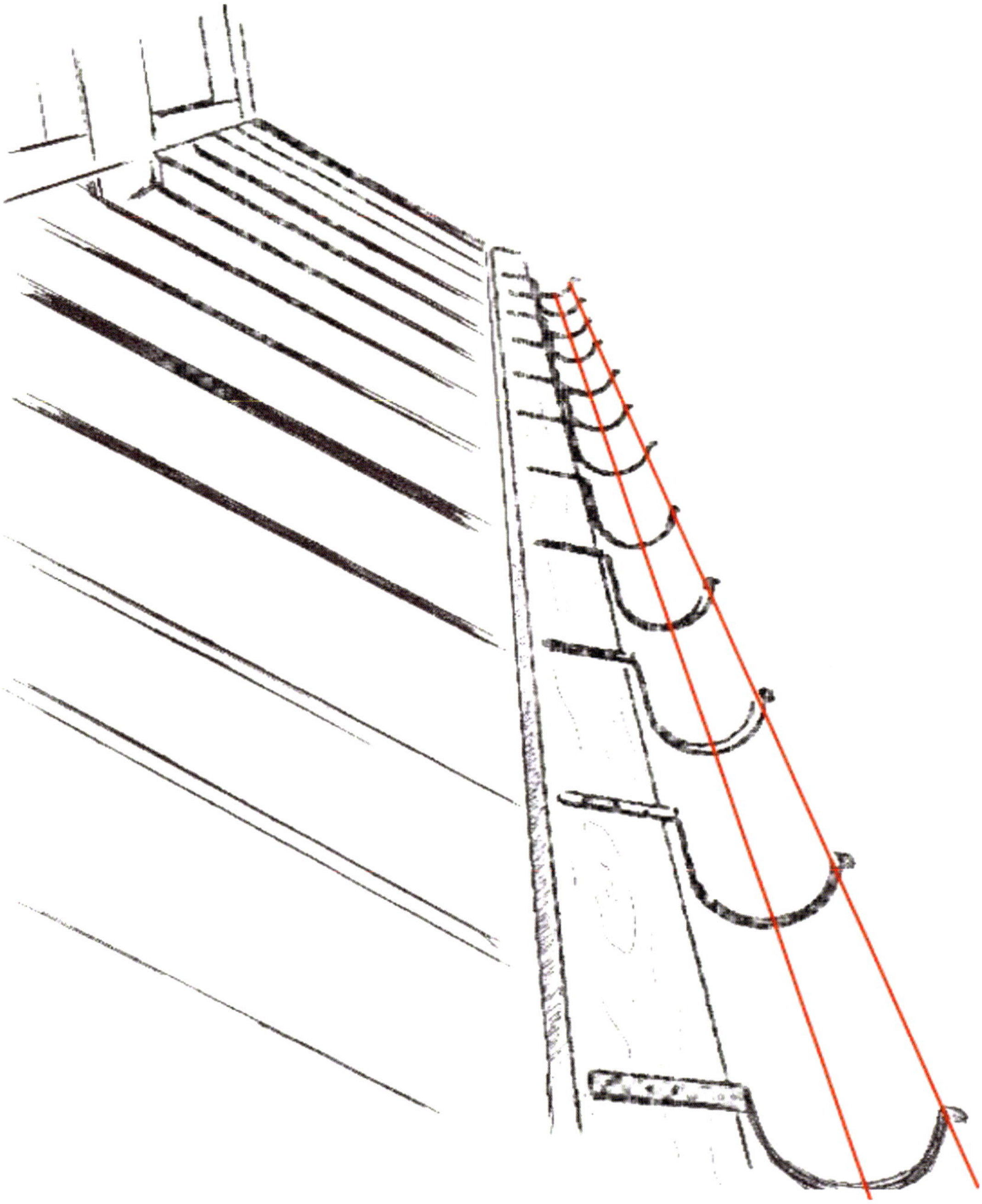

Abb. 6.19: Fertiggestellte Traufe, fertige Rinneneisenlage

Um das Gefälle der Dachrinne ordentlich herzustellen kann z. B. eine „Schnurwaage" verwendet werden.

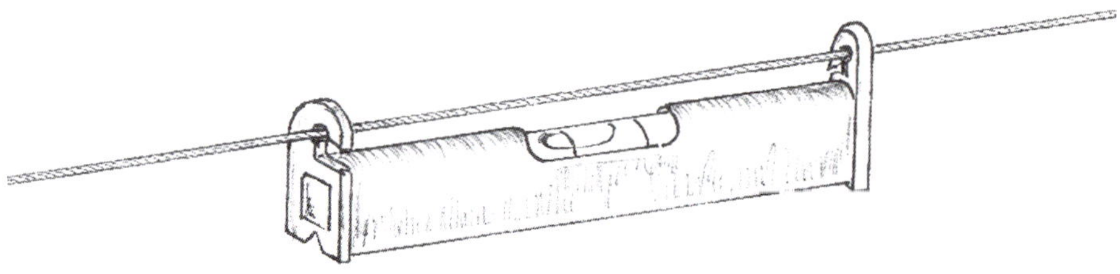

Abb. 6.20: Schnurwaage

Allgemeine Regeln

Tabelle 6.5: Zuordnung der Rinneneisenabstände und deren Prüflasten

Rinneneisenabstand (Achsmaß) … in cm	Leichte Belastung Klasse L (Prüflast 500 N)	Hohe Belastung Klasse H (Prüflast 750 N)
< 74,0	1	3
< 84,0	2	4

Tabelle 6.6: Mindesteindringtiefe der Befestiger bei der Montage von Rinneneisen (nach DIN EN 1995-1-1)

Geeignete Befestigungsmittel für die Rinneneisenmontage	Mindesteindringtiefe (*d* = Durchmesser des Befestigungsmittel)
glattschaftige Nägel	12 × *d*
profilierte Nägel (Rillennägel)	8 × *d*
Schrauben	6 × *d*

6.5 Handwerkliche Bearbeitung von Feinblechen

6.5.1 Allgemeines

Bei der industriellen Herstellung von Feinblech, etwa Tafelblech für das Klempner- oder Dachdeckerhandwerk, entsteht bei der Walzung stets eine Walzrichtung.

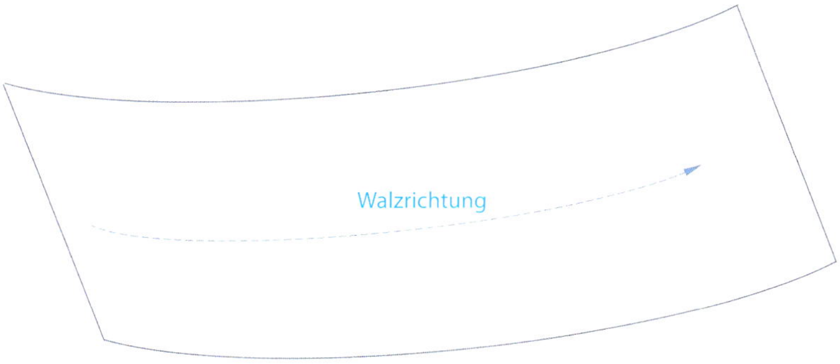

Abb. 6.21: Prinzipskizze eines standardmäßigen Tafelblechs (2,0 × 1,0 m)

Diese Walzrichtung hat erheblichen Einfluss auf die Eigenschaften der Bleche bei ihrer Bearbeitung sowie auf ihre Langlebigkeit. Insbesondere die Biegeradien in Längs- und Querrichtung unterscheiden sich.

Bei der Herstellung versucht die Industrie diese Eigenschaften durch einen maschinellen Erwärmungsprozess zu mindern, jedoch können sie nicht komplett ausgeglichen werden.

Daher ist es wichtig, dass der Handwerker die spätere Ausrichtung des Blechs vernünftig wählt, wenn dies für Kantungen, Rundungen und/oder Falzungen verwendet wird.

Die Walzrichtung von Blechen bestimmt stets deren mechanische Eigenschaften.

6.5.2 Walzrichtung an Feinblechen erkennen

Bei allen im Dachdeckerhandwerk verwendeten unbehandelten Blechen lässt sich die Walzrichtung mit bloßem Auge erkennen.

Metalle bestehen mikroskopisch aus Körnern. Diese werden bei der Herstellung von Blechen durch die Arbeitstechnik des Auswalzens gestreckt. Leichte und oft unregelmäßige (schattenähnliche) Streifen zeigen die Ausrichtung dieser Körner.

Beim Bearbeiten von Feinblechen lässt sich mit etwas Erfahrung die Walzrichtung am Rückfedern sowie dem Widerstand des Werkstücks erkennen.

6.5.3 Richtungsänderungen der Bleche durch Verformen (Biegeradius)

Im Mittelpunkt der Blechbearbeitung im Klempner-/Dachdeckerhandwerk stehen immer die Richtungsänderungen des Werkstücks, die entstehen durch Abkanten, Runden, verschiedene handwerkliche Techniken (Bördeln, Schweifen, Treiben) oder Falzen.

Beim Runden oder Falzen muss der maximale Biegeradius beachtet werden. Dieser wird durch die Walzrichtung, die Temperaturen des Blechs selbst sowie durch die Umgebungstemperaturen bei der Verarbeitung beeinflusst.

Der Biegeradius gibt an, bis zu welchem Wert ein Metall gebogen werden kann, ohne dass das Blech Schäden in Form von Brechen oder Reißen davonträgt.

Quer zur Walzrichtung ist ein kleinerer Biegeradius als längs zur Walzrichtung möglich.

6.5.4 Einfluss der Walzrichtung auf die Blechverarbeitung

Bei falsch gewählter Walzrichtung können in nicht unerheblichem Maße materialbedingte Verwerfungen/Aufwerfungen und/oder Verformungen an Metall-/Blechbauteilen auftreten.

Je nach Belastung, Lage und Funktion des Blechs entscheidet die gewählte Walzrichtung über die Wahrscheinlichkeit des Auftretens solcher Effekte.

Aufkantungen, Rundungen und Falzen sollten möglichst quer zur Walzrichtung erfolgen. Eine Fensterbank mit Aufkantungen oder eine Dachrinne wird also quer zur Walzrichtung hergestellt.

Bei Richtungsänderungen von Blechen ist der Spannungsabbau im Material ausschlaggebend. Dieser Spannungsabbau funktioniert nur optimal bei günstig gewählter Walzrichtung.

Auch beim Zurichten von Blechen mit klempnermäßigen Handwerkstechniken, z. B. Schweifen, Bördeln, Tieftreiben, und beim Einschlagen von Reliefs ist möglichst die Bearbeitung quer zur Walzrichtung zu wählen. Damit wird der Spannungsabbau durch Stauchen erheblich erleichtert und das Risiko des Reißens deutlich reduziert.

6.5.5 Walzrichtung bei halbrunden Dachrinnen

Um eine Dachrinne sauber herzustellen, sind mehrere teils komplexe Arbeitsschritte erforderlich. Im Idealfall werden diese Dachrinnen unter Beachtung der Walzrichtung hergestellt. Die Erfahrung aus der Altbausanierung zeigt: Wenn die Walzrichtung berücksichtigt wird, entsteht eine wirkliche Langlebigkeit. Der Rückbau/Abriss von Dachrinnen aus Zink mit einem Alter von 100 Jahren und mehr ist keine Seltenheit.

Bei Dachrinnen, die über den Fachhandel bezogen werden, ist oft die Walzrichtung nicht eingehalten. Um dies zu kaschieren, werden diese Feinbleche von der Industrie poliert. Eine Dachrinne von 2 Metern und mehr (im gutsortierten Fachhandel sind sogar halbrunde Dachrinnen bis zu 6 Metern erhältlich) kann nicht quer zur Walzrichtung hergestellt sein. Solche Dachrinnen sind bei den Verarbeitern/den Handwerkern wegen ihrer Wirtschaftlichkeit bei der Verarbeitung sehr beliebt, und die Industrie gibt bereitwillig lange Garantien.

Bei der handwerklichen Herstellung von Dachrinnen sollte stets die Walzrichtung berücksichtigt werden, um thermisch bedingte Rissbildungen auszuschließen.

6.6 Handwerkliches Herstellen von halbrunden Dachrinnen

- **Arbeitsschritt 1:**
  - Jede Herstellung (von Kantteilen aus Metall) fängt mit dem Zuschnitt an.
  - Nachdem die gewünschte Breite gewählt wurde, wird händisch oder mit den entsprechenden Maschinen zugeschnitten.
- **Arbeitsschritt 2: Herstellen der Kantungen**
  - Wenn der Zuschnitt, winklig und parallel, abgeschlossen ist, werden zunächst 2 Kantungen hergestellt.

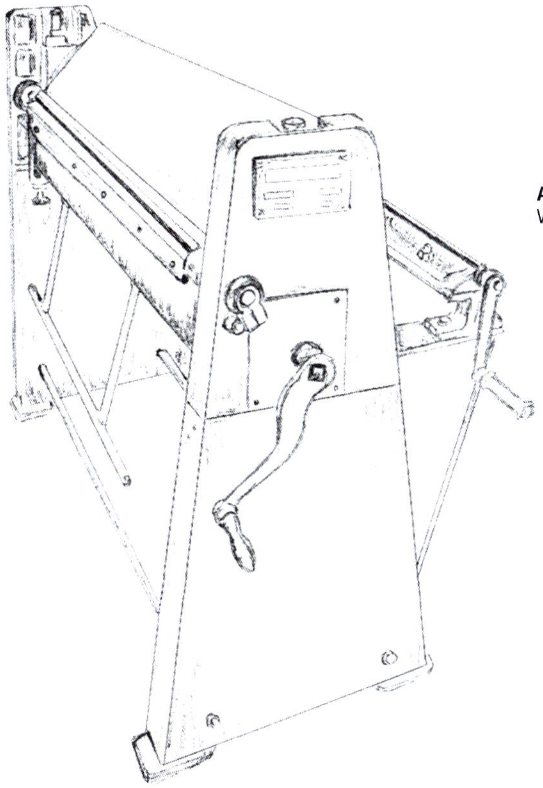

Abb. 6.22: Metrige Kantbank mit angeschlossener Wulstmaschine

- Die erste Kantung dient als Führung der später entstehenden Wulst. Diese Kantung sollte je nach Wulstgröße zwischen 7 und 9 mm liegen.

Prinzipskizze, Blechzuschnitt mit Kantungen

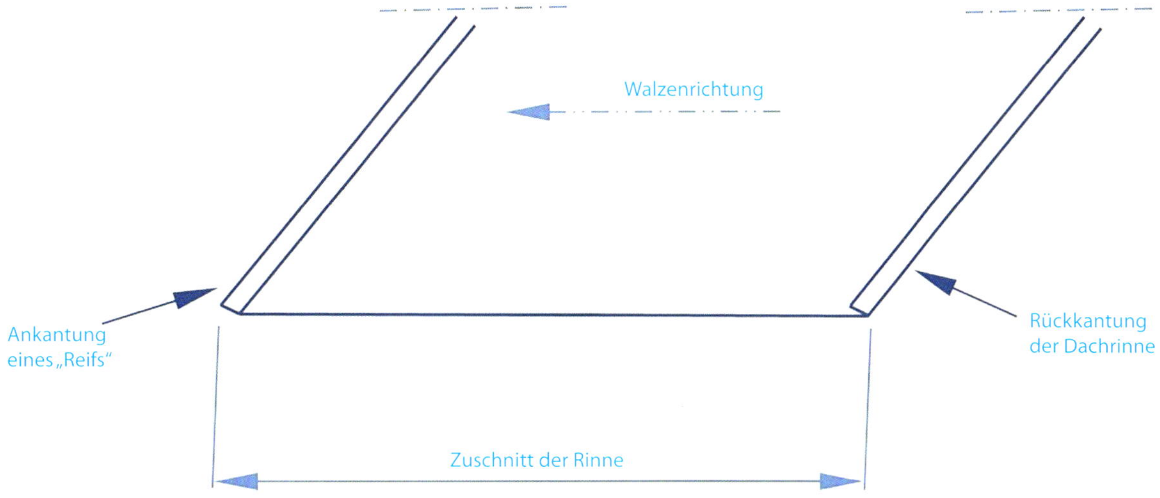

Abb. 6.23: Vorbereitung der Feinblechzuschnitte

- Die zweite Kantung erfolgt auf der gegenüberliegenden Seite des Reifs und sollte etwa ein Maß von 12 mm (1,2 cm) aufweisen. Diese Kantung wird komplett umgeschlagen.

- **Arbeitsschritt 3: Runden des Zuschnitts**
  - Dann wird der vorbereitete Zuschnitt (mit Rückkantung und Reif) in eine Rundbiegemaschine eingespannt. Das Biegen erfolgt mittels einer Kurbel oder elektrisch. Wichtig ist, dass dabei die Biegung langsam in mehreren Arbeitsgängen erfolgt.

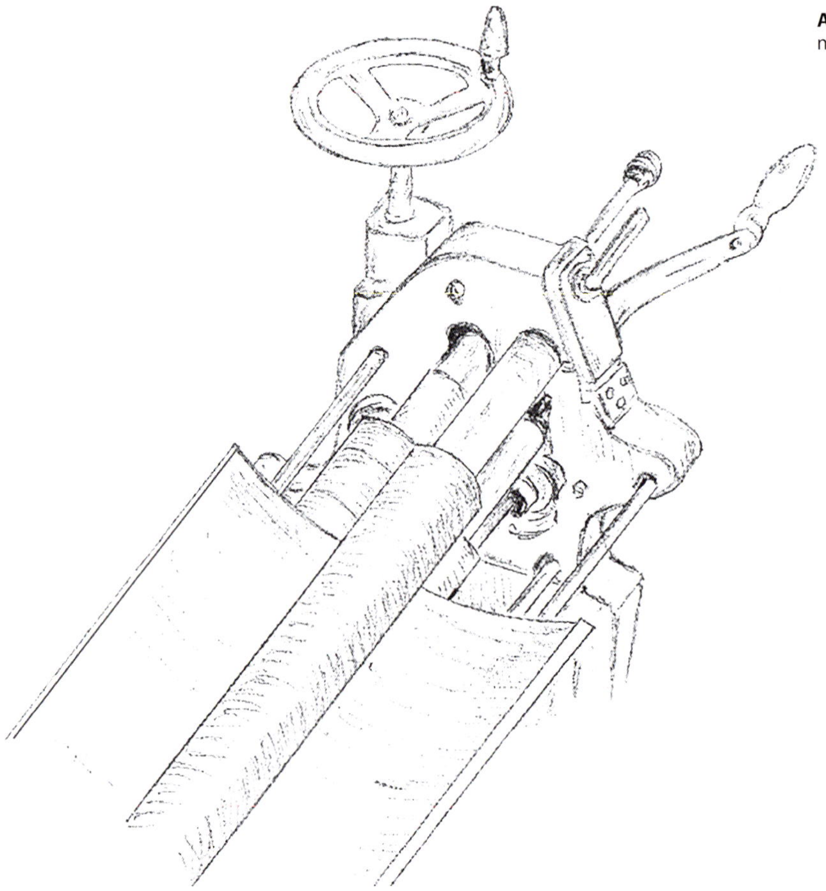

Abb. 6.24: Klassische Rundbiegemaschine

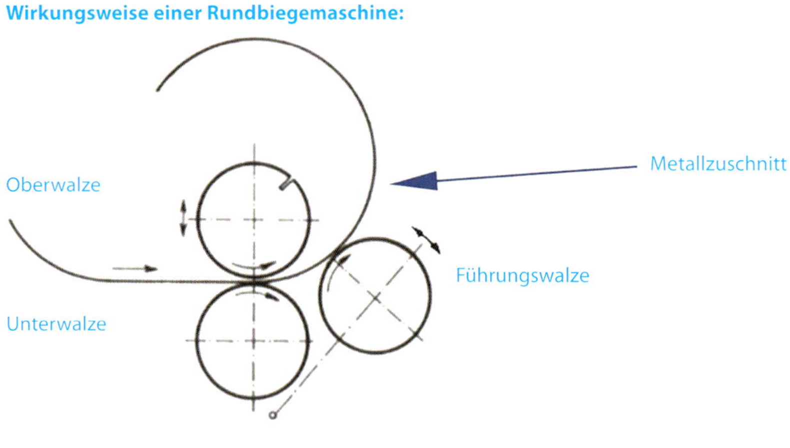

Abb. 6.25: Funktionsweise des Rundens

- Das Rundbiegen, auch Runden genannt, erfolgt so lange, bis die gewünschte Rundung eingetreten ist. Ein geringes „Überziehen", also etwas mehr Rundung, ist erwünscht. Der gewünschte Biegeradius ergibt sich aus dem Durchmesser der halbrunden Dachrinnen.
- Der Zuschnitt wird also so lange gerundet, bis die obere Öffnung etwas geringer als der Durchmesser ist.

- **Arbeitsschritt 4: Herstellung der Rinnenwulst**
  - Zu guter Letzt wird mit der Wulstmaschine die entsprechende Wulstgröße an die entstehende Rinne gedreht. Dabei ist zu beachten, dass die Wulst nicht geschlossen wird. Es sollten also etwa 5 bis 6 mm „Luft“ zwischen dem gedrehten und dem gerundeten Blech entstehen. Je nach Walzrichtung des Blechs kann die Wulst etwas überzogen werden.

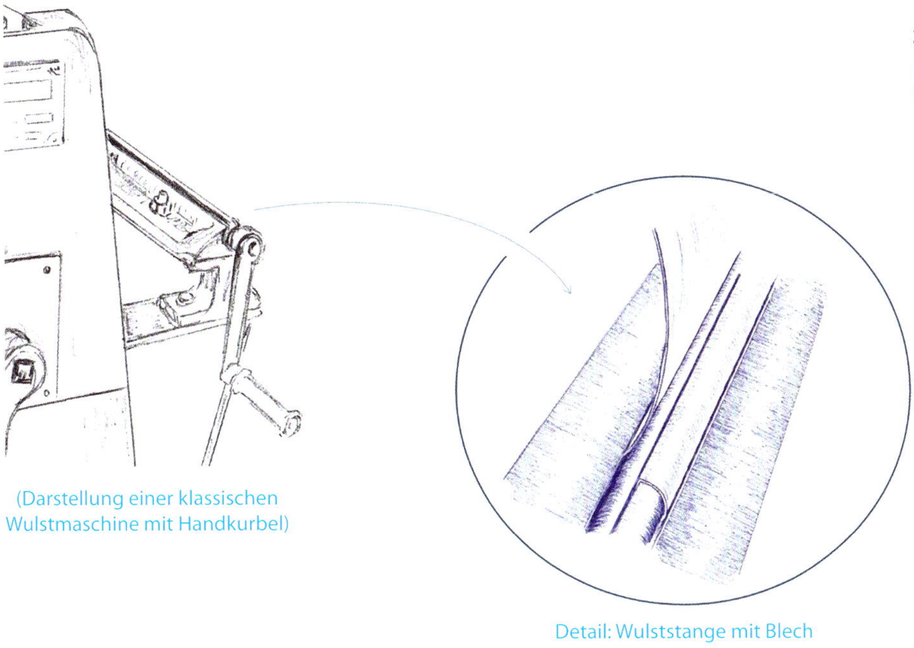

Abb. 6.26: Darstellung Wulstmaschine und Detail: Wulststange mit Blech

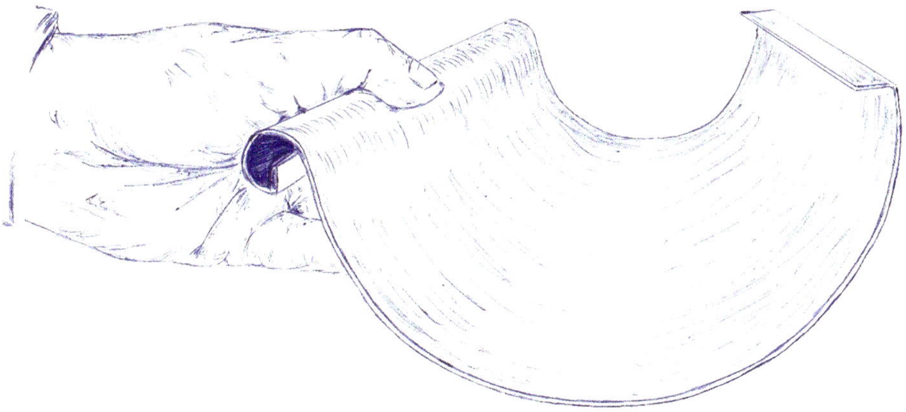

Abb. 6.27: Fertiggestellte halbrunde Dachrinne

6.6.1 Verschließen der äußeren Enden

Die äußeren Abschlüsse einer Dachrinne haben je nach Region in Deutschland verschiedene Namen, zum Beispiel:

- Rinnenendboden, Rinnenboden,
- Boden,
- Rinnenkopfstück, Kopfstück oder
- Rinnenenddeckel, Rinnendeckel.

Diese Rinnenböden können recht unterschiedlich ausgebildet sein. Am bekanntesten sind heutzutage die industriell gefertigten Universal-Endböden. Rinnenböden können jedoch auch konstruiert oder baustellenseitig angepasst und montiert werden.

Montage der Rinnenendböden

Rinnenendböden können in der Falztechnik oder für das Lötverfahren erworben/hergestellt und montiert werden. Im Fachhandel sind jedoch auch Böden erhältlich, die für beide Montagetechniken geeignet sind.

Industriell gefertigte Rinnenendböden

Diese Rinnenendböden gibt es nahezu für jeden Dachrinnentyp und nahezu für jede Rinnenform und -größe im Fachhandel zu kaufen. Es gibt sie als rechte und linke, reine Falz- bzw. reine Lötböden sowie als Universalböden.

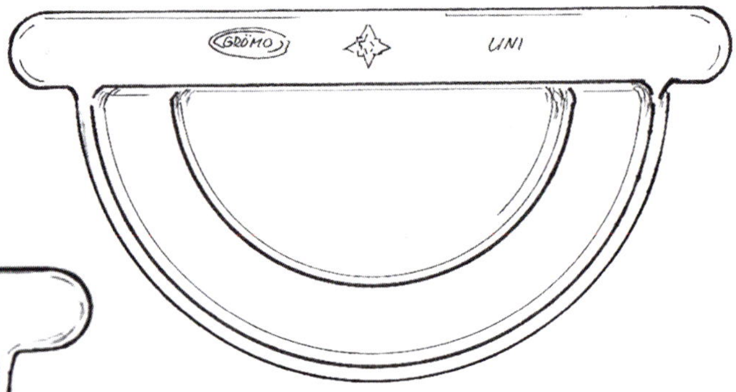

Abb. 6.28: Skizze eines industriell gefertigten Universal-Endbodens eines namhaften Herstellers

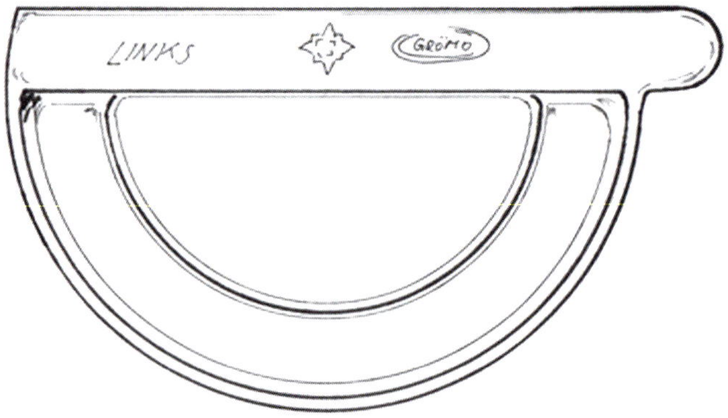

Abb. 6.29: Skizze eines industriell handgefertigten Universal-Endbodens (links) eines namhaften Herstellers

Ein Universal-Endboden kann sowohl links als auch rechts im Lötverfahren oder im Falzverfahren montiert werden.

Der hier dargestellte Rinnenboden ist ebenfalls ein Universalboden, jedoch nur für die Linksmontage, aber auch für das Löt- und Falzverfahren geeignet.

Konstruieren von Rinnenendböden

Für die entsprechenden Dachrinnentypen und Dachrinnengrößen können die Rinnenböden auch konstruiert werden. Die dafür benötigten Werte ergeben sich aus den angegebenen Größen und Zuschnitten gemäß ZVDH-Regelwerk sowie DIN EN 1462 „Rinnenhalter für Hängedachrinnen – Anforderungen und Prüfung".

1. Konstruktion eines Löt(end)bodens

Oft wird der Rinnenboden direkt auf dem Blech angerissen. Bei der Konstruktion auf dem Feinblech ist stets die Walzrichtung zu beachten. Aufkantungen sollten zum größtmöglichen Anteil quer zur Walzrichtung verlaufen (siehe hierzu Abschnitt 6.5.4). Die Aufkantungen eines Rinnenbodens werden also quer zur Walzrichtung hergestellt, um den Spannungsabbau beim Stauchen zu optimieren.

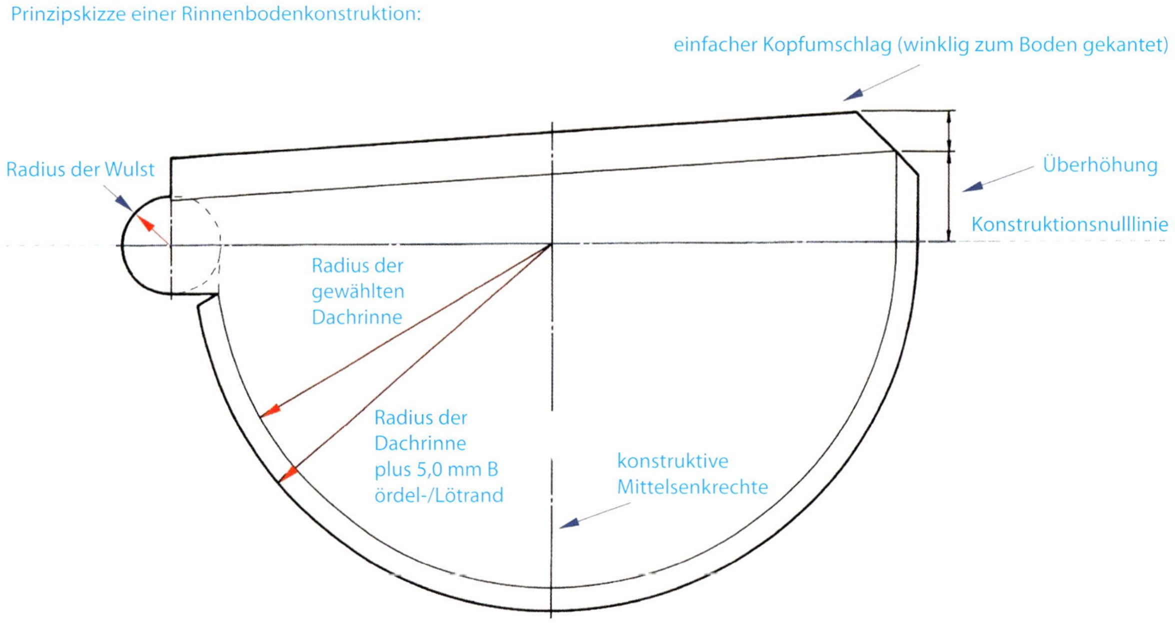

Abb. 6.30: Konstruktion eines Rinnenendbodens

Die Konstruktion des verstärkten Rinnenbodens ist ähnlich der des einfachen Rinnenbodens. Bei dieser Art des Rinnenkopfstücks ist bei der Montage zu beachten, dass der vordere Zuschlag komplett um die Wulst gelegt und verlötet wird. Der hintere Zuschlag liegt sauber an der Rinne an und wird verlötet; der 12-mm-Umschlag wird komplett an den Kopfumschlag gekantet.

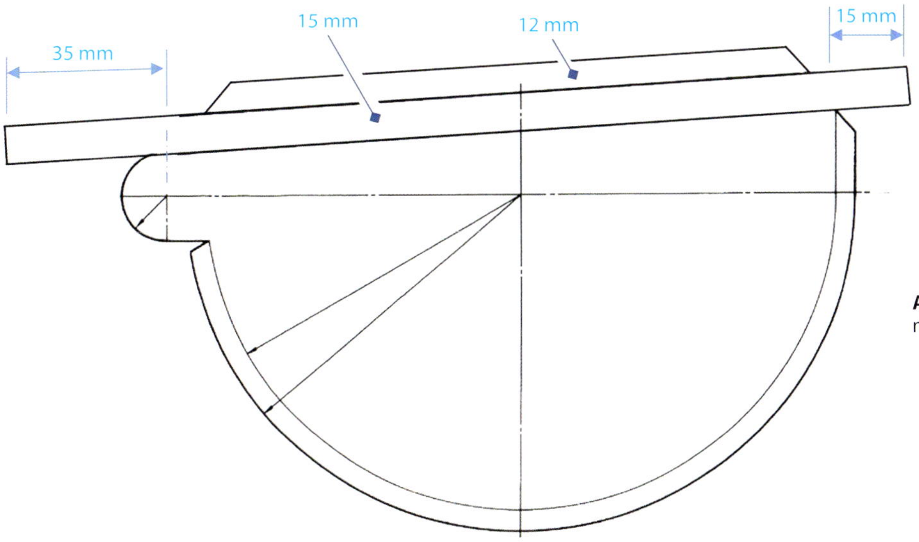

Abb. 6.31: Rinnenendboden mit Kopfumschlag

2. Handwerkliches Herstellen eines Rinnenendbodens

Nachdem der Rinnenboden sauber auf das entsprechend große Blech aufgerissen wurde, wird er ordentlich und ohne „Fleischhaken" ausgeschnitten.

- **Arbeitsschritt 1:**
  - Mit einem geeigneten Werkzeug, alternativ mit geeigneter Maschine (z. B. Kantbank), wird der Kopfumschlag auf 90° gekantet.
- **Arbeitsschritt 2:**
  - Dann wird mit einer geeigneten Zange (z. B. Klempnerflachzange, Wasserpumpenzange, Kombizange) der Bördel durch vorsichtiges minimales Ankanten vorbereitet.

Wichtig: Nur minimal und nur so weit, dass eine scharfe Führungskante entsteht.

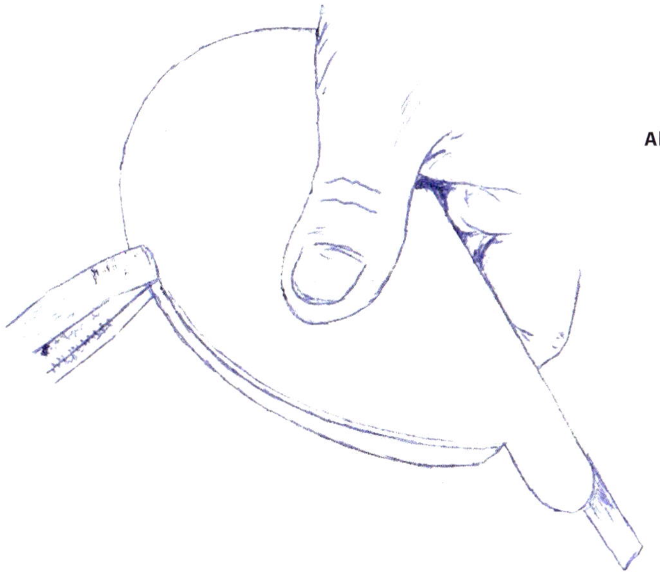

Abb. 6.32: Ankanten des Bördels

- **Arbeitsschritt 3:**
  – Der Bördel wird über ein geeignetes Werkzeug (z. B.: Bördeleisen) und mit einem Holz-/oder Schonhammer hergestellt!

Wichtig:
Ein Bördel wird niemals mit einer Zange hergestellt. Er muss wegen der Strukturveränderung des Blechs mit einem „weichen" Hammer (kein Eisenhammer) hergestellt werden.

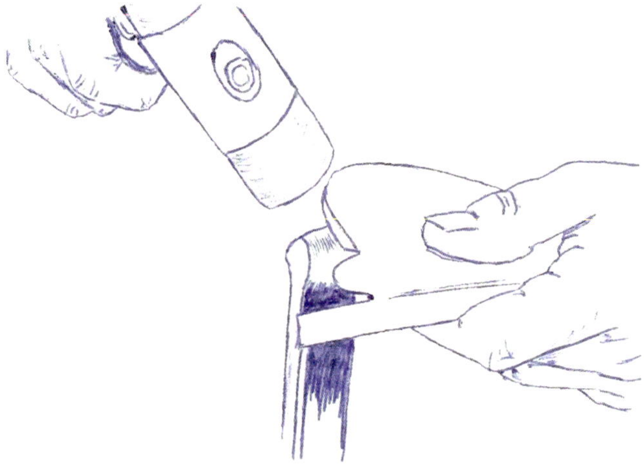

Abb. 6.33: Herstellung eines Bördels am Rinnenboden

- **Arbeitsschritt 4 oder auch Zwischenschritt:**
  – Bei einer starken Verformung des Werkstücks durch die Herstellung des Bördels werden die Aufkantungen (und nur die Aufkantungen, niemals der Blechboden) mit der Arbeitstechnik des Stauchens bearbeitet.
  – Durch das Stauchen wird die Struktur des Materials wieder in die ursprüngliche Form gezogen; so setzt der Spannungsabbau ein.

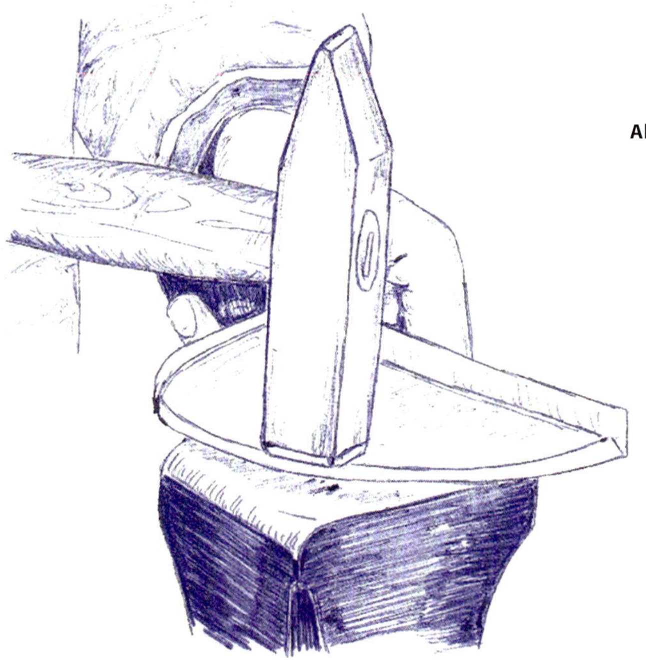

Abb. 6.34: Darstellungen des Stauchens

3. Der anspruchsvolle (einfach gefalzte) Rinnenboden

Die Konstruktion und die handwerkliche Herstellung der gefalzten Rinnenenddeckel erfolgen genau wie bei den Endböden zum Auflöten.

Wenn der Rinnenboden direkt auf dem Blech angerissen/konstruiert wird, muss ebenfalls stets die Walzrichtung beachtet werden. Aufkantungen (bei Böden der Bördel sowie die Kantung) sollten quer zur Walzrichtung verlaufen, um den Spannungsabbau im Blech beim Stauchen zu optimieren.

Prinzip Skizze: einfach gefalzter Rinnenboden mit verstärktem Kopfumschlag

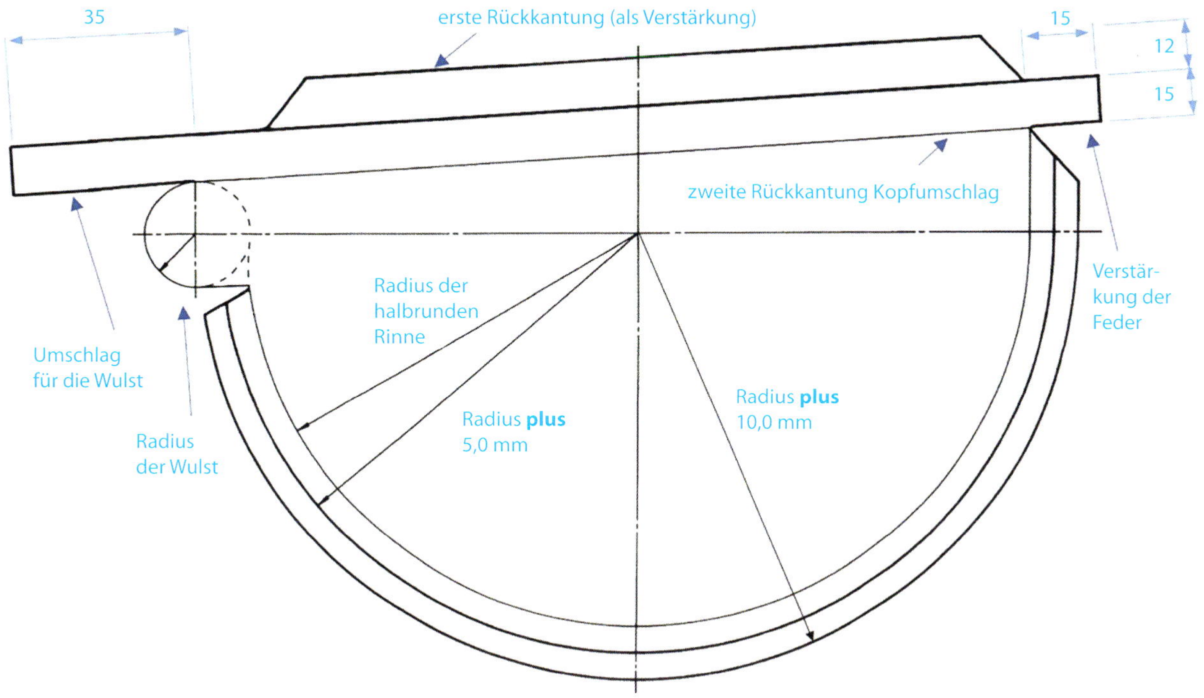

Abb. 6.35: Konstruktionsdarstellung eines einfachen Falzbodens

Tipps zur Herstellung des Bodens:

Bei Rinnenendböden mit verstärktem Kopfumschlag sollte stets ein lötbares Material wie zum Beispiel Zink oder Kupfer verwendet werden. Die erste Rückkantung (der 12-mm-Umschlag als Verstärkung) wird komplett an die 2. Rückkantung, den Kopfumschlag, gekantet und planeben verschlossen. Die Bördelkante ist der Radius der Dachrinne plus 5,0 mm und wird auf mindestens 90° sauber aufgestellt.

Vorbereitung der Dachrinne für die Montage eines Endbodens

Vor der Montage der Rinnenböden müssen bei der Dachrinne zuerst die Rückkantung sowie die Wulst sauber und ohne Blechverletzung zurückgeschnitten werden, um danach einen vernünftigen Schweif herstellen zu können.

Nach den beschriebenen Rückschnitten wird nun die Dachrinne sauber geschweift.

Beim Schweifen ist zu beachten, dass die Arbeitstechnik gleichmäßig ausgeführt wird, um eine ungewollte Verformung der Rinne zu verhindern und eine ordentliche Passform des Rinnenbodens zu gewährleisten.

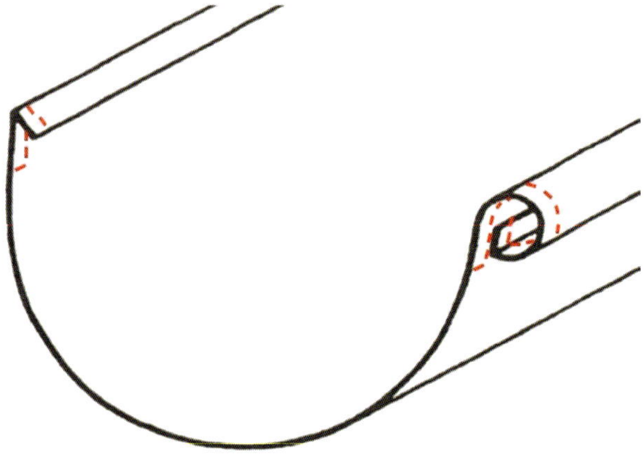

Abb. 6.36: Rückschnitt des Falzbereichs

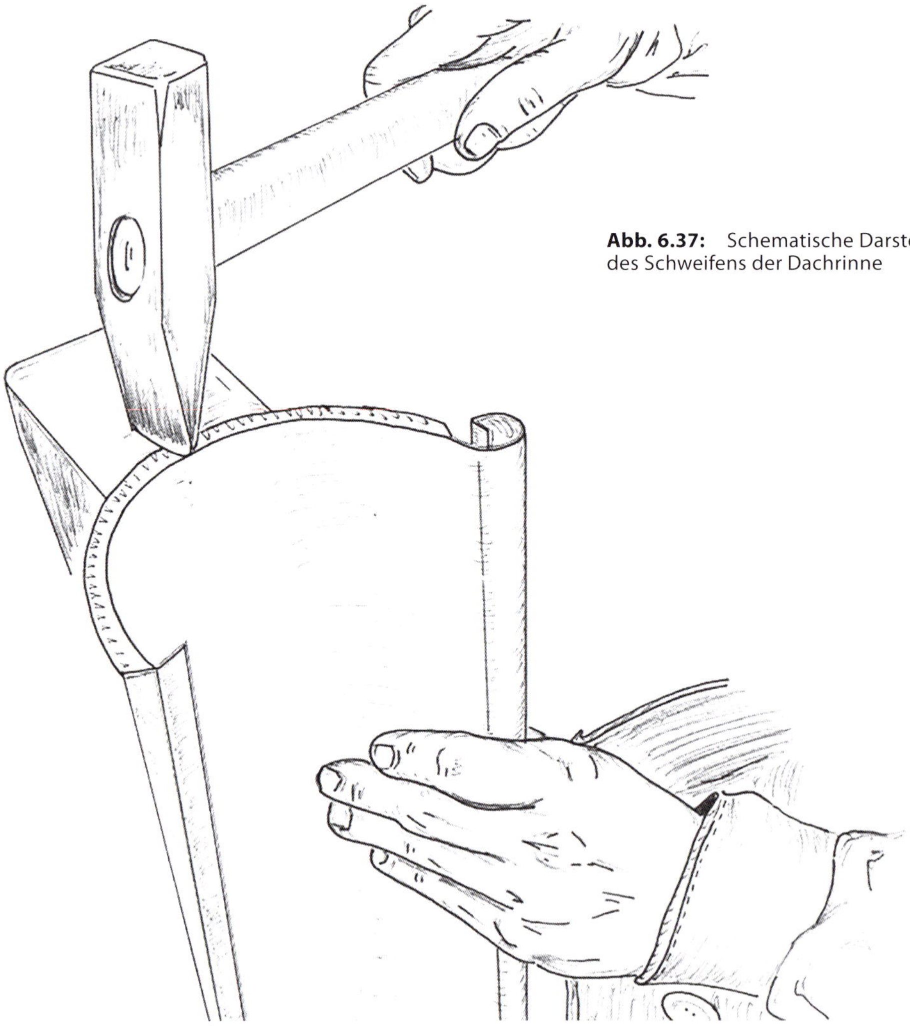

Abb. 6.37: Schematische Darstellung des Schweifens der Dachrinne

Tipps zur Montage der Endböden:

Das Einfalzen der Böden funktioniert immer dann gut, wenn der Schweif der Rinne und der Bördel des Bodens ordentlich zusammenpassen. Der Falz des Bodens wird mit einem schmalen (glatten) Schlosserhammer verschlossen und danach von innen verlötet. Bei der Montage der Böden ist außerdem zu beachten, dass der vordere Zuschlag (Umschlag) komplett und planeben um die Wulst gelegt und mit einer zarten Lötnaht verschlossen wird. Der hintere Zuschlag (die Verstärkung der Feder) muss sauber an der Rinne anliegen und wird ebenfalls verlötet.

4. Baustellenmäßiges Herstellen eines Rinnenendbodens

Für das baustellenmäßige Herstellen von Rinnenendböden gibt es die verschiedensten Varianten. Nachfolgend ist eine recht einfache Vorgehensweise beschrieben.

- **Arbeitsschritt 1:**
  - Die ordentlich zugeschnittene Dachrinne wird in ein Rinneneisen eingespannt und auf ein geeignetes und ausreichend großes Stück Feinblech aufgestellt.
  - Im Idealfall ist die Rückkantung für den Kopfumschlag bereits hergestellt.

Ein ausreichend großes „Abfall"stück Einhängeblech ist meistens zur Hand und kann für die Konstruktion des Bodens leicht und ohne größere Probleme verwendet werden.

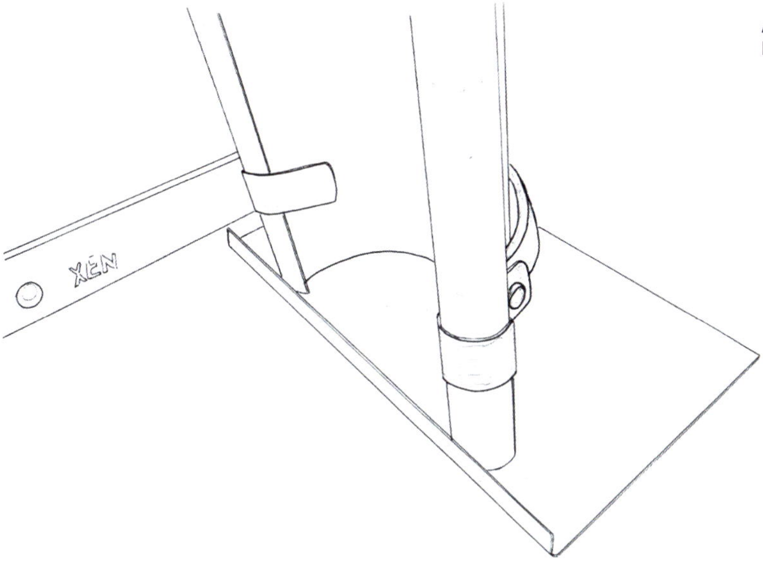

Abb. 6.38: Provisorisches Herstellen des Rinnenbodens

- **Arbeitsschritt 2:**
  - Das Feinblech wird „stumpf" an die Rinne gelötet (geheftet). Dabei muss darauf geachtet werden, dass der Haft, also das Lötzinn, nicht durch den Lötspalt fließt.
  - Wenn dass passiert, sollte dieses Material entfernt werden, da sonst ein sauberes weiteres Bearbeiten nicht mehr möglich ist.

Es sollten mindestens 3 Haftpunkte gesetzt werden, um einen sicheren Halt des Feinblechs zu gewährleisten.

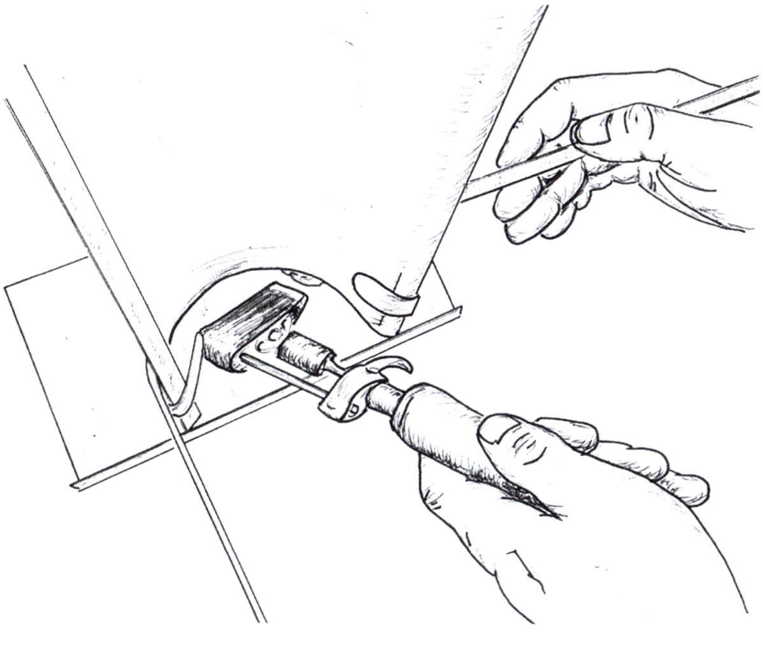

Abb. 6.39: Setzen der Hafte am Feinblech-Endstück

- **Arbeitsschritt 3:**
  - Das geheftete Blech wird dann mit einem geeigneten Anreißwerkzeug (z. B. Zirkel) auf etwa 5,0 mm sauber angerissen, alle überschüssigen Bereiche werden davon abgeschnitten.
  - Im Bereich der Wulst wird das Blech bündig mit der Rinne abgeschnitten.
  - Wenn die Wulst mit einer Verstärkung am Boden hergestellt werden soll, wird die Rückkantung am Kopfumschlag (mind. 40,0 mm lang) stehen gelassen.

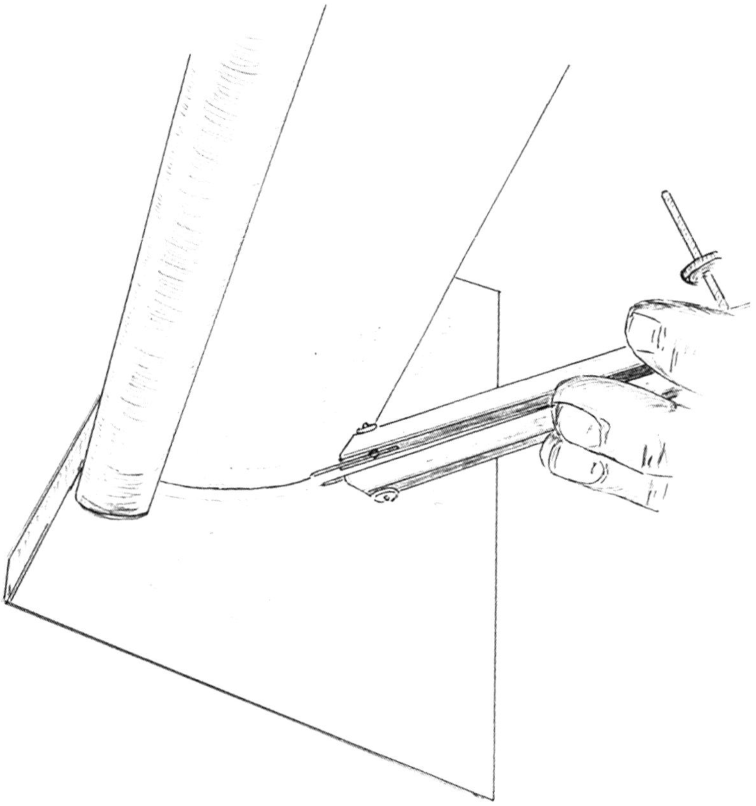

Abb. 6.40: Anreißen des Rinnenbodens

- **Arbeitsschritt 4:**
  - Dann wird das überstehende Blech mit einem geeigneten Werkzeug sauber an die Rinne angelegt. Das Blech sollte so sauber wie möglich an der Dachrinne anliegen (maximaler Abstand des Blechs von der Rinne, 0,1 bis 0,3 mm).

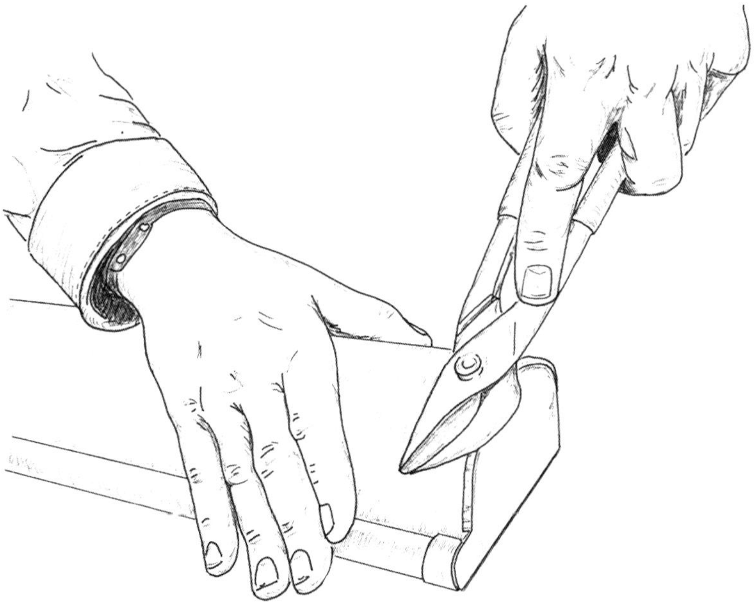

Abb. 6.41: Anlegen des Bördelrands an die Dachrinne

- **Arbeitsschritt 5:**
  1. Einlöten des Rinnenbodens von innen sowie Anlöten der Verstärkung an der Rückkantung sowie an der Wulst.
  2. Das gewissenhafte Putzen der Lötnähte darf nicht vergessen werden!

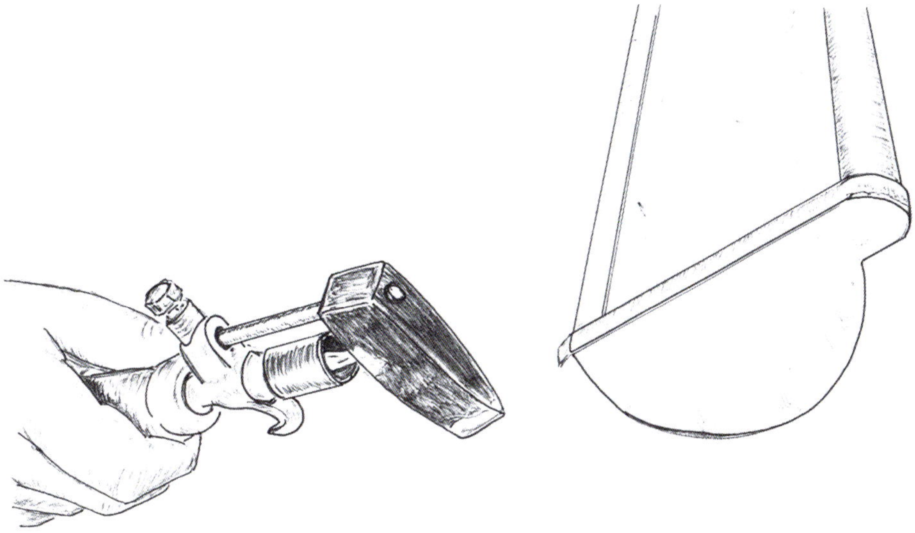

Abb. 6.42: Einlöten des Rinnenbodens

6.7 Rinnenbewegungsausgleich

6.7.1 Grundwissen Rinnendehner

Um wie beschrieben temperaturbedingte Längenausdehnungen auszugleichen, nennt das ZVDH-Regelwerk verschiedenste Möglichkeiten.

Industriell gefertigte Dehner:

Rinnenbewegungsausgleich mittels industriell gefertigter Dehnungsteile

- Chloropren-Dehnungsteile
- Neopren-Dehnungsteile

Diese Dehnungsausgleichsstücke sind aus einem UV- und witterungsbeständigen Kunststoff gefertigt und sehr wirtschaftlich.

Handwerklich gefertigte Dehner:

Rinnenbewegungsausgleich I (Hochpunktschiebenaht)

- Hochpunktschiebenaht Typ A
- Hochpunktschiebenaht Typ B

Diese Dehnungsausgleichsstücke sperren den freien Wasserlauf und dürfen daher nur an einem eindeutig bestimmten Hochpunkt verbaut werden.

Rinnenbewegungsausgleich II (Tiefpunktschiebenaht)

- Tiefpunktschiebenaht über einen Rinnenkessel
- Tiefpunktschiebenaht über einen Rinneneinhangstutzen

Dieser Dehnungsausgleich funktioniert über die Entwässerung. Kesselförmige oder trichterförmige Einläufe werden mit erhöhter Überdeckung an die Rinne gefügt und ermöglichen so den Bewegungsausgleich des Materials.

6.7.2 Konstruktion eines Rinnenbewegungsausgleichers I (Hochpunktschiebenaht)

Bei korrekter Konstruktion und handwerklicher Herstellung ist dieser Bewegungsausgleicher eine sehr saubere und zuverlässige Art, die Längenausdehnung von Dachrinnen aufzunehmen. Außerdem ist dieser Dehnungsausgleich für das ungeübte Auge von unten kaum sichtbar, und beim Blick in die Dachrinne schmeichelt er dem Auge.

Der nachfolgend beschriebene Dehnungsausgleicher kann, in Abwandlungen, also konstruktiv angepasst, in jede Form und Größe von Dachrinnen montiert werden.

Konstruktion eines klassischen Hochpunktdehners (Hochpunktschiebenaht)

Prinzipskizze: eines Hochpunktdehners und seiner Bestandteile:

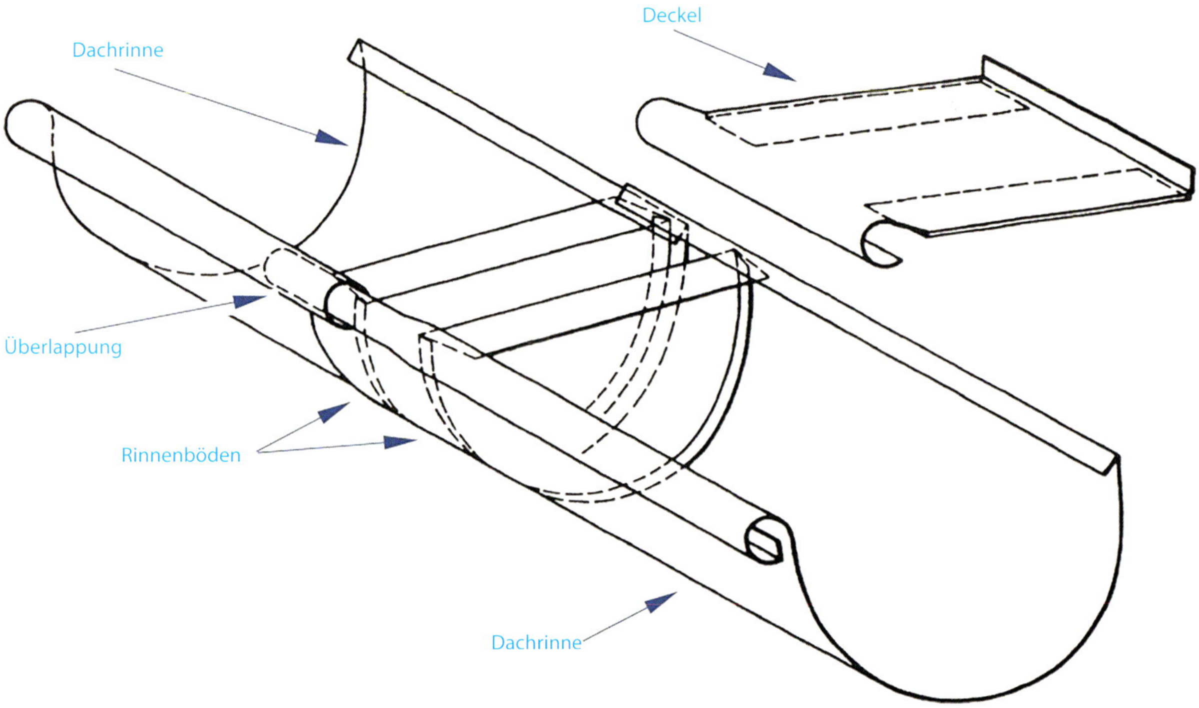

Abb. 6.43: Schematische Darstellung einer Hochpunktschiebenaht (eines Hochpunktdehners)

- **Arbeitsschritt 1:** Konstruieren und handwerkliches Herstellen der „Deckel" des Dehners
  - Bei der Konstruktion direkt auf dem Blech ist die Walzrichtung zu beachten. Aufkantungen sollten zum größten Teil quer zur Walzrichtung verlaufen.
  - Die Aufkantungen des Bodens einer Hochpunktschiebenaht werden also quer zur Walzrichtung hergestellt, um den Spannungsabbau beim Stauchen zu optimieren.

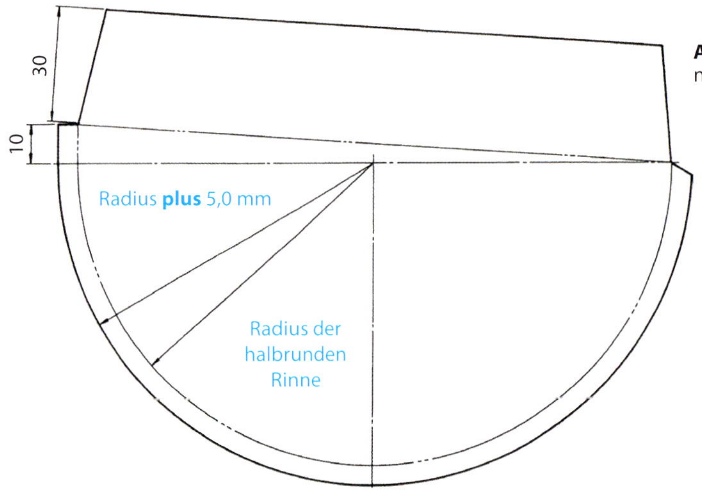

Abb. 6.44: Konstruktionsschema eines Rinnenbodens in einer Hochpunktschiebenaht

- Die Herstellung der inneren Rinnenböden erfolgt analog zur Herstellung von äußeren Rinnenböden

- **Arbeitsschritt 2:** Konstruieren und handwerkliches Herstellen der Abdeckung des Dehners.
  - Das Mittelstück des Deckels hat die Länge des Durchmessers der halbrunden Dachrinne, minus 10 %.
  - Die Halbwulst wird etwas überzogen, um das Einhängen in die Dachrinne zu erleichtern.

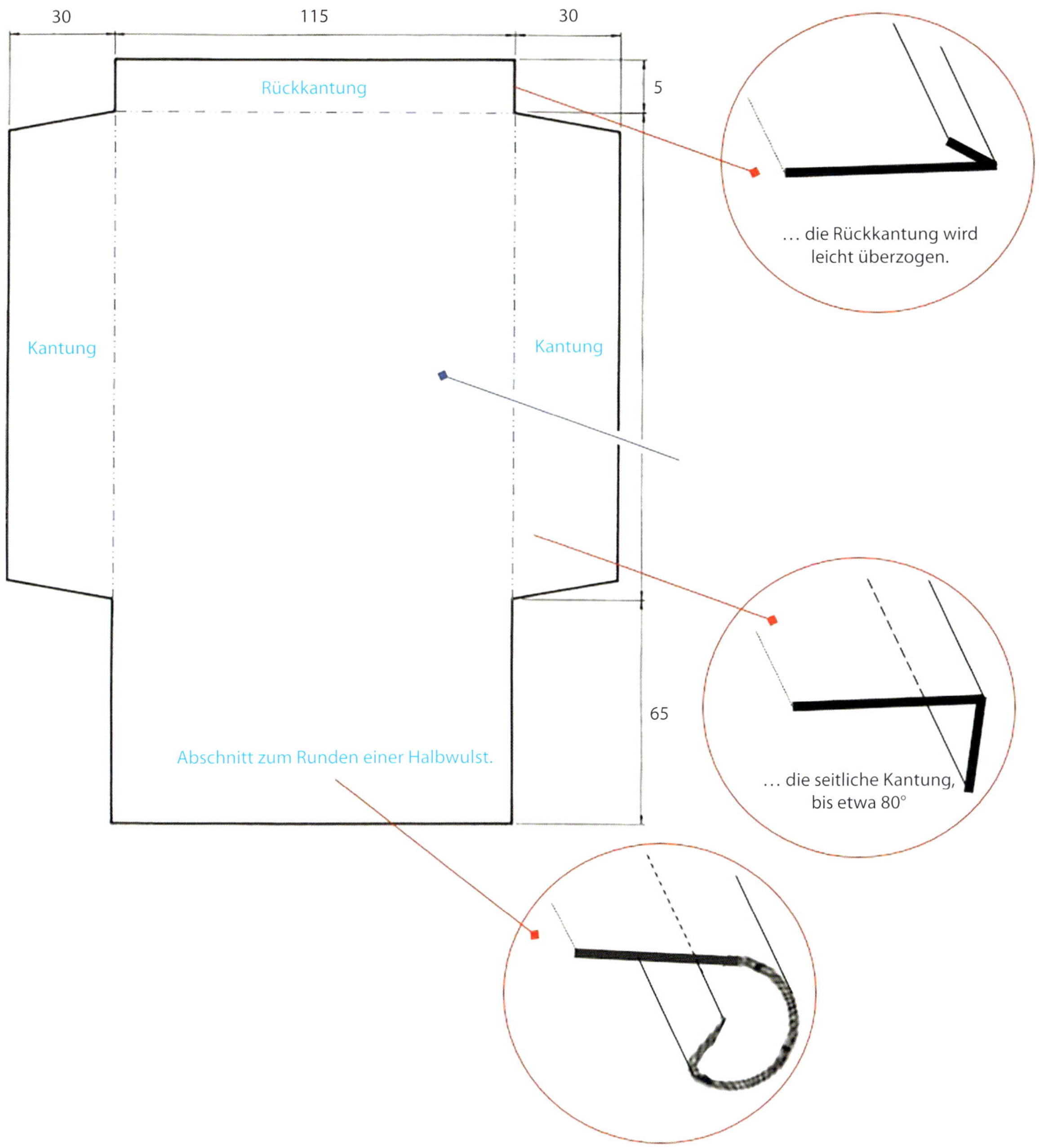

Abb. 6.45: Schematische Darstellung einer Konstruktionsskizze für den Deckel der Hochpunktschiebenaht

- **Arbeitsschritt 3:** Handwerkliche Montage der Böden sowie der Abdeckung (Deckel) des Dehners
  Bei der Endmontage der Einzelteile des Dehners sind folgende Punkte unbedingt zu beachten:
  - Die Rinnenböden werden von innen eingelötet und müssen, wie der Schnitt zeigt, auf der Dachrinne aufliegen.
  - Wichtig bei der Montage sind die Winkligkeit der Böden zur Rinne sowie eine saubere und dichte Lötnaht.
  - Das Abstandsmaß an Rinne II (60 mm) ist zwingend einzuhalten.
  - Die Überlappung/der Abstand zwischen den Böden bei der Montage errechnet sich aus der Umgebungstemperatur.
  - Die vorgekanteten „Flügel“ des Dehners (siehe 2. Arbeitsschritt) werden mit der Hand umgekantet. Es dürfen dabei keine scharfen Biegekanten entstehen, also nicht mit der Zange zusammendrücken.

Prinzipskizze: Schnitt eines komplett montierten Hochpunktdehners:

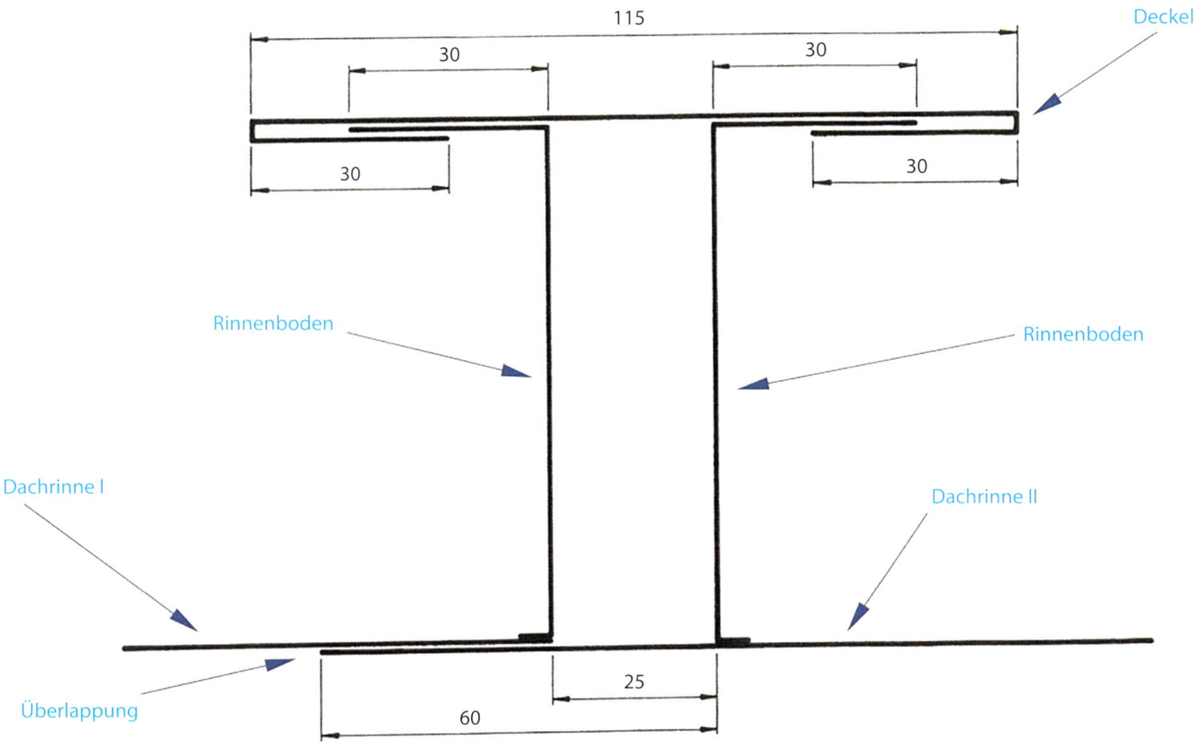

Abb. 6.46: Schematische Darstellung der Montage der Abdeckung, des Deckels

6.7.3 Rinnenbewegungsausgleicher II (Tiefpunktschiebenaht)

Der Tiefpunktdehner kann über den Fachhandel beinahe von jedem namhaften Industriepartner als Einhangstutzen oder als Rinnenkessel bezogen werden. Dieser Einhangstutzen hat (genau wie der Rinnenkessel) gegenüber dem zylindrischen Lötstutzen den Vorteil, dass er deutlich mehr Wasser ableitet und bei korrekter Montage die temperaturbedingte Längenausdehnung der Dachrinne aufnimmt.

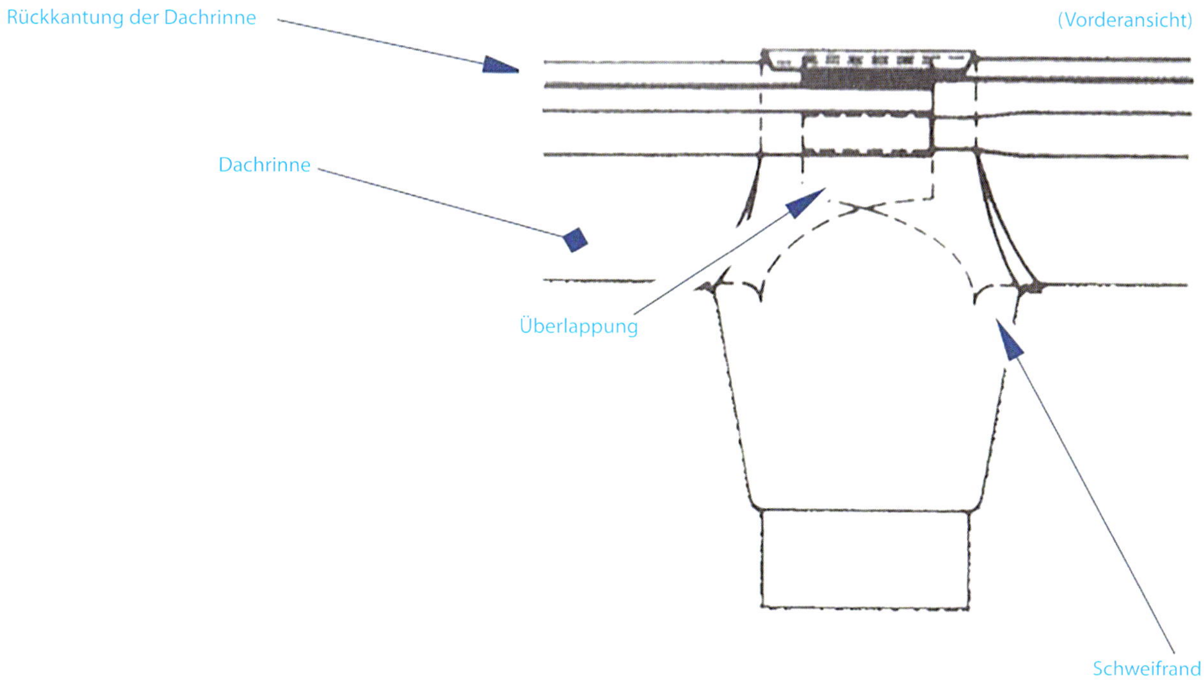

Abb. 6.47: Prinzipskizze eines Tiefpunktdehners am Beispiel Einhangstutzen

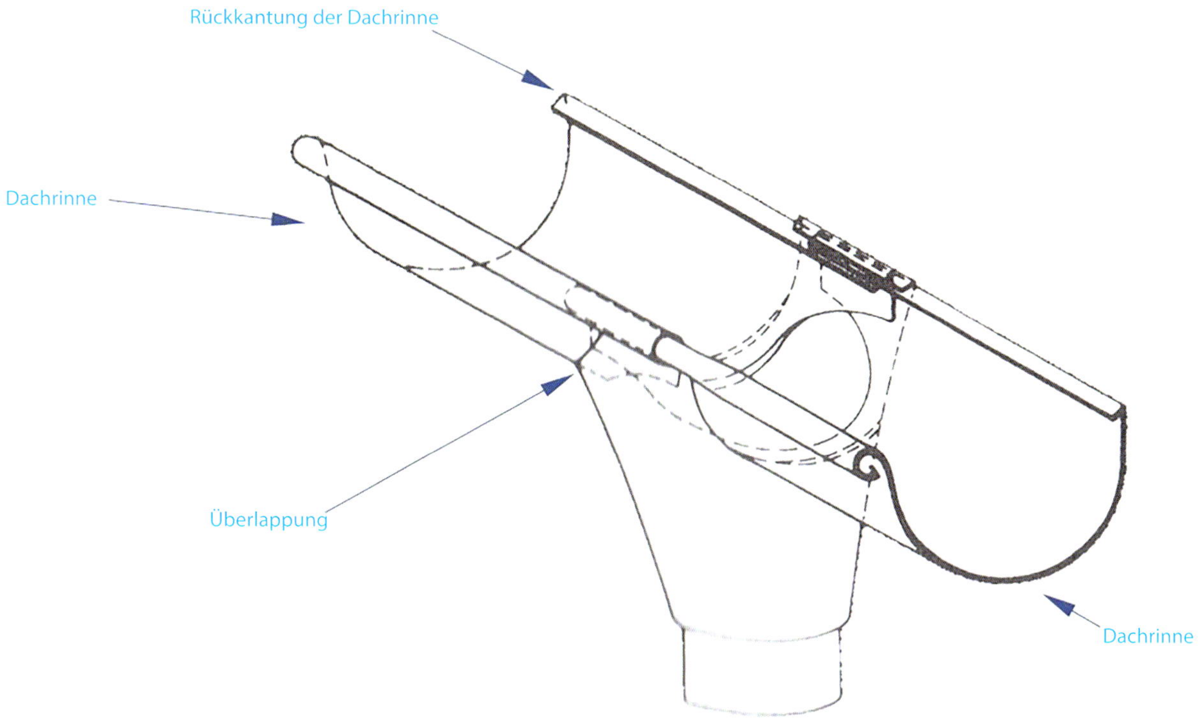

Abb. 6.48: Tiefpunktdehner am Beispiel Einhangstutzen – perspektivische Ansicht

Konstruktion eines Rinnenbewegungsausgleichs II (einer Tiefpunktschiebenaht)

Die Konstruktion und die handwerkliche Herstellung einer Tiefpunktschiebenaht sind recht umfangreich und bedürfen eines gewissen handwerklichen Grundgeschicks.

Nachfolgend ist eine recht einfache Konstruktion einschließlich ihrer handwerklichen Umsetzung beschrieben. Dieser Einhangstutzen ist recht einfache und stellt keinerlei Wertung gegenüber anderen Konstruktionen dar.

Jede Tiefpunkschiebenaht besteht aus mindestens 2 sauber gefügten Einzelteilen,

- dem trichterförmigen Stutzen
- und dem Ablaufrohr.

1. Abwicklung eines trichterförmigen Stutzens

für eine 7teilige halbrunde Dachrinne mit 7teiligem Ablaufrohr

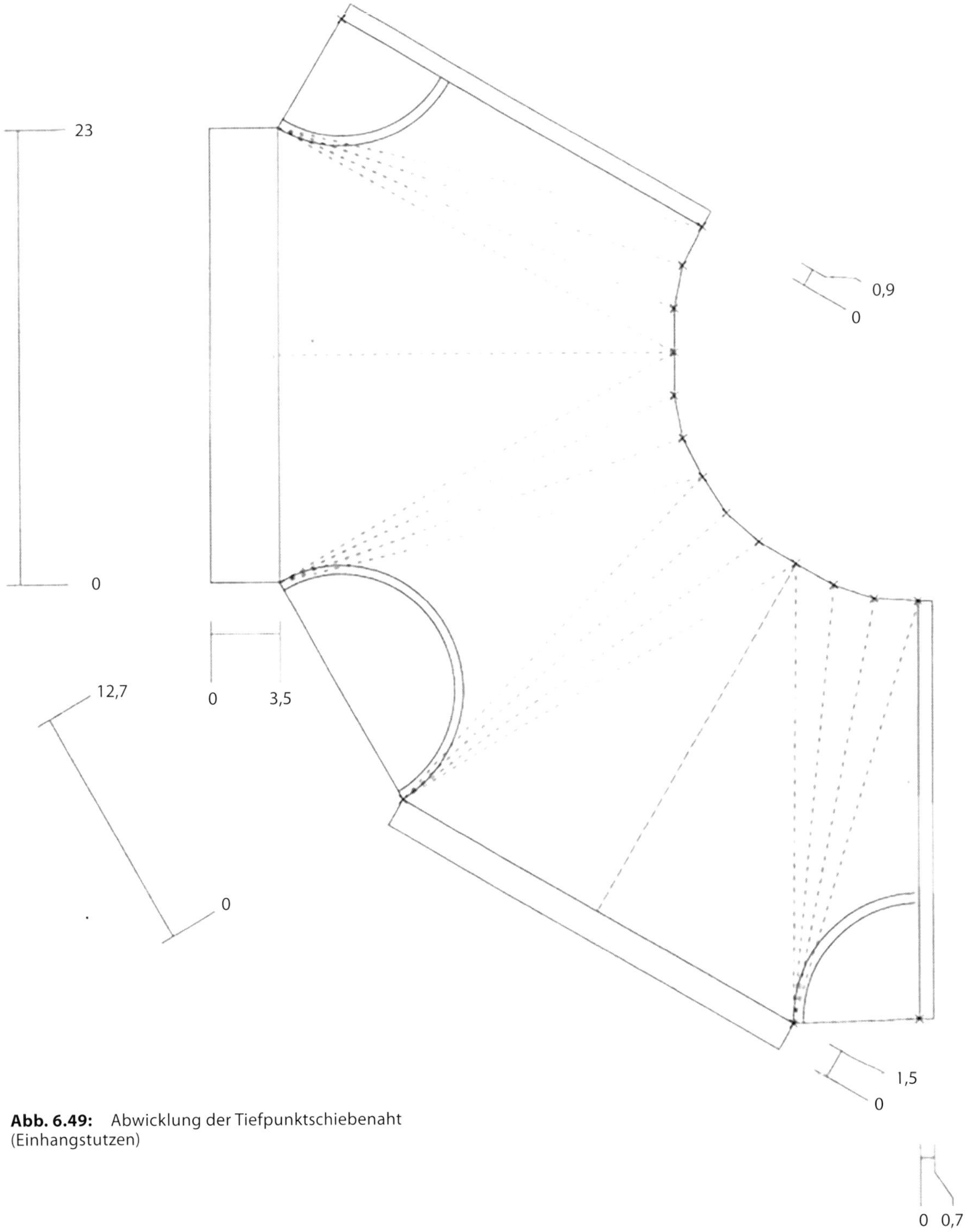

Abb. 6.49: Abwicklung der Tiefpunktschiebenaht (Einhangstutzen)

2. Abwicklung eines kreisförmigen Rohrs

Auf das Abwickeln eines Rohrs wird hier nicht eingegangen, jedoch sei darauf hingewiesen: Für eine 7teilige (halbrunde) Dachrinne wird auch ein 7teiliges Rohr benötigt.

Handwerkliche Herstellung eines Rinnenbewegungsausgleichs II (eines Einhangstutzen)

- **Arbeitsschritt 1:** Sauberes Ausschneiden des Blechs
  - Beim Ausschneiden des Blechs muss auf eine saubere Schnittkante ohne „Fleischhaken" oder sonstige Blechverletzungen geachtet werden.

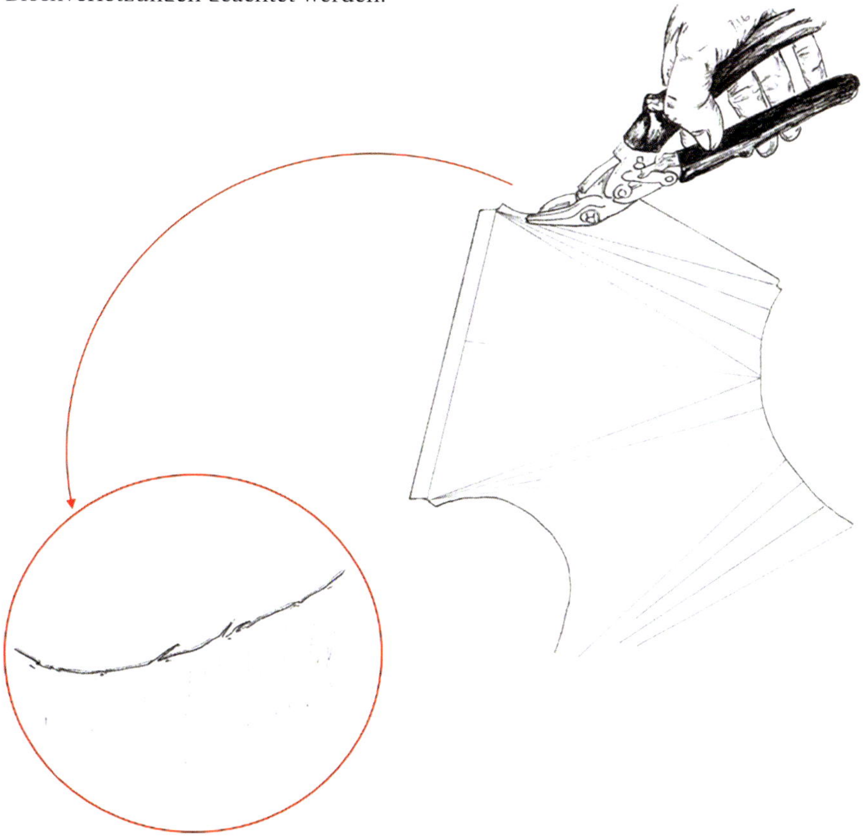

Abb. 6.50: Handwerkliche Herstellung eines Rinnenbewegungsausgleichs (einer Tiefpunktschiebenaht)

- **Arbeitsschritt 2:** Kanten des Zuschnitts
  - An allen angerissenen Kantlinien wird der Zuschnitt sauber um etwa 10° gekantet.
  - Bei gleichmäßigen Arbeitsabläufen entsteht so ein ordentlicher „Roh"-Einhangstutzen.

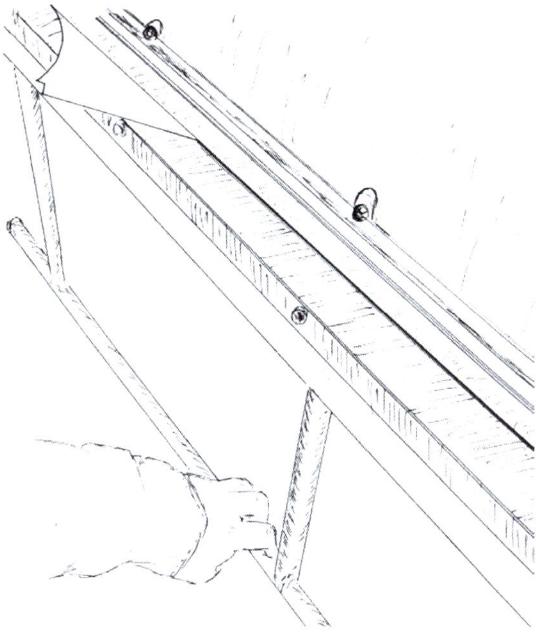

Abb. 6.51: Kanten des Einhangstutzens

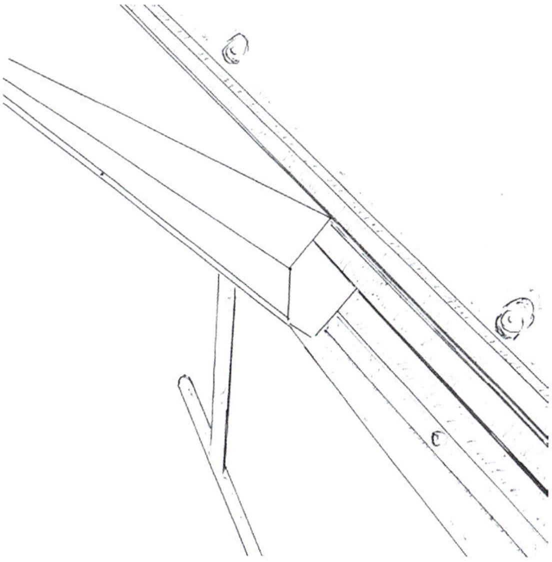

Abb. 6.52: Die Kantung erfolgt in Segmenten

- **Arbeitsschritt 3:** Verlöten des Einhangstutzens
  - Der trichterförmige Stutzen/der Einhangstutzen wird nun im Weichlötverfahren von innen gefügt.
  - Nach dem Fügen werden die vordere (der WulstEinhänger) und die hintere Kantung (zum Befestigen an der Rinne) mit der Maschine hergestellt.
  - Außerdem wird danach die hintere Kantung so zugeschnitten, dass sie ohne Kraftaufwand mit der Hand an die Rinne angelegt werden kann.

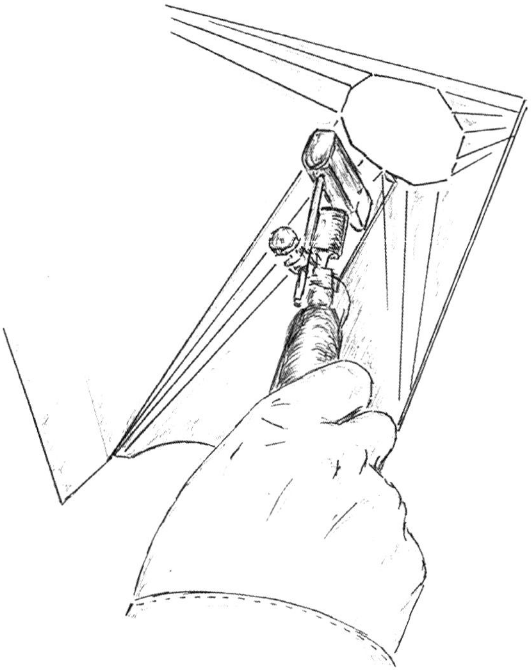

Abb. 6.53: Zusammenlöten des Einhangstutzens

- **Arbeitsschritt 4:** Ankanten der Rinnenseiten
  - Vor dem weiteren Bearbeiten des trichterförmigen Stutzens werden der seitliche Rinneneinlauf und der Übergang zwischen Stutzen und Rohr mit einer geeigneten Zange angekantet.

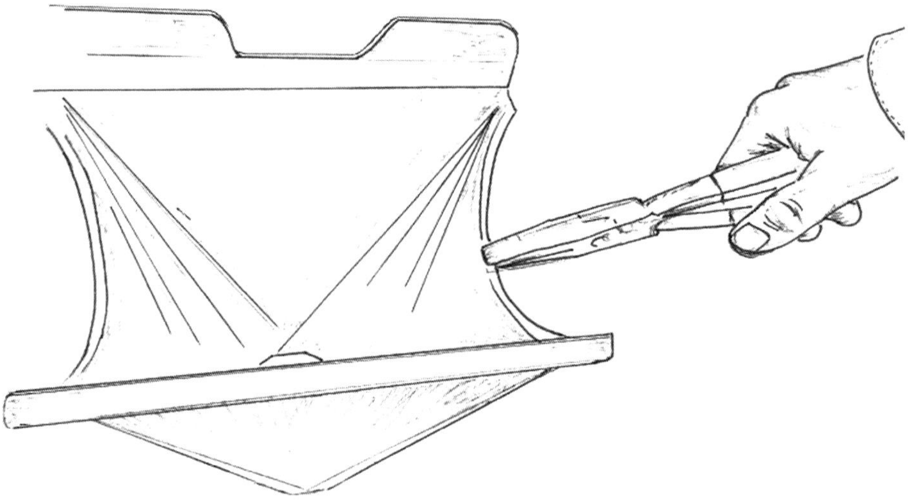

Abb. 6.54: Ankanten der Übergänge des Stutzens zur Rinne

- **Arbeitsschritt 5:** Schweifen der Einzelteile des Stutzens
  - Das Strecken sowie das handwerkliche Runden der halbrunden Rinneneinläufe sowie des Übergangs zwischen trichterförmigen Stutzen und Rohr werden in der Arbeitstechnik des Schweifens durchgeführt.

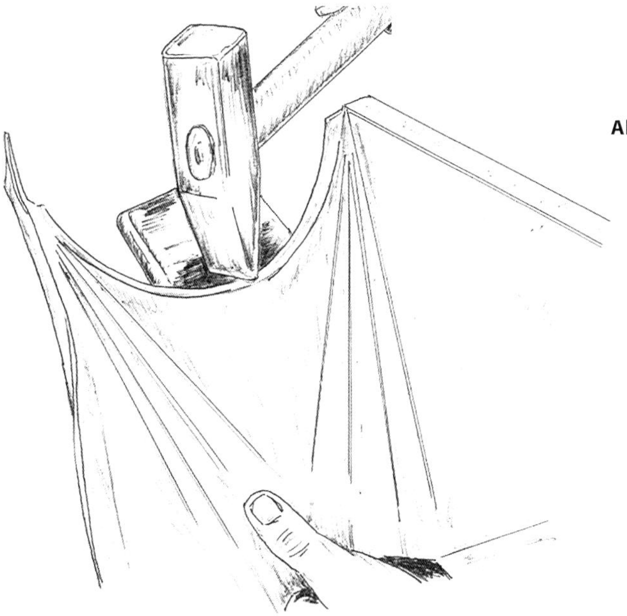

Abb. 6.55: Zurichten des Einhangstutzens

  - Um das Fallrohr mit dem trichterförmigen Stutzen zu verbinden, muss das Rohr etwas geweitet werden. Dies geschieht ebenfalls in der Arbeitstechnik des Schweifens.

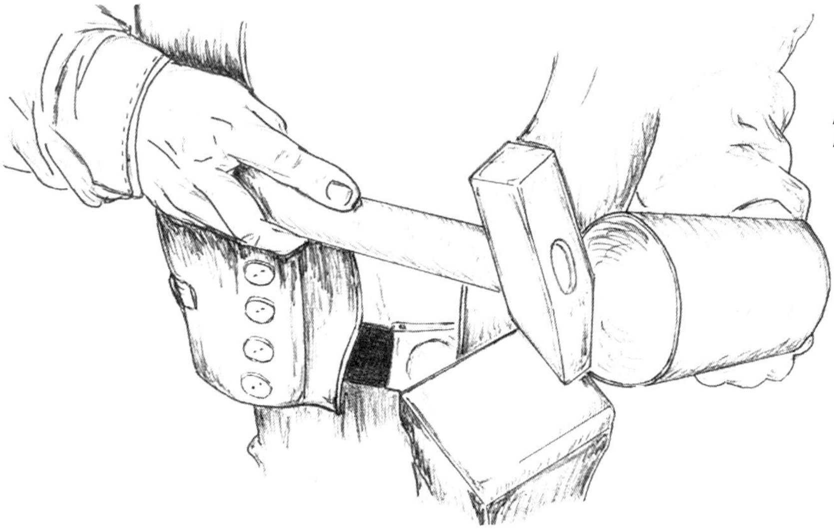

Abb. 6.56: Schweifen des Ablaufrohrs

- **Arbeitsschritt 6:** Fügen der Einzelteile des Stutzens im Weichlötverfahren von innen

- **Arbeitsschritt 7:** Herstellung einer Hochsicke
  - Mithilfe der Sickenmaschine, entweder als Handsickenmaschine oder aber mit einer elektrischen, wird eine Hochsicke in das Rohrstück gedreht.
  - Diese Hochsicke dient als Orientierung zur Einhaltung der Überdeckung sowie als Versteifung des Rohrs.

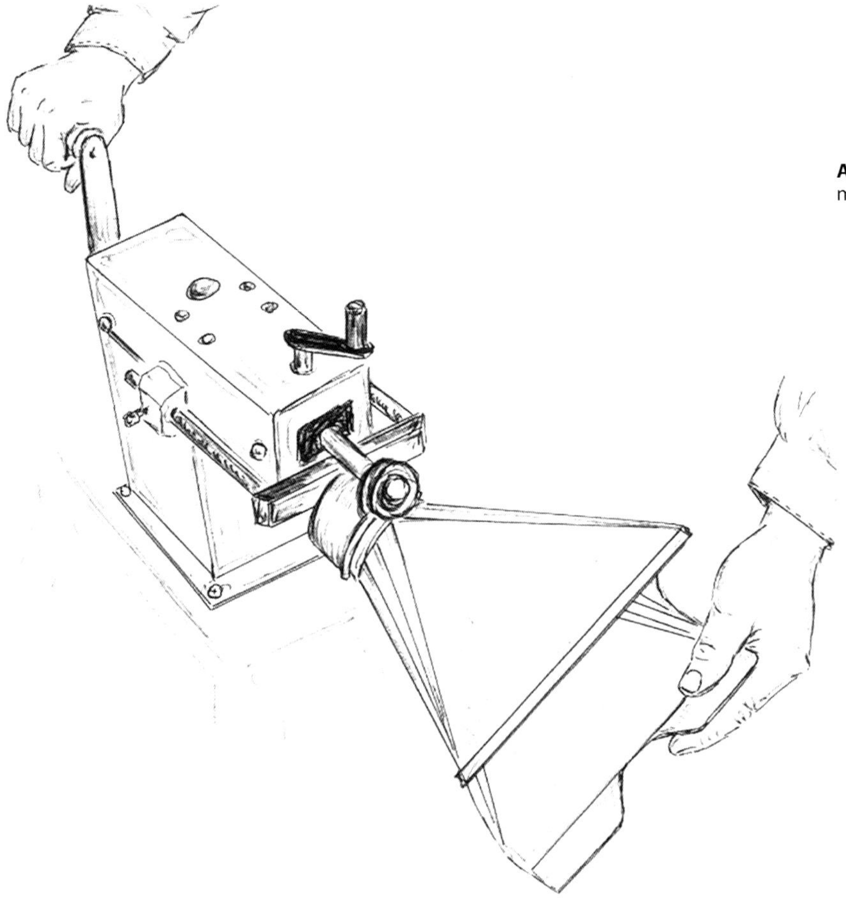

Abb. 6.57: Herstellen einer Sicke mit Handsickenmaschine

- **Arbeitsschritt 8:** Bördeln des Rohrs
  - Der letzte Arbeitsschritt bei der Herstellung eines Einhangstutzens ist das Anarbeiten des Bördels am unteren Ende des Rohres.

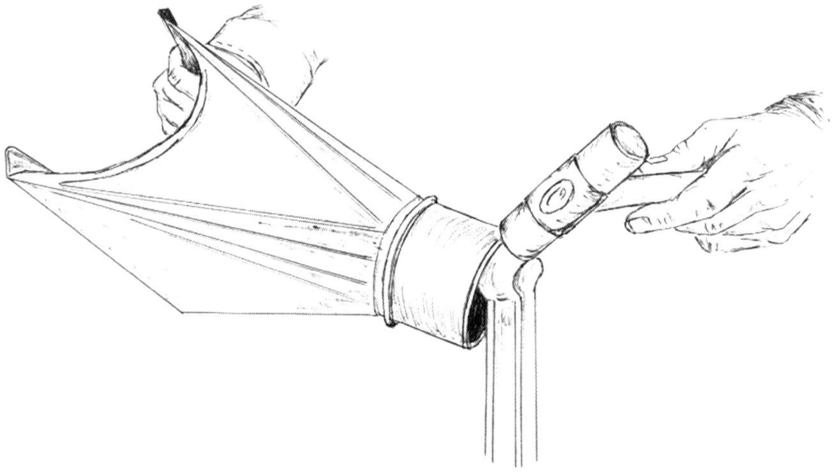

Abb. 6.58: Herstellung eines Bördels am Rohr des Stutzens

6.8 Regenablaufrohr (Regenrohr)

6.8.1 Grundwissen Regenablaufrohr – Regenfallrohr

Regenfallrohre können außerhalb von Gebäuden, also außenliegend an Fassaden, oder innerhalb von Gebäuden angebracht werden.

Bei Innenentwässerungen von Fallrohren ist stets zu beachten:

Innerhalb von Gebäuden darf der Füllgrad der Regenwasserleitungen nach DIN EN 1986-100 "Entwässerungsanlagen für Gebäude und Grundstücke" (2016) max. 0,7 (h/d = 0,7) betragen. Dieser Füllgrad ist für eine hinreichende Be- und Entlüftung der Leitungen erforderlich.

Genormte und klassische Regenfallrohre

Im klassischen Klempner- und Dachdeckerhandwerk werden zu 90 % Fallrohre mit rundem Querschnitt verwendet.

Alle verwendeten Fallrohre müssen der DIN EN 612 entsprechen (siehe unten).

Dimensionen von Regenfallrohren

Die Abmessungen von Regenfallrohren sind in der DIN EN 612 „Hängedachrinnen mit Aussteifung der Rinnenvorderseite und Regenrohre aus Metallblech mit Nahtverbindungen“ sowie in der DIN EN 12056-3 „Schwerkraftentwässerungsanlagen innerhalb von Gebäuden – Teil 3: Dachentwässerung, Planung und Bemessung“ definiert.

Tabelle 6.7: Dimensionen von Regenfallrohren nach DIN

Teilung	Zuschnitt in mm	Rohrdurchmesser DN	Überlappung/ Überdeckung in mm	Rohrfalz Ober-/Unterfalz in mm	Rohrumfang in mm
4	500	150	28,8	14/13	471,2
5	400	120	23,0	11/10	377,0
6	333	100	14,7	7/6	318,3
7	285	87	11,7	6/5	273,3
	267	80			
8	250	76	11,2	5,5/4,5	238,8
10	200	60	11,5	5,5/4,5	188,5
12	167	50	10	5/4	157

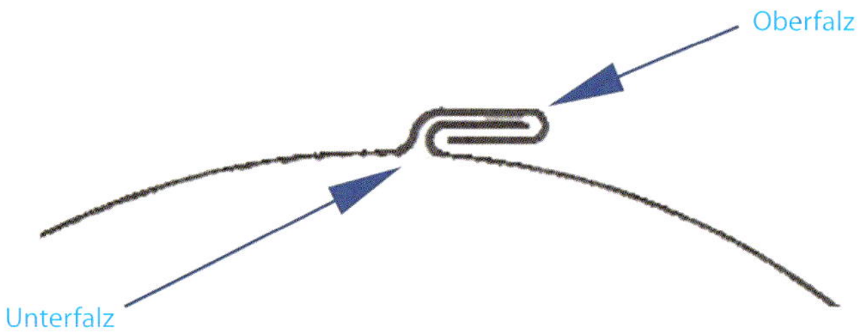

Abb. 6.59: Prinzipskizze Detail eines einfachen Rohrfalz, noch nicht geschlossen

Ausführungen von Regenfallrohren

Regenfallrohre können mit innen oder außen liegendem Rohrfalz, gelötet oder – wie bei industriell gefertigten Rohren handelsüblich – geschweißt ausgeführt sein.

Handwerklich gefertigte Fallrohre sollten an einem Rohrende eng und am anderen Rohrende weit hergestellt werden, sodass die Rohre ineinandergesteckt werden können.

Industriell gefertigte, nahtlose/geschweißte Rohre sind stets auf einer Seite aufgeweitet, so z. B.:

- Einhangstutzen,
- Schwanenhals aus 2 Industriebögen,
- (Halb-)Wulst,
- Fallrohrschelle,
- Gurtgesims mit Abdeckung aus Blech,
- industriell gefertigtes Sockelknie,
- kurzes Standrohr mit Abdeckung.

Als Zubehör für diese Rohre gibt es von der Industrie vorgefertigte Lötstutzen, Rohrmuffen, Rohrbogen, Sockelknie, Schrägstutzen und Wulste.

Fallrohre müssen mit Rohrschellen in einem maximalen Abstand von 4,0 m voneinander und mindestens 20 mm von der Wand entfernt montiert werden. Fallrohrschellen müssen so gesetzt werden, dass sie jederzeit gelöst werden können.

Werden Fallrohre durch Gesimse geführt, sind ein Gesimsstutzen sowie eine Aufkantung am Gesimsblech herzustellen.

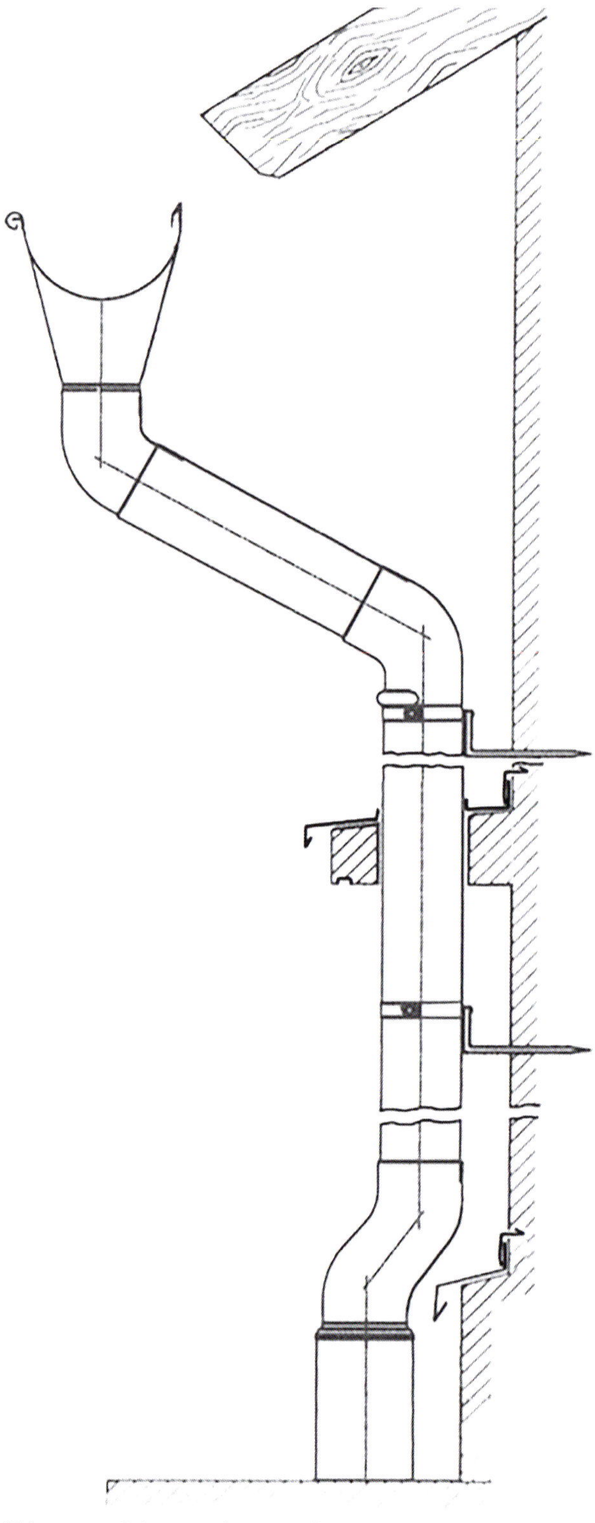

Abb. 6.60: Schematische Darstellung einer Dachentwässerung

6.8.2 Einfache (gelötete) Regenrohrstutzen

Die einfachste Variante der Verbindung zwischen Dachrinne und Fallrohr ist der Einhangstutzen. Dieser hat den Vorteil einer recht einfachen Montage sowie – außer der Wasserableitung – des Dehnungsausgleichs am Rinnentiefpunkt.

Im klassischen Klempner- und Dachdeckerhandwerk besteht des Weiteren die Möglichkeit, die Rinne mit dem Fallrohr durch einen einfachen Lötstutzen zu verbinden. Dieser Lötstutzen ist, vereinfacht ausgedrückt, ein sehr kurzes Stück Fallrohr. Die Industrie liefert unter anderem bereits vorgefertigte Lötstutzen, deren klarer Vorteil im Vergleich zum Einhangstutzen der Preis ist.

Lötstutzen können wie nachfolgend beschrieben auf 2 verschiedene Arten montiert werden.

Arbeitsschritte zur Herstellung und Montage eines Lötstutzens:

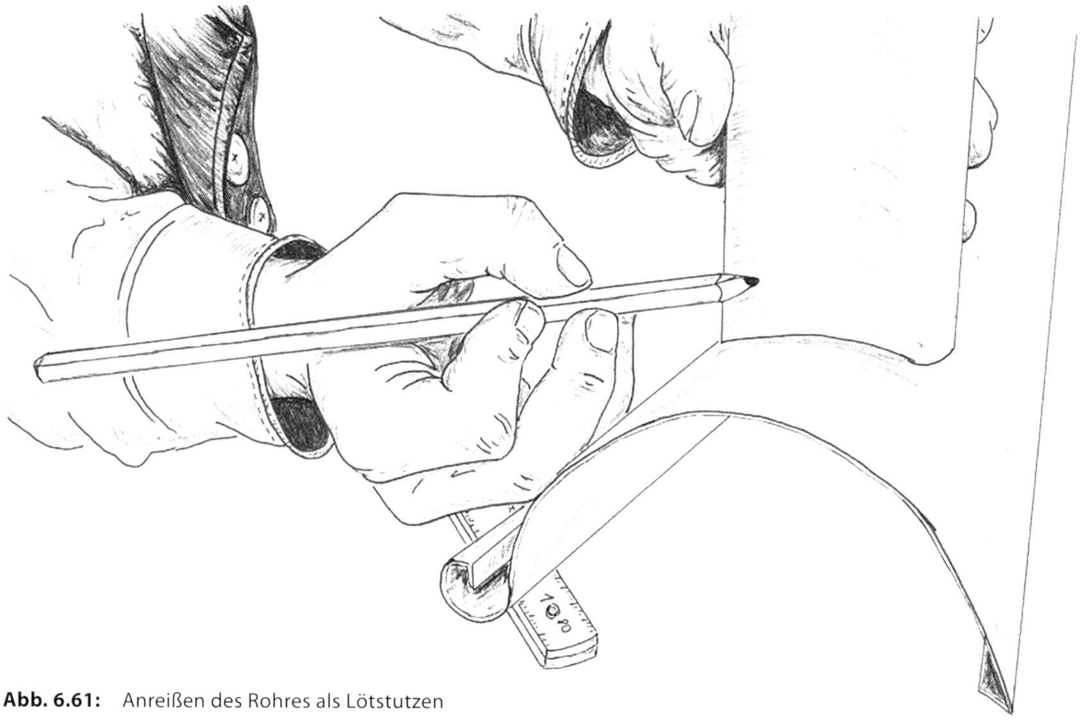

Abb. 6.61: Anreißen des Rohres als Lötstutzen

Anreißen, zuschneiden und wieder anreißen des entstehenden Lötstutzens bis dieser exakt an der Rinne anliegt.

Zu beachten ist bei der Konstruktion, dem Herantasten an den richtigen Zuschnitt des Rohrs, dass die Dachrinne an der Wulst etwa einen Zentimeter tiefer liegt und der Stutzen trotzdem gerade montiert wird.

Tipp: Als Höhenmaß können 2 Glieder des Zollstocks verwendet werden.

Vor dem Löten muss mit der Arbeitstechnik des Schweifens ein mindestens 5,0 mm großer Lötflansch hergestellt werden.

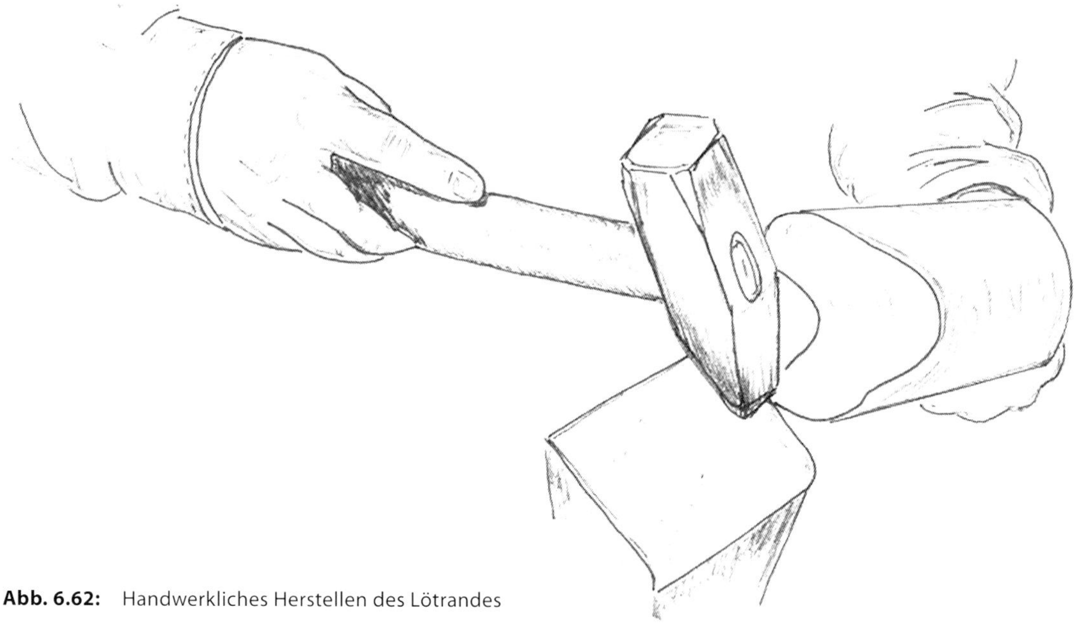

Abb. 6.62: Handwerkliches Herstellen des Lötrandes

Beim Einlöten des Stutzens besteht die Möglichkeit, diesen von außen oder von innen zu montieren.

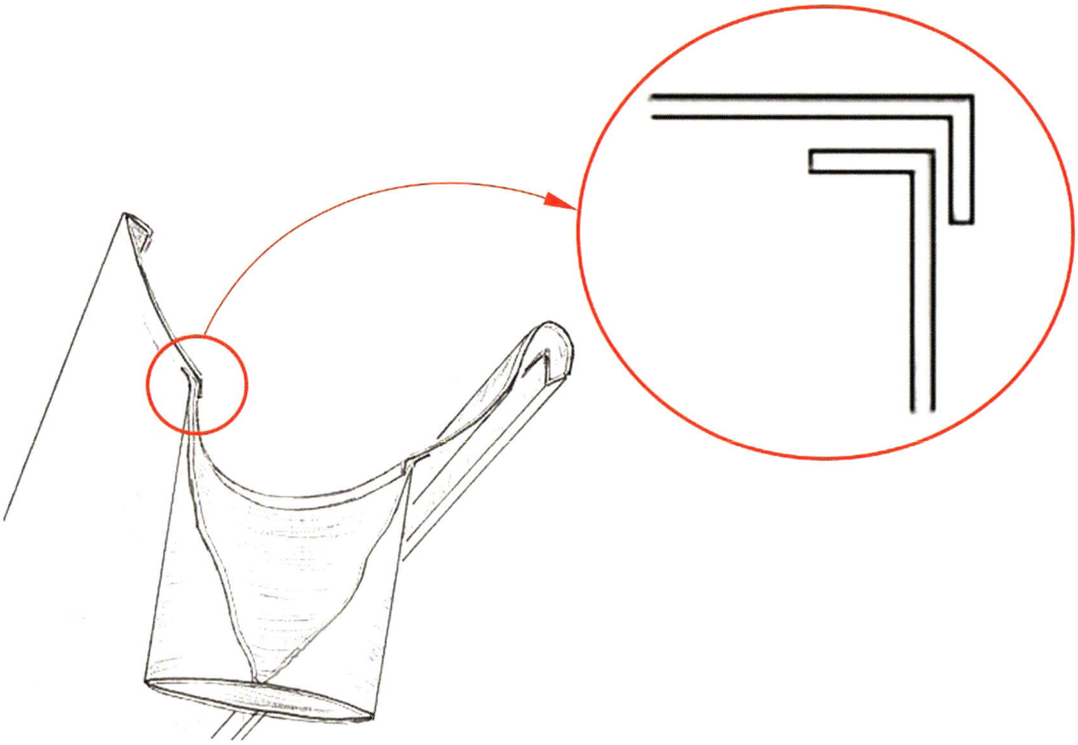

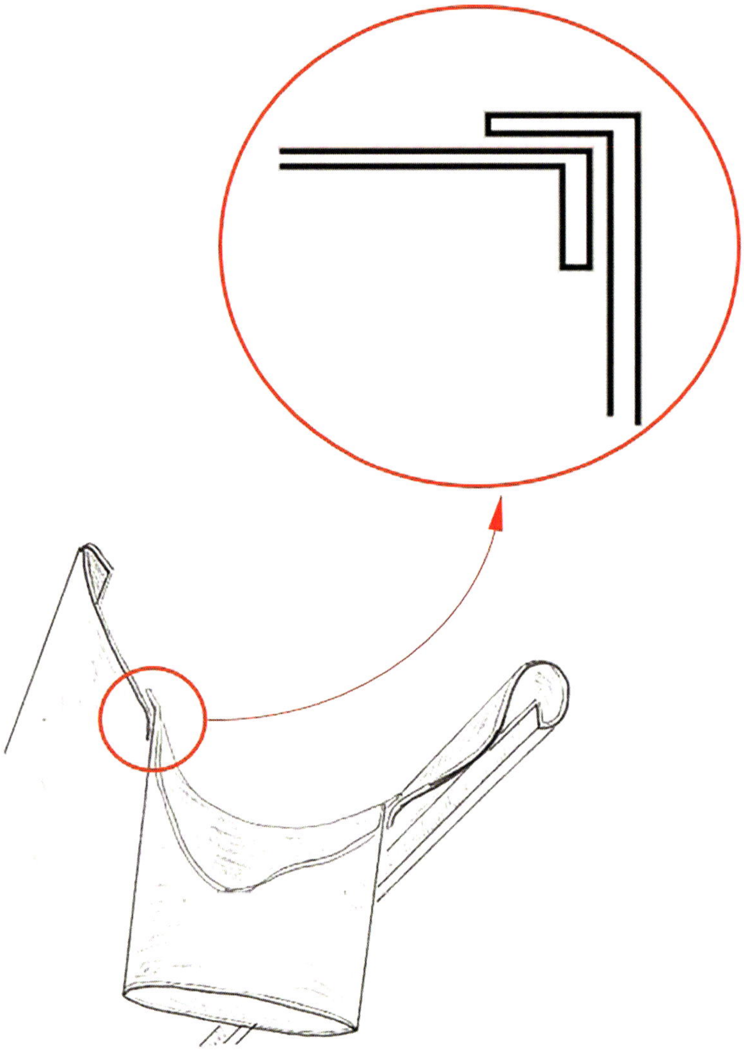

Abb. 6.63 und 6.64: Montage von Lötstutzen

6.9 Trauf-, Saum-, Tropf- und/oder Einhängebleche

6.9.1 Definitionen der einzelnen Blechkantungen

Im Bereich der Traufen finden viele verschiedene Kantteile aus Feinblechen Anwendung. Sie sollten bei mehrteiligen Konstruktionen stets aus ein und demselben Material bestehen. Diese Kantteile haben im deutschsprachigen Raum recht unterschiedliche Namen und werden meistens nach ihrem Einsatzort benannt:

- **Traufblech:** Kantteil, das bei Traufkonstruktionen ohne Dachentwässerung unterhalb der Dacheindeckung Anwendung findet.
- **Saumbleche/Saumstreifen** werden Kantteile genannt, die unterhalb von Dachentwässerungssystemen (z. B. bei Aufdachrinnen oder Gesimsrinnen) verlegt werden.
- **Tropfbleche** heißen Kantteile, die als unterer (traufseitiger) Abschluss der 2. Entwässerungsebene, also des Unterdachs, montiert werden.
- **Einhangbleche** sind Kantteile, die die Dachrinne mit der Traufe verbinden.
- **Eiskeil** wird der Einhänger in einigen Teilen Süddeutschlands genannt.

6.9.2 Befestigung der Einhängebleche

Da der Name dieser Kantteile von Einhängen und nicht von „Reinhängen" kommt, werden sie in die Dachrinne oder in ein entsprechendes Vorstoßblech eingehängt. Der hintere (dachseitige) Abschluss muss so montiert werden, dass ein ungehindertes Arbeiten (für die thermische Längenausdehnung) möglich ist.

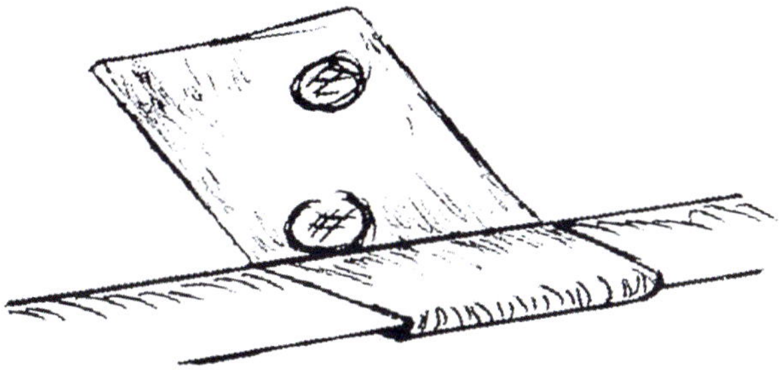

Befestigung mit einfachen Liegehaften

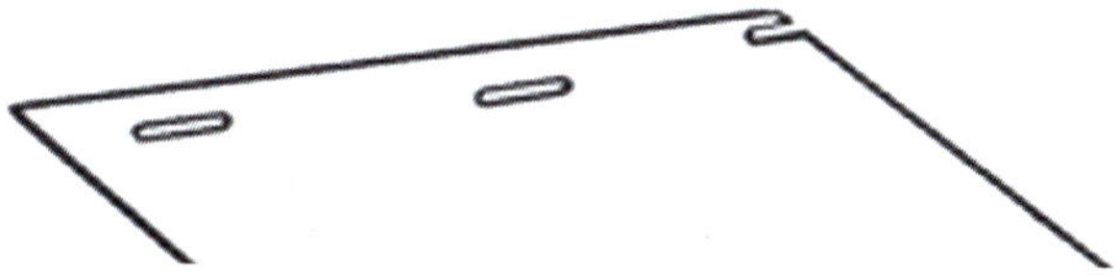

oder als offene Befestigung mit Langlöchern

Abb. 6.65 und 6.66: Prinzipskizzen einer dachseitigen Befestigung von Einhängeblechen

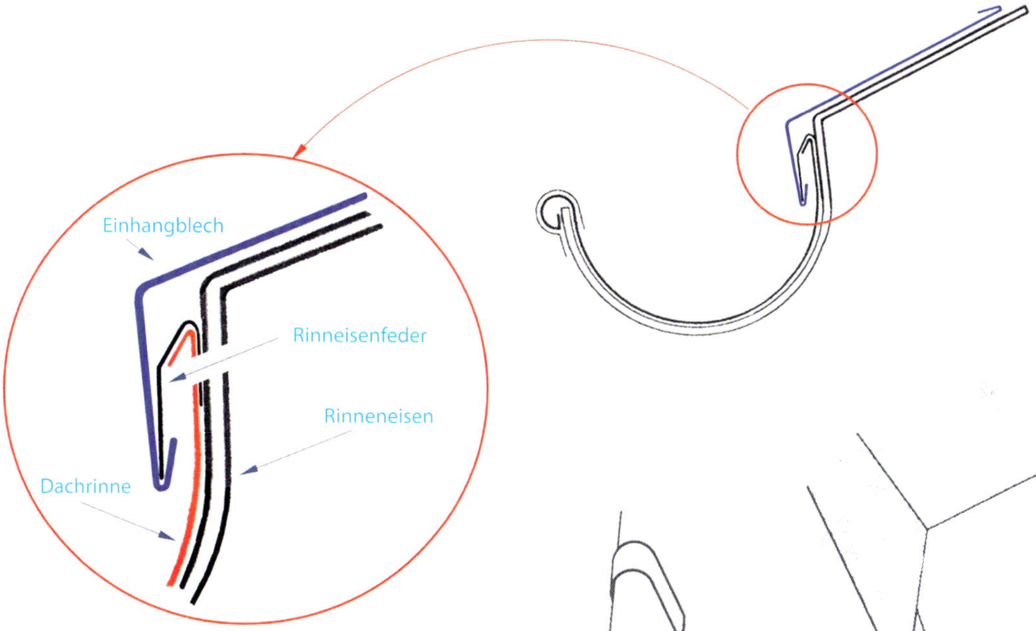

Abb. 6.67: Prinzipskizze: Montageschema eines sogenannten DIN-Einhängers

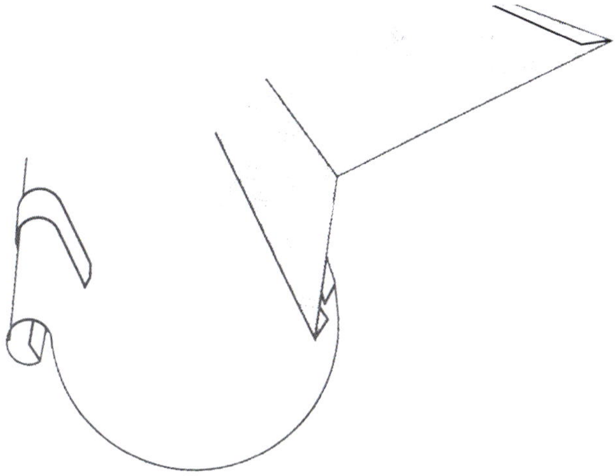

Abb. 6.68: Darstellung einer fertiggestellten Dachrinnenkonstuktion

6.9.3 Beispielhafte Darstellungen verschiedener Arten von Einhängeblechen

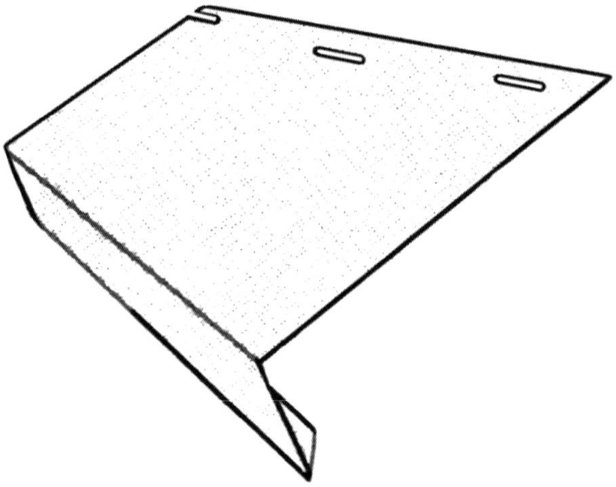

Abb. 6.69: DIN-Einhang mit Langlöchern

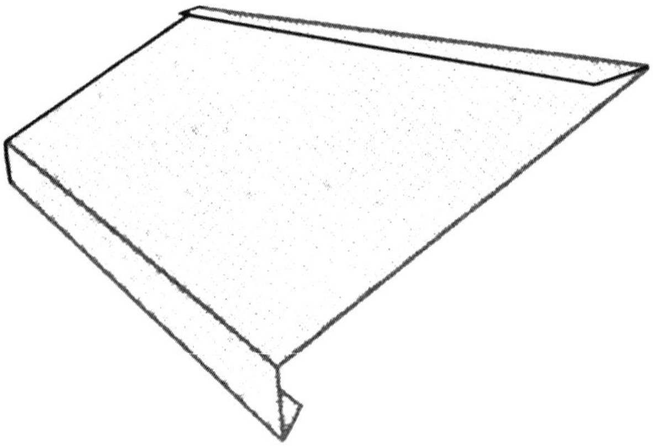

Abb. 6.70: DIN-Einhang mit Rückkantung

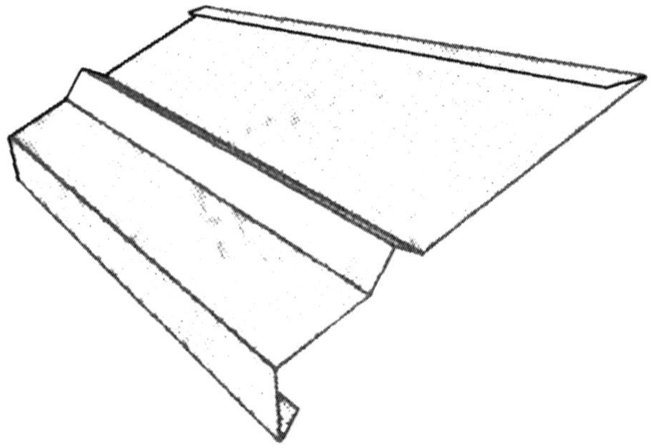

Abb. 6.71: DIN-Einhang mit Bock

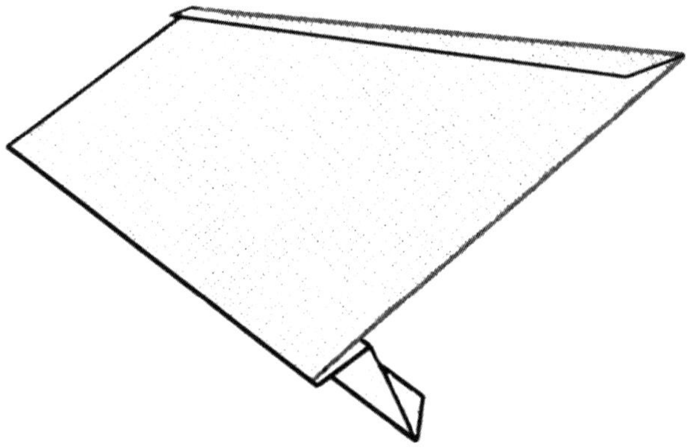

Abb. 6.72: Falzeinhang mit Rückkantung

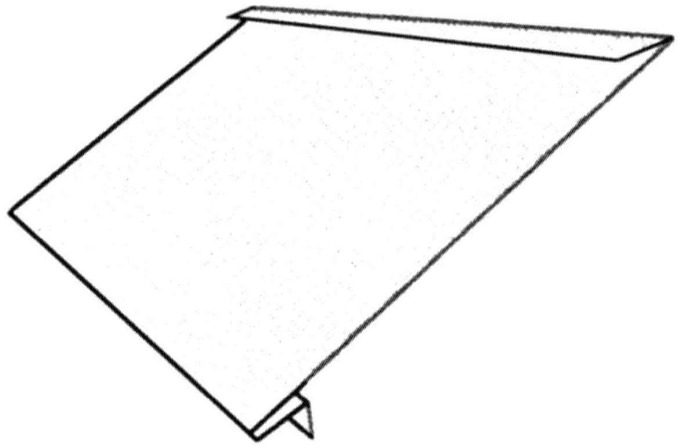

Abb. 6.73: Berliner Einhang als Falzeinhang

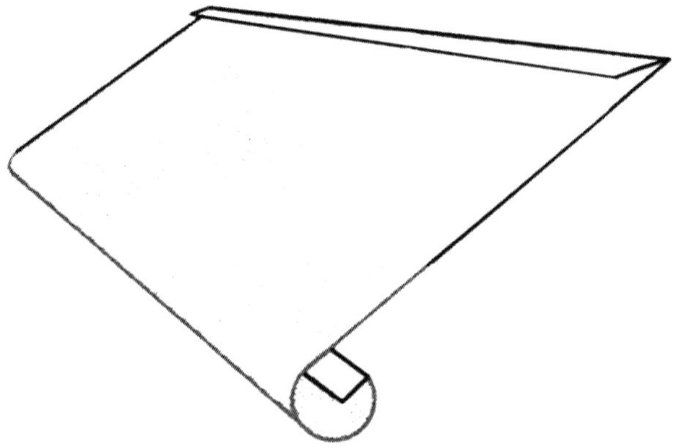

Abb. 6.74: Schlesischer Einhang mit Wulst

(alle Darstellungen schematisch und ohne Maßstab)

7 Klempnerei – Dunstrohre

7.1 Allgemeines

Das Dunstrohr ist nach dem Dachfenster das wohl am meisten verbaute Einbauteil. Dunstrohre gibt es in den unterschiedlichsten Ausführungen, zum Beispiel als Formziegel verschiedenster Hersteller, aber auch als Formteil aus Kunststoff oder Metall oder auch als handwerklich hergestelltes Einbauteil aus Metall.

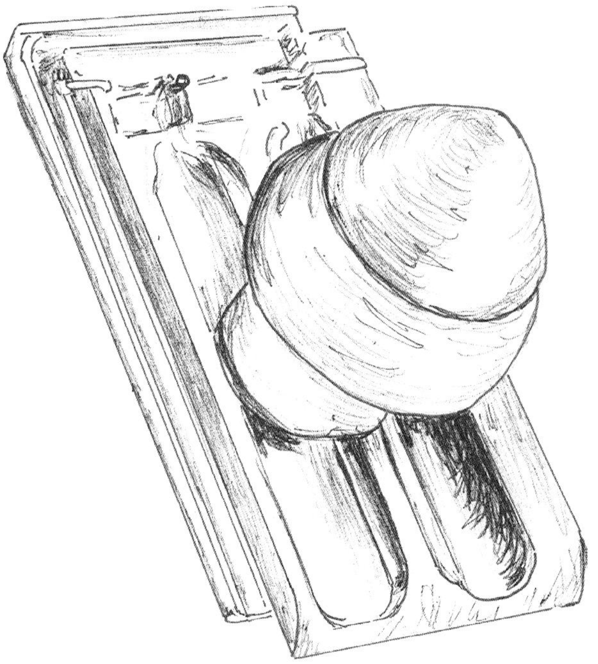

Abb. 7.1: Dunstrohr aus Ton für einen Doppelmuldenfalzziegel

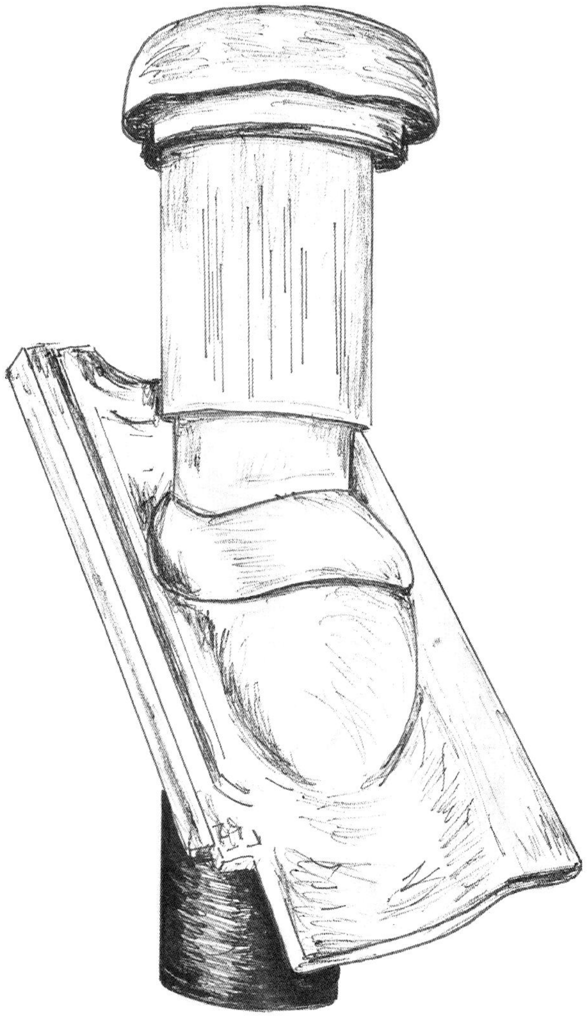

Abb. 7.2: Dunstrohr aus Plastik für eine Flachdachpfanne

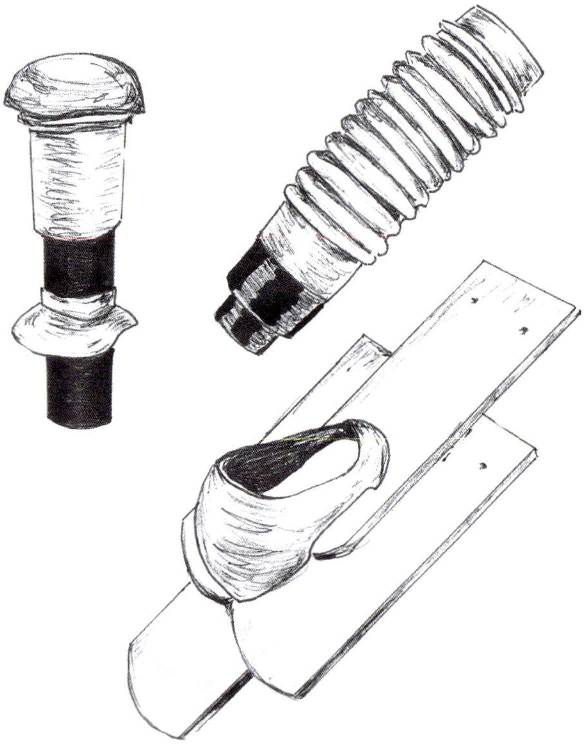

Abb. 7.3: Dunstrohr mit einer Grundplatte aus gepressten Aluminium und einem Kunststoffrohr

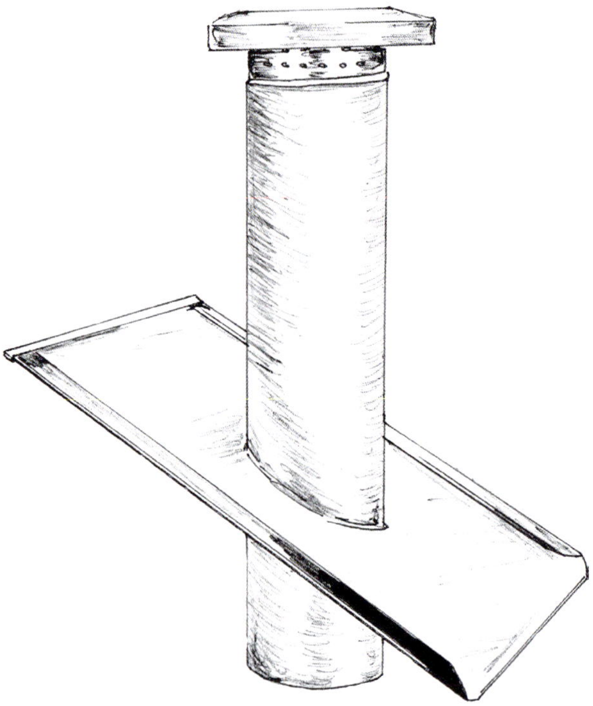

Abb. 7.4: Klassisches Dunstrohr aus Metall

Dunstrohre gibt es für 2 Anwendungsbereiche, einmal für die Raum- und einmal für die Strangentlüftung:

- **Raumentlüftung** bedeutet, dass überall da, wo mit einer größeren Belastung durch Feuchtigkeit oder Abgase gerechnet werden muss, wird so ein Rohr im „Normalfall“ verbaut, zum Beispiel in Küchen oder Bädern.
- **Strangentlüftung** bedeutet, dass Abwasserrohre (die sogenannten „Scheißerohre“) entlüftet werden müssen, um ihr reibungsloses Funktionieren sicherzustellen.

Der Unterschied zwischen diesen beiden Dunstrohrtypen ist wichtig, denn die Abgase der Strangentlüftung können den sogenannten Hut der Dunstrohre zerstören. Außerdem ist ein Reinregnen in den Strang (anders als bei der Raumentlüftung) sogar gewünscht.

Dunstrohr für Raumentlüftung immer mit Hut (Deckel),
Dunstrohr für Strangentlüftung immer ohne Hut (Deckel).

7.2 Nachteile von Dunstrohren

Dunstrohre haben jedoch einen entscheidenden Schwachpunkt: Wenn das Rohr nämlich durch die Dachdämmung geführt wird, entsteht genau am Rohr eine Wärmebrücke, die Feuchtigkeit in die Konstruktion leitet. Im Verlauf von Jahren oder Jahrzehnten können so irreparable Schäden am Dach oder dem Innenausbau entstehen.

7.3 Gedämmtes Dunstrohr

Die Lösung für dieses Problem ist die handwerkliche Herstellung eines Dunstrohrs, das mit einer Schlauchdämmung versehen werden kann, um die Kondensfeuchtigkeit nicht in die Dachkonstruktion zu leiten.

Dieses gedämmte Rohr wird komplett durch die Dämmebene geführt und bis zum äußersten Rohrende gedämmt. Auf diese gedämmte Rohrkonstruktion wird dann ein handwerklich gefertigtes Rohr mit Schwitzwasserring geführt.

Die Herstellung dieses Dunstrohrs erfordert etwas Geschick, ist jedoch kein Hexenwerk. Mit etwas Übung macht es kaum mehr Arbeit als ein „normales“ Dunstrohr.

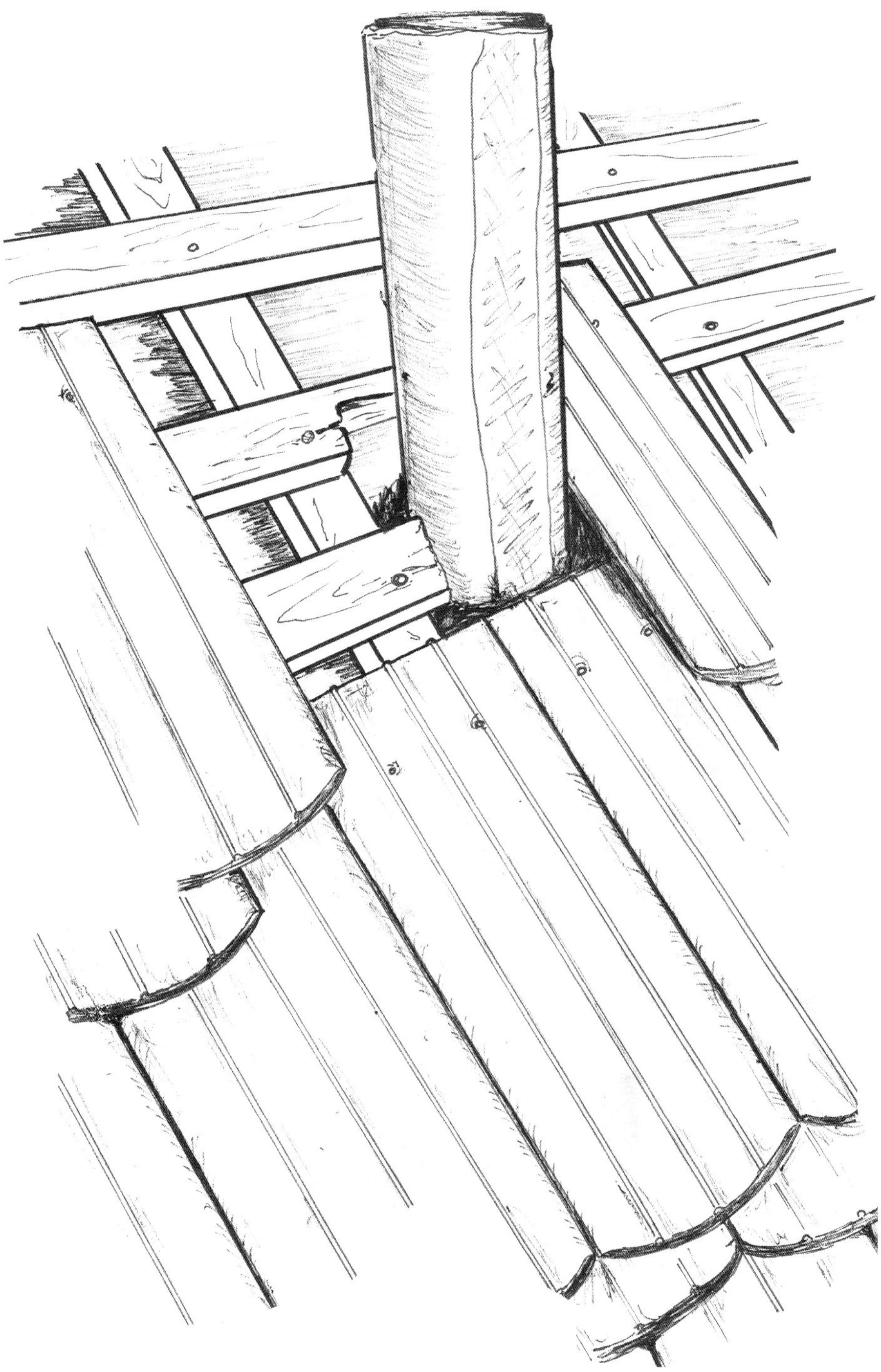

Abb. 7.5: Gedämmtes Dunstrohr

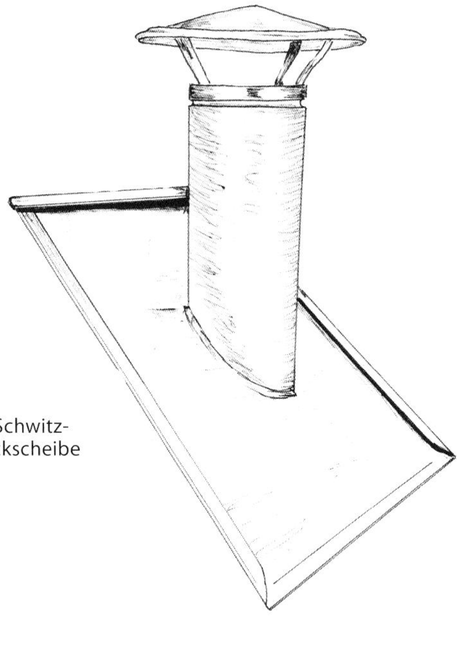

Abb. 7.6: Dunstrohr mit Schwitzwasserring, Hut und Eindeckscheibe

7.4 Abwicklung eines Dunstrohrs mit Schwitzwasserring

Die folgende Darstellung zeigt eine Konstruktionszeichnung für ein Dunstrohr mit dem Durchmesser DN 100 bei einer Dachneigung von 45°. Alternative Dunstrohrdurchmesser und Dachneigungen müssen entsprechend angepasst werden.

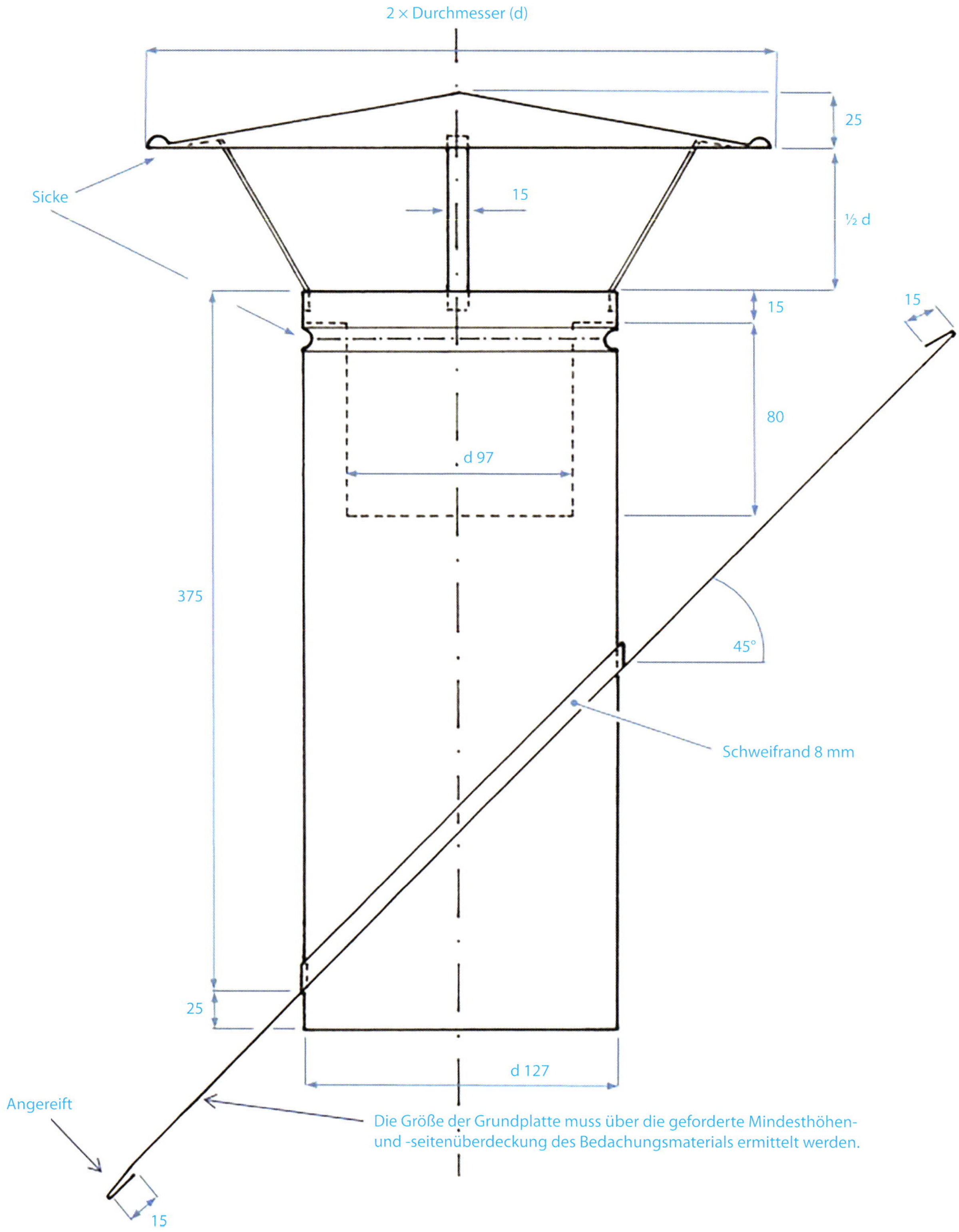

Abb. 7.7: Zeichnung eines Dunstrohrs mit Schwitzwasserring (gedämmtes Dunstrohr)

8 Klempnerei – Schornsteineinfassungen/Anschlüsse an aufgehende Bauteile

8.1 Allgemeines

Die firstseitige Anschlusshöhe, also die Höhe der Hinterlagskehle, einer (Schornstein-)Einfassung darf 15,0 cm nicht unterschreiten; die seitlichen (Wandkehlen) sowie traufseitigen Anschlusshöhen (Brustblech) sind daran anzupassen.

Der Traglattenabstand im Bereich aufgehender Bauteile darf 17,0 cm nicht überschreiten.

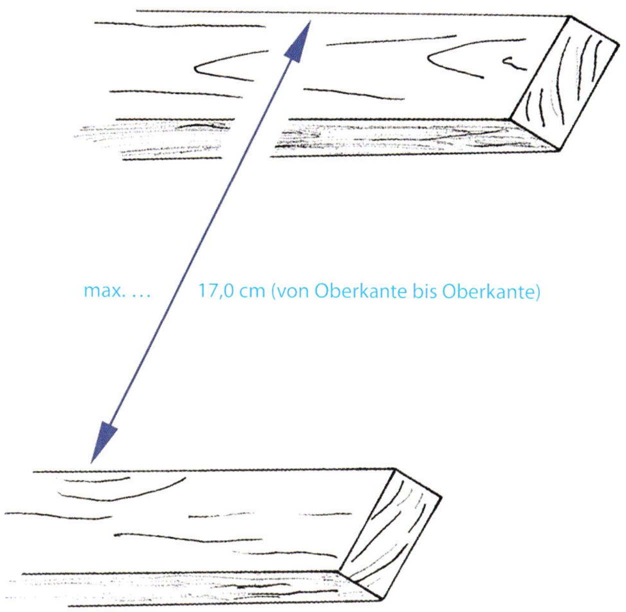

Abb. 8.1: Lattabstand am Einbauteil

8.2 Eindecken handwerklich hergestellter Einfassungen

Das Eindecken einer handwerklich hergestellten Einfassung erfolgt nach den Richtlinien, die auch bei der Eindeckung eines Dachfensters zur Anwendung kommen.

- Die Mindestseitenüberdeckung der Kehlen darf 10,0 cm nicht unterschreiten!
- Zwischen Eindeckmaterial und aufgehendem Bauteil muss ein freier Wasserlauf von mind. 4,0 cm eingehalten werden.
- Bei flachen, ebenen Werkstoffen (z. B. Biberschwanzziegel, Schiefer, Faserzement u. Ä.) erfolgt das Eindecken nach der bekannten Regel „drunter – dran – drüber – drauf".

Ausnahme:

Auf den freien Wasserlauf kann verzichtet werden, wenn nur mit geringem Wasseranfall zu rechnen ist.

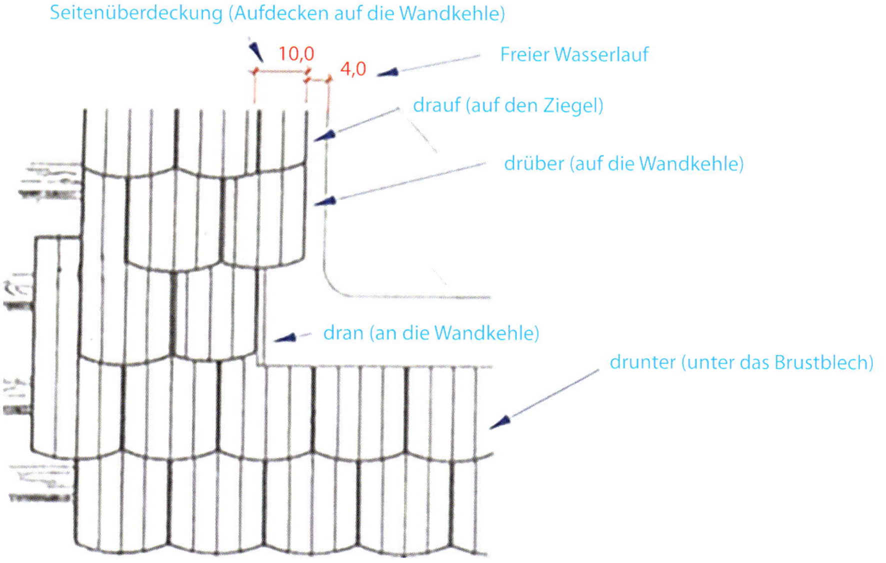

Abb. 8.2: Beidecken der Einfassung

Im Bereich der firstseitigen Kehle, also der Hinterlagskehle, muss waagerecht gemessen ein freier Wasserlauf von 10,0 cm zwingend eingehalten bleiben. Als „Faustregel" kann auch eine Handbreite angenommen werden!

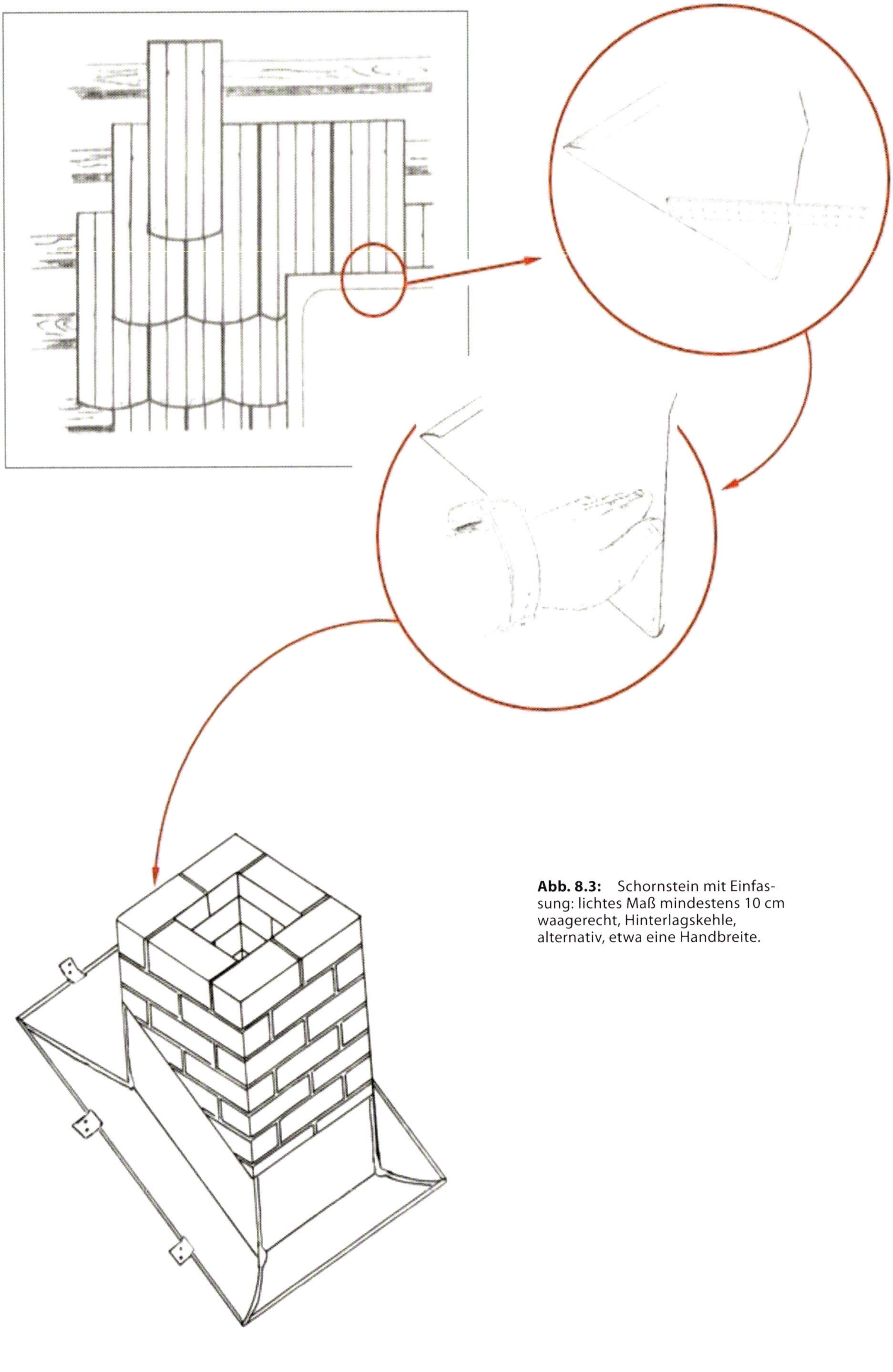

Abb. 8.3: Schornstein mit Einfassung: lichtes Maß mindestens 10 cm waagerecht, Hinterlagskehle, alternativ, etwa eine Handbreite.

8.3 Handwerkliches Herstellen einer Schornsteineinfassung

Bei der Herstellung einer klassischen Schornsteineinfassung im Weichlötverfahren müssen **einige elementare Grundregeln** beachtet werden:

- In allen Bereichen der Einfassung müssen die Seitenüberdeckungen für Lötnähte zwingend eingehalten werden.
- Ein eventuell entstehender Sturz (z. B. am Ziegeldach) muss ausgeglichen werden.
- Die „Bewegungsfreiheit" der einzelnen Materialien sollte erhalten bleiben.
- Jede Nahtverbindung muss die entsprechende Mindestüberdeckung aufweisen.

8.3.1 Konstruktion der Kantteile

Bei der handwerklichen Herstellung einer Einfassung (einer Verwahrung) muss die im ZVDH-Regelwerk definierte Anschlusshöhe beachtet werden. Diese Mindestanschlusshöhe wird durch die Dachneigung sowie die gewünschte Konstruktion der Einfassung vorgegeben und darf an keiner Stelle unterschritten werden.

Tabelle 8.1: Anschlusshöhen

Dachneigung	Anschluss S	T (in mm)	F
< 5	150	150	150
< 22	100	100	150
≥ 22	80	80	150

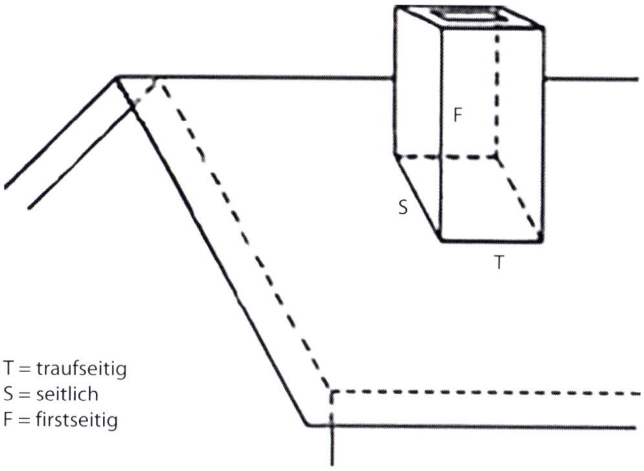

Abb. 8.4: Bezeichnung der Anschlüsse (nach ZVDH-Regelwerk)

Konstruktion der seitlichen Anschlüsse, der Wandkehlen (einfache Art)

Vor Ermittlung der Abwicklung von Wandkehlen muss zunächst festgelegt werden, welche Variante der Einfassung montiert werden soll. Dabei ist Folgendes zu beachten:

- Einfassung ohne Kappleiste (oberer Abschluss): Verwendung an/unter vorgehängten Fassaden, z. B. Schiefer, Faserzement, Holz oder Blech. Dabei kommen die Maße (Anschlusshöhen) des ZVDH-Regelwerks zur Anwendung.
- Einfassung mit Kappleiste (oberer Abschluss): Verwendung z. B. bei Sichtmauerwerk, Feldstein oder Sandsteinen. Hier werden die Maße des firstseitigen Anschlusses (laut Regelwerk) auf die Wangen (die Wandanschlüsse) zum traufseitigen Anschluss übertragen.

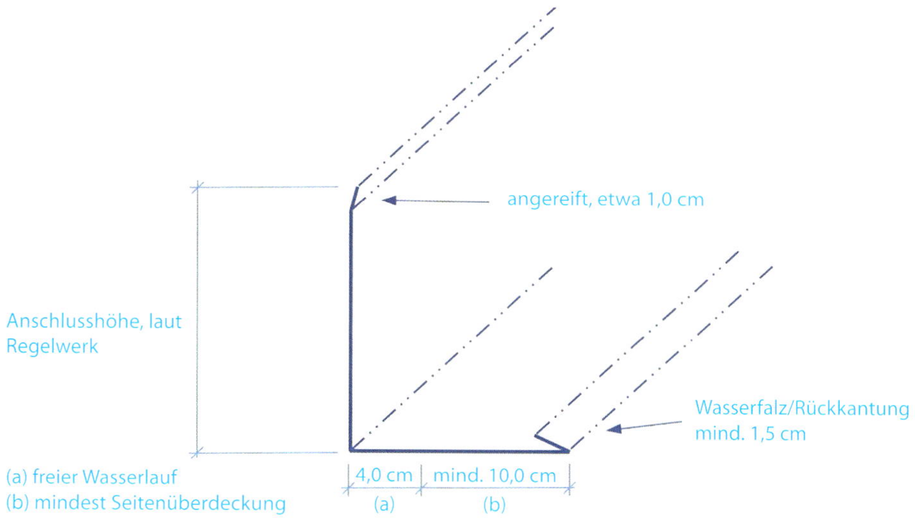

Abb. 8.5: Wandanschlusskehle, einfache Ausführung

Konstruktion des traufseitigen Anschlusses/des Brustblechs oder der Schürze

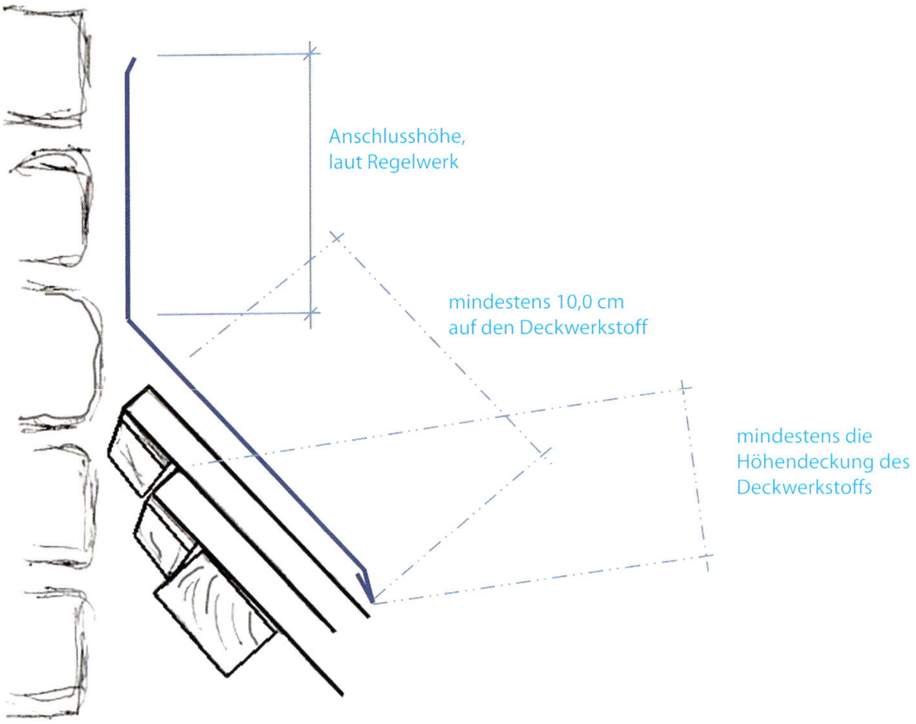

Abb. 8.6: Traufseitiger Anschluss, Brustblech/Schürze

Die Schürze kann höchst unterschiedlich ausgeführt werden. Der gestalterischen Freiheit sind da keine Grenzen gesetzt, solange die vom ZVDH-Regelwerk geforderten Überdeckungen eingehalten bleiben.

Gestalterische Varianten des Brustblechs

Abb. 8.7: Ausgeschnittene Form, z. B. bei Deckwerkstoffen mit hoher Welle

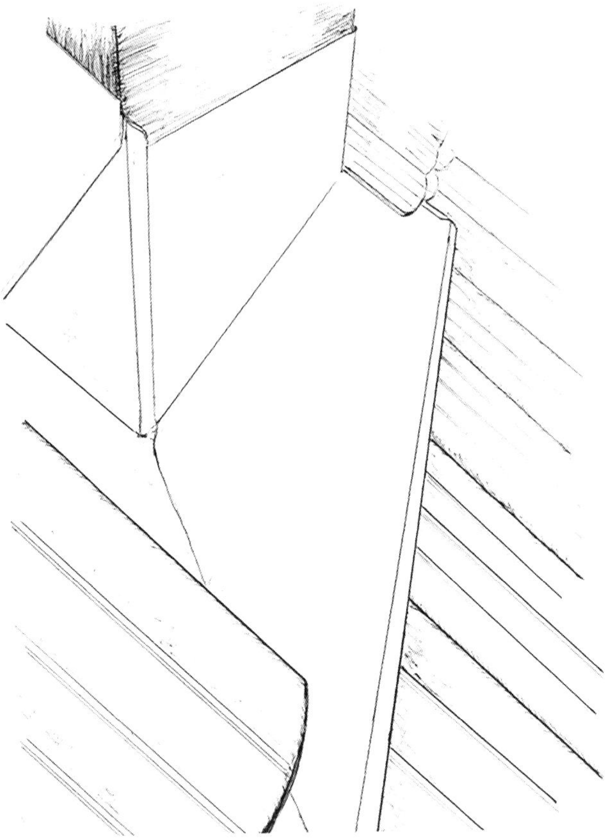

Abb. 8.8: Flache Form, z. B. am Biber- oder Schieferdach

Abb. 8.9: Anschluss mit formbarem Metall (z. B. Blei), Verwendung bei profilierten Deckwerkstoffen

Konstruktion des firstseitigen Anschlusses, der Hinterlagskehle

Bevor die Ermittlung der Abwicklung von Hinterlagskehlen erfolgen kann, muss wie immer die Variante ermittelt werden. Bei der Kehle hinter aufgehenden Bauteilen gibt es wie überall im Dachdeckerhandwerk höchst unterschiedliche, meist regionalspezifische Besonderheiten.
Dennoch sind in Bezug auf sämtliche regionalen Varianten folgende Punkte unbedingt zu beachten:

- Die Anschlusshöhe (Spritzwasserbereich) darf firstseitig 15,0 cm nicht unterschreiten.
- Die Mindesthöhenüberdeckung des Deckwerkstoffs auf der Kehle muss zwingend 10,0 cm betragen.
- Zwischen aufgehendem Bauteil, der Anschlusshöhe und der Dacheindeckung muss ein freier Wasserlauf von 10,0 cm (waagerecht gemessen) gewährleistet sein.

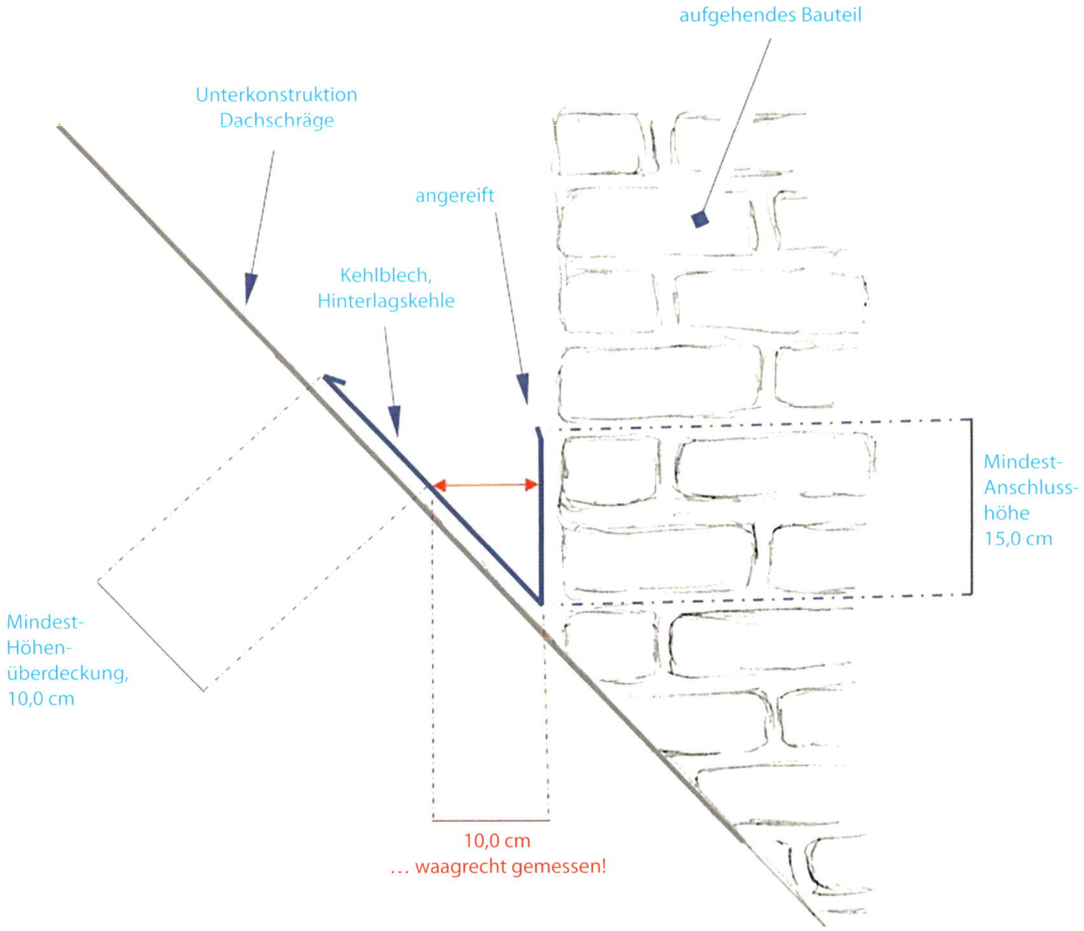

Abb. 8.10: Darstellung eines firstseitigen Abschlusses einer Hinterlagskehle

Bei einer Doppeldeckung ist zu beachten:
Die dritte Deckreihe überdeckt die erste Deckreihe um mindestens die Höhenüberdeckung, wobei die erste Deckreihe hier das Blech ist!

Wenn der freie Wasserlauf nicht gemessen werden kann, z. B. bei Bauplanungsunterlagen oder bei der Aussage: „... fahre mal schnell hin, du musst heut noch 'ne Einfassung bauen", kann man sich das Maß des freien Wasserlaufs auch ziemlich einfach über die Winkelfunktion mit folgender Formel errechnen:

$$\frac{0{,}10\ \text{m}}{\cos \text{DN (DN = Dachneigung)}}$$

Überhangstreifen/klassische Kappleiste (Konstruktion)

Wenn die erstellte Einfassung/Verwahrung z. B. an Sichtmauerwerk, Naturstein oder Ähnliches anschließt, ohne von anderen Werkstoffen überdeckt zu werden, muss dieser obere Abschluss durch einen geeigneten Überhangstreifen zusätzlich abgedeckt werden.

Wenn dieser Abschluss mit einem Überhang hergestellt wird, spricht man von einem 2-teiligen Anschluss. Dieser setzt sich wie folgt zusammen:

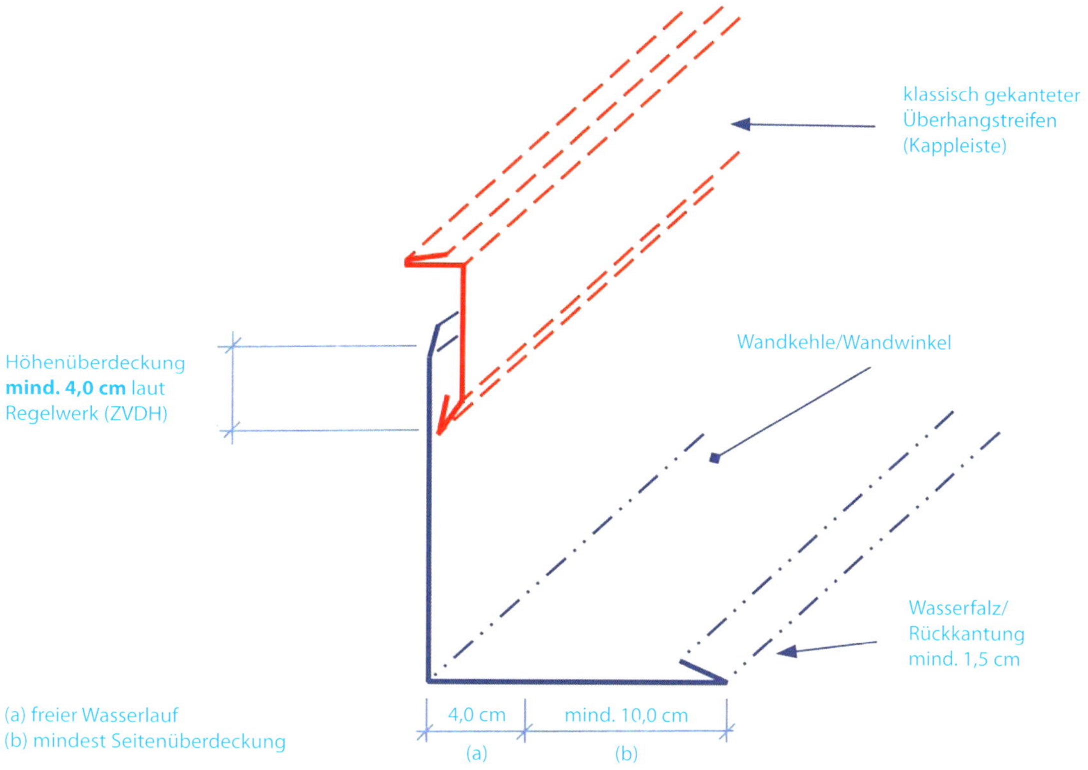

Abb. 8.11: Darstellung eines seitlichen Anschlusses, einer Wandkehle mit Kappleiste (Überhangstreifen)

Bei der Montage eines Überhangstreifens müssen folgende wichtige Punkte unbedingt eingehalten werden:

- Der Überhangstreifen muss den Wandwinkel (das Kantteil) um mindestens 4,0 cm frei überdecken.
- Der Überhangstreifen darf nicht fest mit dem Kantteil verbunden sein.
- Die Befestigung muss alle 25,0 cm (bei industriell gefertigten Anpressschienen alle 20,0 cm) erfolgen.
- Überhangstreifen müssen immer zusätzlich abgedichtet werden.

Kappleisten können höchst unterschiedlich ausgebildet werden; oft sind es regionaltypische Kantungen. Der hier dargestellte Überhangstreifen ist eine klassische Kappleiste mit verstärktem Umschlag für die Montage in geschlitztem Mauerwerk.

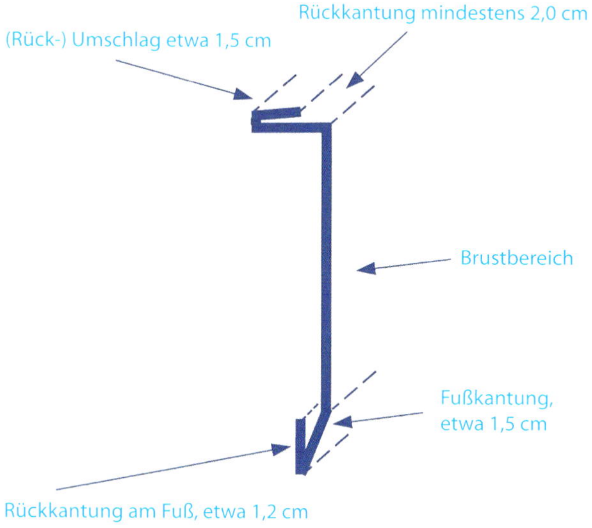

Abb. 8.12: Abwicklung einer klassischen Kappleiste

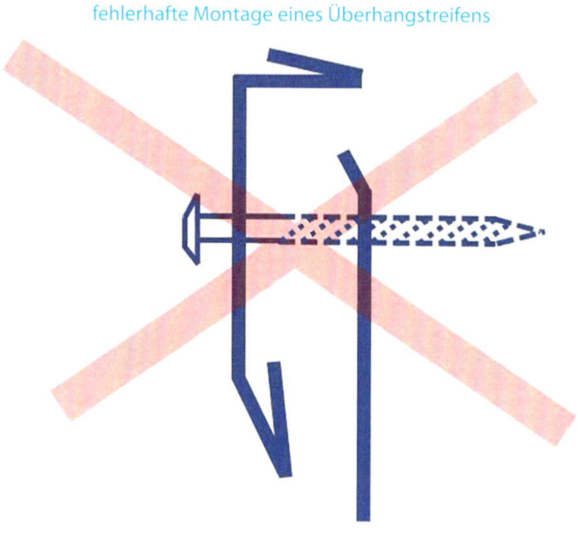

Abb. 8.13: Zerstörte Kappleiste

8.3.2 Handwerkliche Anfertigung einer Verwahrung

Die handwerkliche Herstellung einer Schornsteineinfassung oder einer Verwahrung für z. B. Gauben erfolgt nach denselben o. g. Grundprinzipien und klar definierten Arbeitsabläufen.

8.3.3 Handwerkliches Herstellen des Brustblechs

- **Arbeitsschritt 1:**
  Das Brustblech so zuschneiden und an die Gegebenheiten anpassen, dass ein sauberes und planebenes Anarbeiten der folgenden Blechkantteile möglich ist.

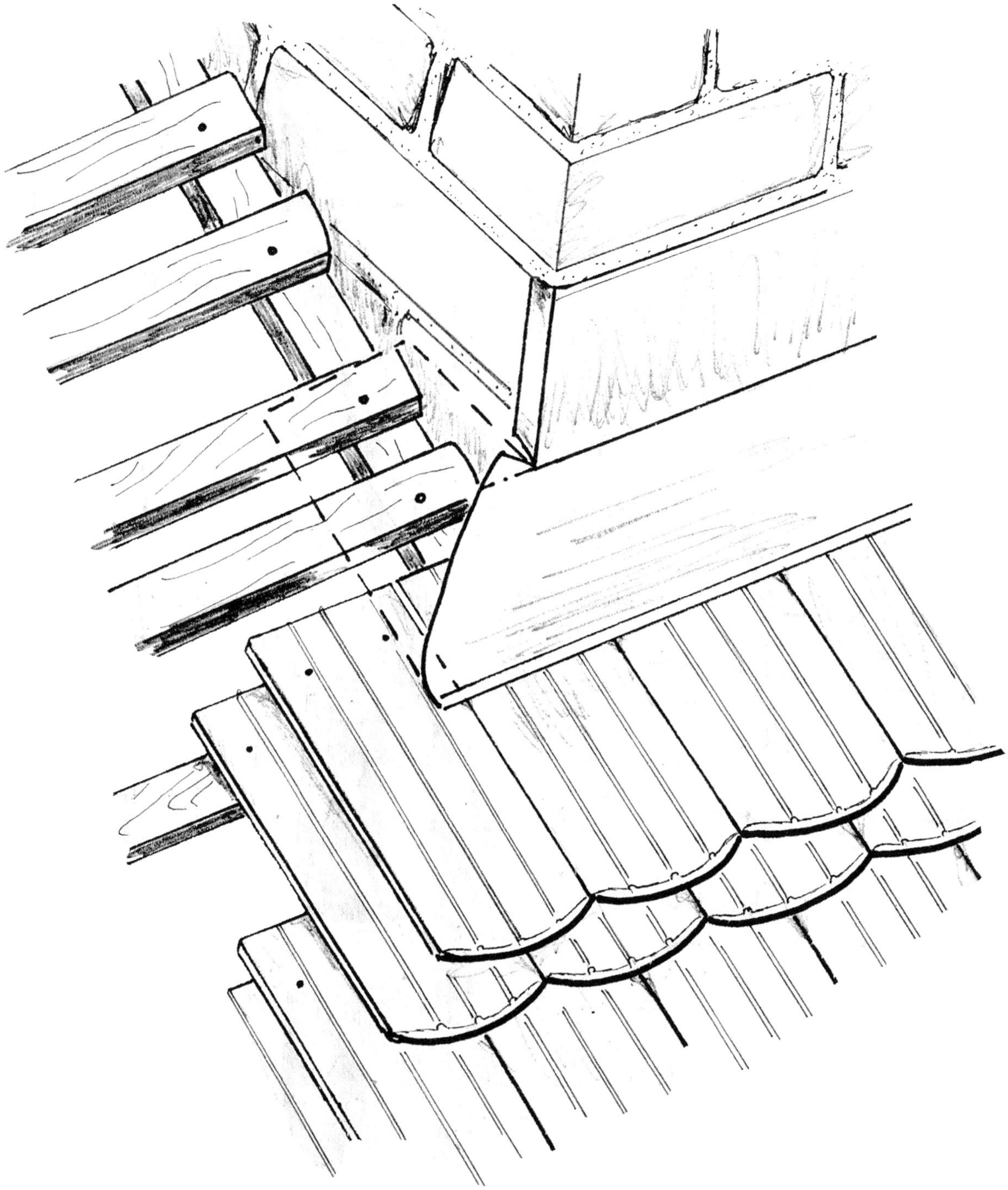

Abb. 8.14: Anarbelten des Brustblechs

- **Arbeitsschritt 2:**
  Anpassen der Wandkehle an das Brustblech durch das saubere Zuschneiden im Bereich der Front; zusätzlich wird im Eck-/Knickbereich ein ausreichend großer Schweif hergestellt.

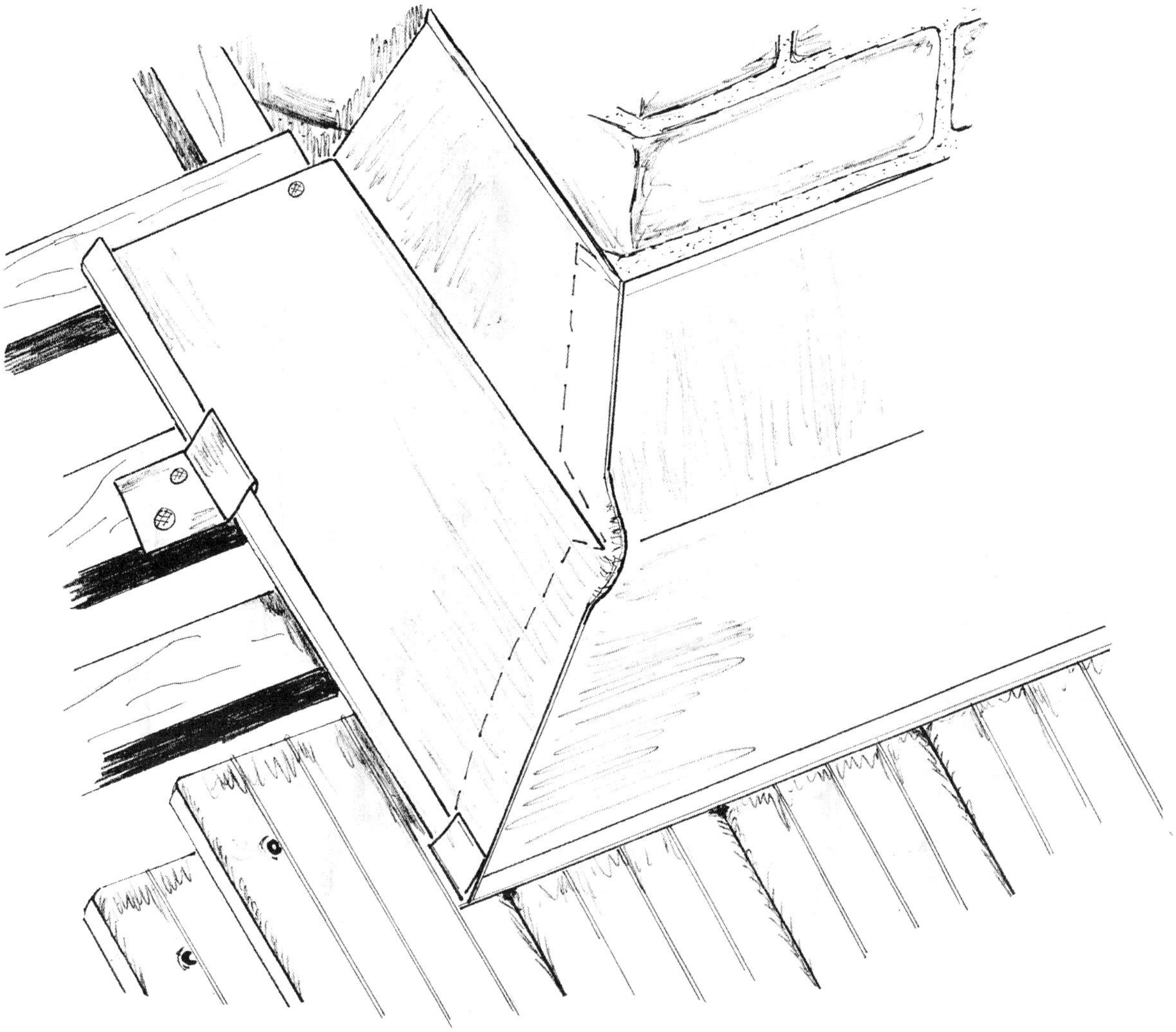

Abb. 8.15: Anarbeiten der Wandkehle mit Herstellung eines Schweifs

- **Arbeitsschritt 3:**
  Anpassen der Wandkehle oberhalb des Ziegelsturzes

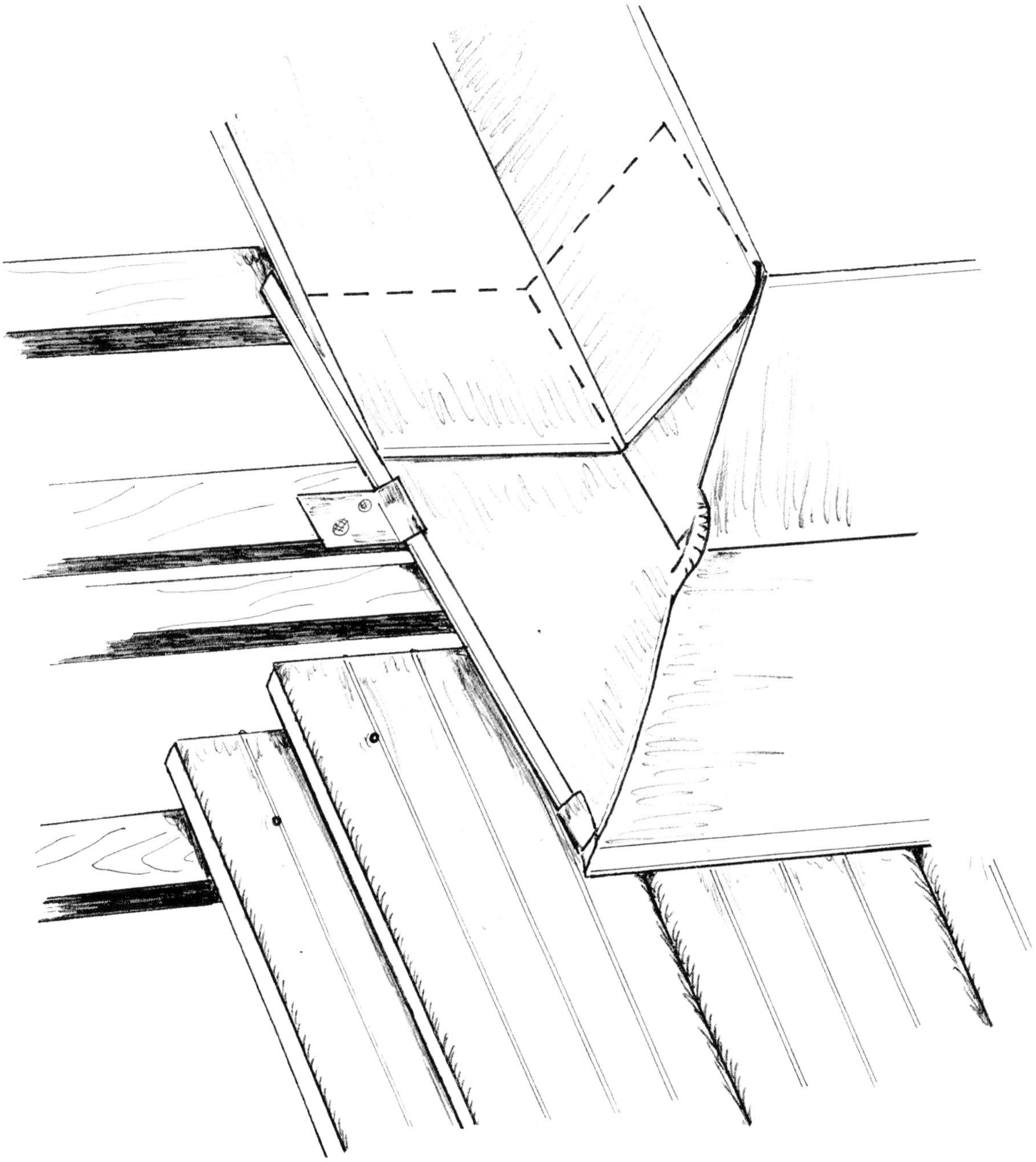

Abb. 8.16: Anpassen der Wandkehle oberhalb des Brustblechs

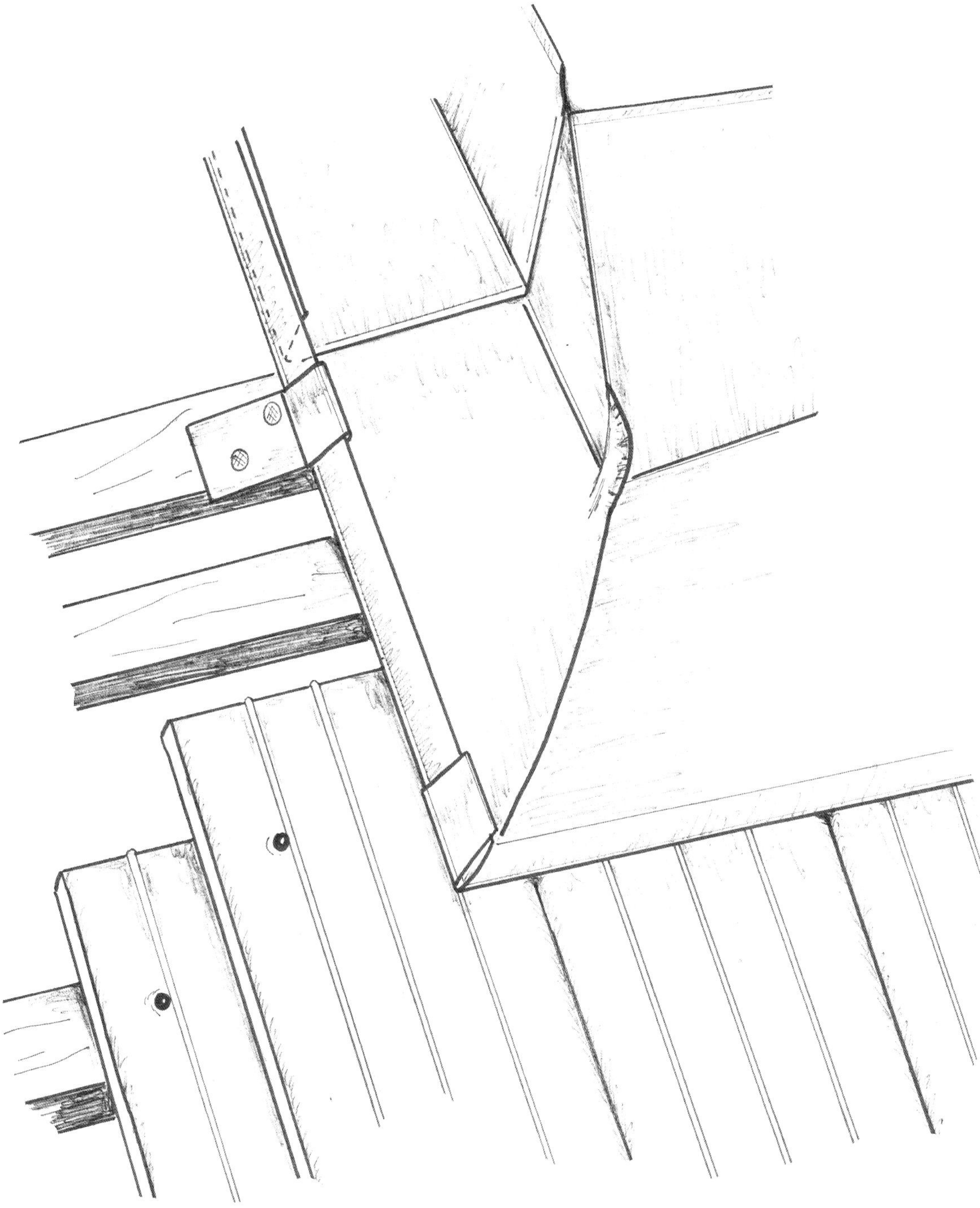

Abb. 8.17: Darstellung der geschweiften Ecke

8.3.4 Handwerkliches Herstellen der Hinterlagskehle

Für die saubere und fachgerechte Herstellung einer Hinterlagskehle gibt es mehrere Varianten. Wichtig ist jedoch, dass an allen Stellen der Fügenaht die Mindestüberdeckung (waagerecht/im Wasserlauf mind. 10,0 mm, Steignaht mind. 5,0 mm) eingehalten bleibt.

Eckige Variante

- **Arbeitsschritt 1:** Anpassen der Wandkehle an das Bauteil durch das saubere Zuschneiden und Umlegen des Blechs im Bereich des firstseitigen Anschlusses

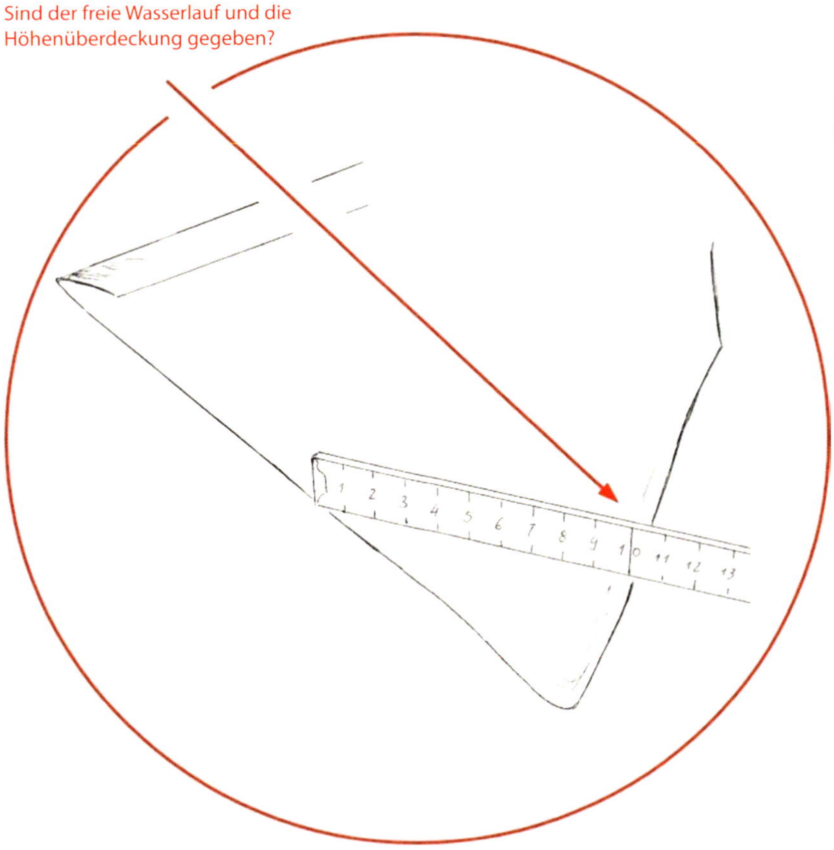

Abb. 8.18: Kontrolle des Wasserlaufs

Abb. 8.19: Darstellung des umgelegten Wandanschlussblechs

- **Arbeitsschritt 2:** Anpassen der Hinterlagskehle an die Seitenteile mit einem seitlichem Überstand von etwa 5,0 mm

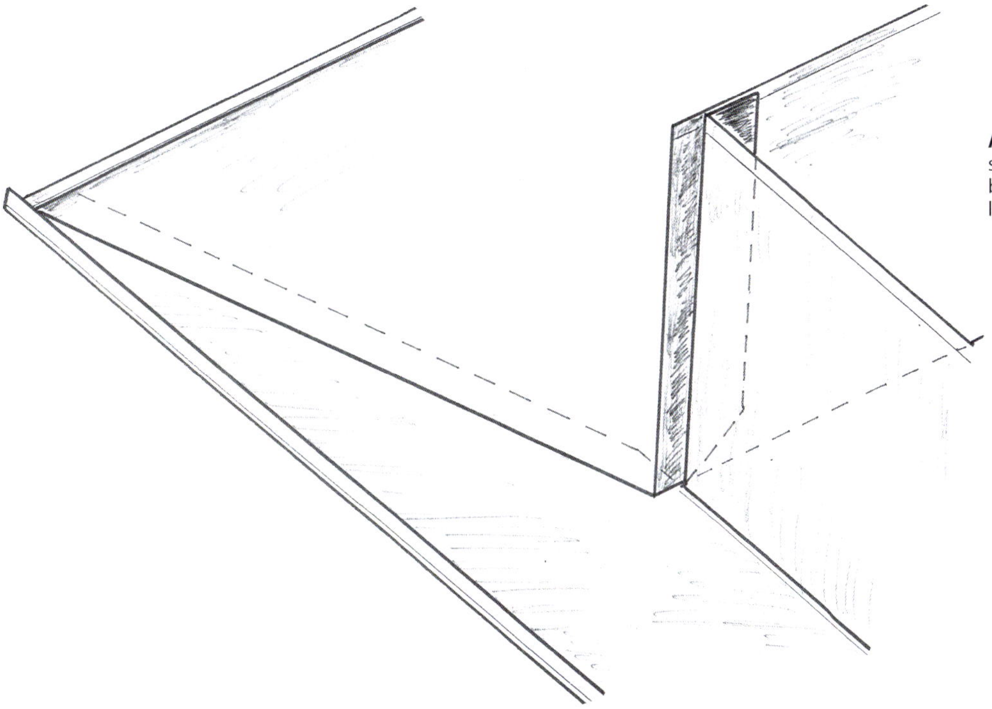

Abb. 8.20: Darstellung des Eckbereichs der Hinterlagskehle

- **Arbeitsschritt 3:** Herstellung eines sauberen Schweifs und danach Fügen des Bauteils im Lötverfahren

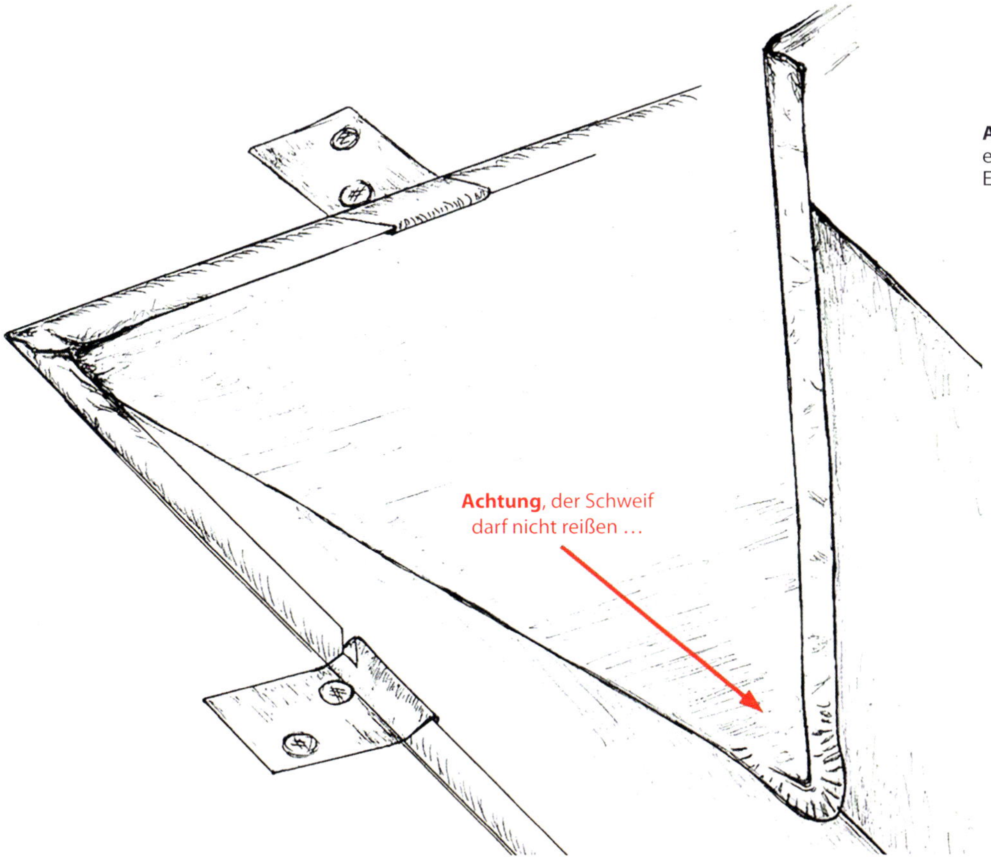

Abb. 8.21: Ansicht eines Schweifs im Eckbereich

Gerundete Variante für das Lötverfahren

Die gerundete Variante hat mehr Vorteile als Nachteile. Die wichtigsten Vorteile sind: eine für ungeübte/unerfahrene Handwerker doch recht einfache Herstellung des Übergangs zwischen Wandkehle und Hinterlagskehle, eine ungehinderte Selbstreinigung der Einfassung (firstseitig) sowie ein sauberes Erscheinungsbild der Verwahrung.

Der einzige wirkliche Nachteil dieser Variante: Die werkstattmäßige Vorbereitung der gerundeten Hinterlagskehle fällt den meisten recht schwer.

Arbeitsschritt 1: Handwerkliches Herstellen eines frei wählbaren „Rundschnitts" der Aufkantung an der Wandkehle (an die Gegebenheiten des Bauvorhabens anpassen).

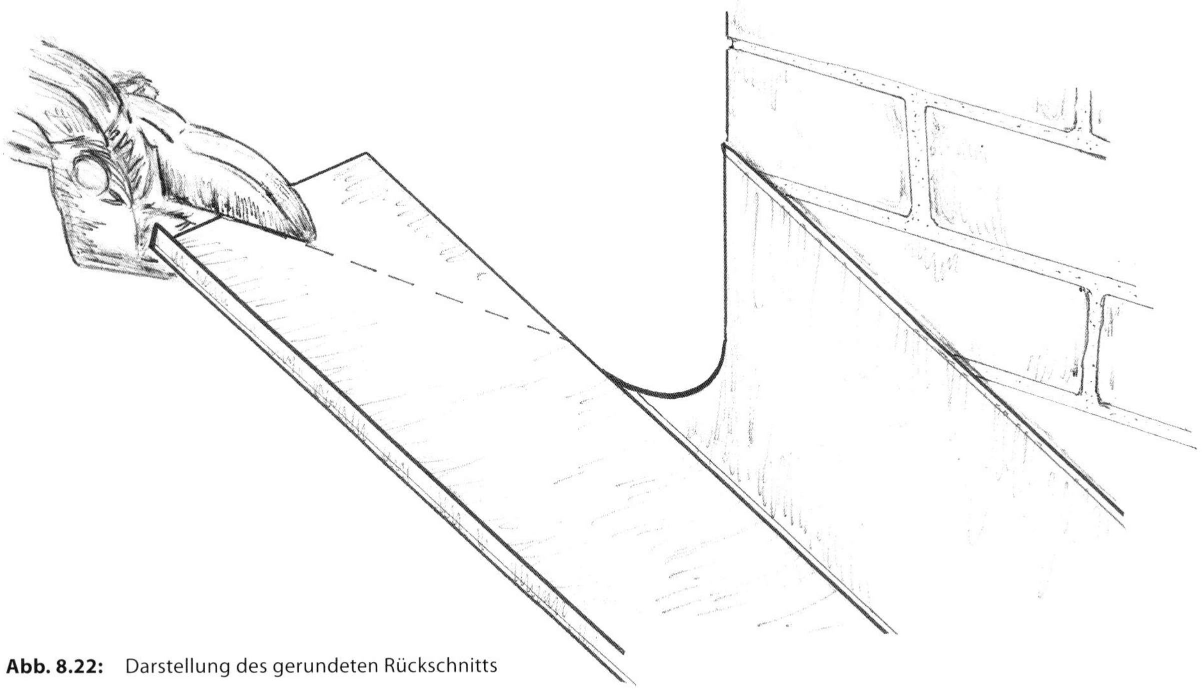

Abb. 8.22: Darstellung des gerundeten Rückschnitts

Arbeitsschritt 2: Die werkstattmäßig hergestellte Hinterlagskehle an die Rundung vor Ort anpassen und dabei einen seitlichen Überstand von 5,0 mm einhalten.

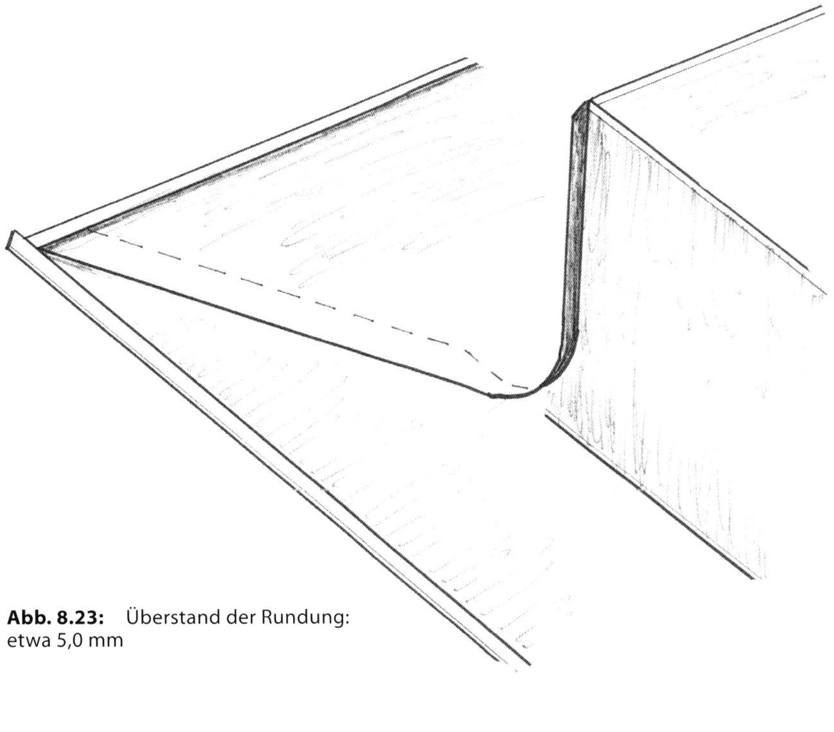

Abb. 8.23: Überstand der Rundung: etwa 5,0 mm

Arbeitsschritt 3: Gleichmäßiges Umlegen des senkrechten Überstands unter Verwendung einer Falzzange, innerhalb der Rundung Herstellung eines Schweifs.

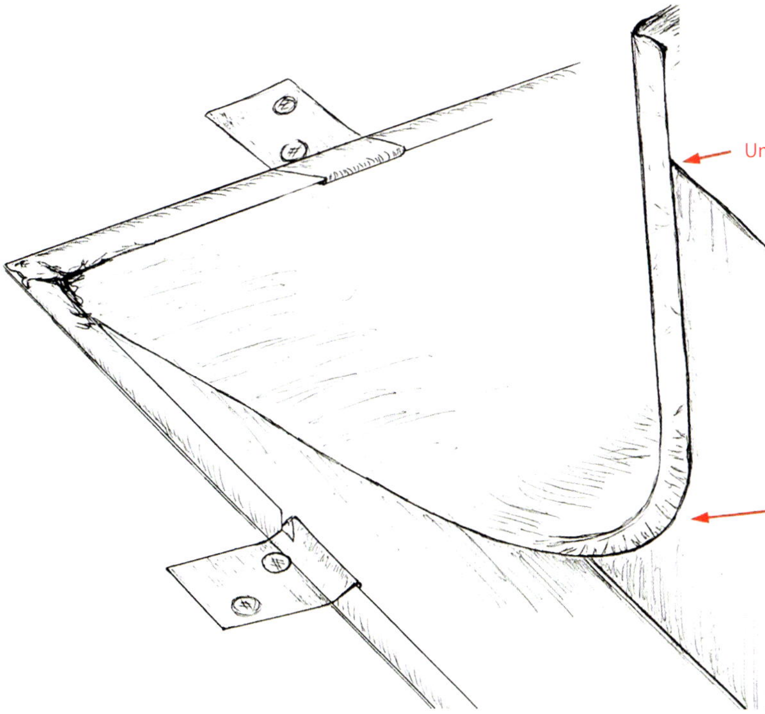

Abb. 8.24: Fertig hergestellte, gerundete Eckausbildung der Hinterlagskehle

Danksagung

Den wichtigsten Menschen in meinem Leben, meiner Frau Anja sowie meinen Söhnen Maximilian und Konstantin, möchte ich wieder ganz herzlich und aufrichtig danken für ihre Unterstützung, ihre aufmunternden Worte und ihr Verständnis.

Des Weiteren gilt mein besonderer Dank:

- der Dachdeckerinnung Cottbus und allen dort aktiven Mitgliedern, die ausbilden und/oder die Ausbildung in welcher Form auch immer unterstützen,
- Herrn Jürgen Naujokat, Geschäftsführer der Dachdeckerinnung Cottbus, für seine stete Unterstützung und seinen unerschütterlichen Glauben an das Aufrichtige in den Menschen,
- allen Wegbegleitern, Freunden, Kollegen und allen Unterstützern in den deutschen Dachdeckerinnungen, in den Ausbildungszentren, den Berufsschulen und den Landesinnungsverbänden,
- allen Vertrauten und Ansprechpartnern bei der Rudolf Müller Mediengruppe in Köln für die fantastische Zusammenarbeit, ihre stets freundlichen und aufbauenden Worte und ihre Geduld bei der Erstellung meines nun schon zweiten Werks.

Dresden, im Januar 2026

Lars Donath

Stichwortverzeichnis